工伤预防培训教材

人力资源和社会保障部工伤保险司　组织编写

U0364327

中国劳动社会保障出版社

图书在版编目（CIP）数据

工伤预防培训教材/人力资源和社会保障部工伤保险司组织编写．—北京：中国劳动
社会保障出版社，2017

工伤保险培训统编教材

ISBN 978-7-5167-3071-3

Ⅰ.①工…　Ⅱ.①人…　Ⅲ.①工伤事故-事故预防-技术培训-教材　Ⅳ.①X928.03

中国版本图书馆 CIP 数据核字(2017)第 171776 号

中国劳动社会保障出版社出版发行

（北京市惠新东街 1 号　邮政编码：100029）

*

北京市白帆印务有限公司印刷装订　　新华书店经销

787 毫米×1092 毫米　16 开本　15.75 印张　333 千字

2017 年 7 月第 1 版　　　2023 年 12 月第 13 次印刷

定价：39.00 元

营销中心电话：400-606-6496

出版社网址：http://www.class.com.cn

工伤保险培训统编教材编委会

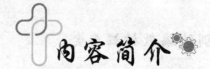

内容简介

　　本教材是人力资源和社会保障部工伤保险司组织编写的工伤保险培训统编教材之一，主要用于各级工伤保险行政部门和社会保险经办机构工作人员和各类行业企业有关人员工伤保险、工伤预防的宣教与培训。

　　本教材的主要内容包括以下几个方面：一是工伤保险概述，讲述工伤保险基本概念，工伤保险参保缴费、工伤认定、劳动能力鉴定和工伤保险待遇等知识；二是工伤预防管理，介绍了工伤预防及其相关概念，重点介绍目前我国工伤预防管理的手段；三是工伤事故预防与职业病防治，是本教材重点内容之一，详细讲述了各行业领域常见工伤事故与职业病的产生机理、管理措施和技术手段；四是工伤事故应急与现场处置，系统介绍了工伤事故发生后的应急救援与现场处置的方式与方法。

　　本教材设附录内容，分别是工伤预防试点工作开展以来，部分试点城市（统筹地区）的工作经验介绍；《工伤保险条例》和有关工伤预防工作的重要文件。

前言

　　工伤保险制度在我国的社会保障体系中占有重要地位，是社会保险的一个重要分支，是对因工作原因遭受事故伤害或患职业病的职工提供物质帮助的一种社会保障制度，对促进企业安全生产，维护社会安定起着重要的作用。自新中国建立以来，特别是改革开放之后，我国的工伤保险制度建设取得了很大的进展，管理制度逐步完善，相关的法律法规与技术标准建设体系初步形成。特别是《工伤保险条例》的颁布实施与修订，标志着我国工伤保险制度建设进入了法制化轨道，同时不断完善相关管理规范和技术标准，工伤保险工作依法依规开展，法制化、规范化水平不断提高。

　　"十二五"以来，我国工伤保险事业不断取得积极进展：工伤保险覆盖范围逐步扩大，参保人数逐年增加；《工伤保险条例》修订颁布后，工伤保险制度覆盖范围进一步扩大；基金保障能力大幅增强，工伤保险待遇水平持续提高；工伤保险费率更加完善，基金管理逐步加强；工伤保险的预防、补偿和康复"三位一体"制度体系建设进一步完善，通过进一步开展工伤预防和康复试点工作，工伤预防工作取得了很大的进步，工伤康复服务进一步加强。"十三五"时期，我国工伤保险工作将继续为全面建设小康社会而努力，继续扩大覆盖范围，逐步实现职业人群全覆盖；继续将不断巩固和加强工伤预防和康复工作作为目标；将提高基金统筹层次，全面推进实现工伤保险基金省级统筹，强化基金管理，提高基金支撑能力和抗风险能力；不断完善配套规章政策，提高依法行政和依法履职的能力。

　　教育和培训是工伤保险工作的重要内容之一，《中华人民共和国社会保险法》《工伤保险条例》以及相关法律法规都有明确要求。通过教育和培训，能够加强政策法规的宣传教育，强化理论和技术的知识普及，使工伤保险社会知晓度不断提高，促进用人单位依法参加工伤保险，使广大职工了解和维护自身的工伤保险合法权益，并掌握工伤预防的相关管理与技术，有效遏制工伤事故的发生。然而，在工伤保险特别是在工伤预防、康复方面的培训工作方面，由于目前没有规范统一的培训教材，给各地有序开展教育培训工作造成了很大不便。为此，特组织编写了这套工伤保险培训统编教材。

　　工伤保险培训统编教材共四种，分别是《工伤保险工作培训教材》《工伤预防培训教材》《工伤认定培训教材》和《工伤康复培训教材》，各教材紧紧围绕工伤保险的中心工作内容，以增强工作和办事能力、提高专业素质为核心，兼顾各行业企业工伤保险相关的法律法规、基本业务、基本理论和技能培训等需求内容，准确把握教材开发的定位、课程体系和目标。希望通过本套教材的使用，能够为系统内各级各类干部、行业企业相关管理人员以及广大职工的有关宣传、教育与培训提供有力的基础保障。

工伤保险制度建设和工作方式方法还在不断地发展、完善，本套教材的有关内容还只能反映当前工伤保险事业的阶段性成果，因此难免存在一些不足。希望广大用书单位和读者多提宝贵意见，以便于在今后的修订改版过程中不断更新内容，打造精品教材，为我国工伤保险事业的发展做出更大贡献。

工伤保险培训统编教材编委会
2017 年 4 月

人力资源社会保障部　财政部
国家卫生计生委　国家安全监管总局
关于印发工伤预防费使用管理暂行办法的通知

人社部规〔2017〕13 号

各省、自治区、直辖市及新疆生产建设兵团人力资源社会保障厅（局）、财政（财务）厅（局）、卫生计生委、安全监管局：

为更好地坚持以人为本，保障职工的生命安全和健康，根据《工伤保险条例》规定，人力资源社会保障部会同财政部、卫生计生委、安全监管总局制定了《工伤预防费使用管理暂行办法》（以下简称《办法》），现印发给你们，请结合实际认真贯彻落实。

各地人力资源社会保障、财政、卫生计生、安全监管等部门要根据《办法》要求，高度重视、认真组织、密切配合，结合本地区工作实际，围绕工伤预防工作目标，细化落实政策措施，制定具体实施方案，建立工作机制，做好政策宣传解读，加强预防费使用监管，积极稳妥推进工伤预防工作。

2017 年 8 月 17 日

工伤预防费使用管理暂行办法

第一条　为更好地保障职工的生命安全和健康，促进用人单位做好工伤预防工作，降低工伤事故伤害和职业病的发生率，规范工伤预防费的使用和管理，根据社会保险法、《工伤保险条例》及相关规定，制定本办法。

第二条　本办法所称工伤预防费是指统筹地区工伤保险基金中依法用于开展工伤预防工作的费用。

第三条　工伤预防费使用管理工作由统筹地区人力资源社会保障行政部门会同财政、卫生计生、安全监管行政部门按照各自职责做好相关工作。

第四条　工伤预防费用于下列项目的支出：

（一）工伤事故和职业病预防宣传；

（二）工伤事故和职业病预防培训。

第五条　在保证工伤保险待遇支付能力和储备金留存的前提下，工伤预防费的使用原则上不得超过统筹地区上年度工伤保险基金征缴收入的 3％。因工伤预防工作需要，经省级人力资源社会保障部门和财政部门同意，可以适当提高工伤预防费的使用比例。

第六条　工伤预防费使用实行预算管理。统筹地区社会保险经办机构按照上年度预算执行情况，根据工伤预防工作需要，将工伤预防费列入下一年度工伤保险基金支出预算。具体预算编制按照预算法和社会保险基金预算有关规定执行。

第七条　统筹地区人力资源社会保障部门应会同财政、卫生计生、安全监管部门以及本辖区内负有安全生产监督管理职责的部门，根据工伤事故伤害、职业病高发的行业、企业、工种、岗位等情况，统筹确定工伤预防的重点领域，并通过适当方式告知社会。

第八条　统筹地区行业协会和大中型企业等社会组织根据本地区确定的工伤预防重点领域，于每年工伤保险基金预算编制前提出下一年拟开展的工伤预防项目，编制项目实施方案和绩效目标，向统筹地区的人力资源社会保障行政部门申报。

第九条　统筹地区人力资源社会保障部门会同财政、卫生计生、安全监管等部门，根据项目申报情况，结合本地区工伤预防重点领域和工伤保险等工作重点，以及下一年工伤预防费预算编制情况，统筹考虑工伤预防项目的轻重缓急，于每年10月底前确定纳入下一年度的工伤预防项目并向社会公开。

列入计划的工伤预防项目实施周期最长不超过2年。

第十条　纳入年度计划的工伤预防实施项目，原则上由提出项目的行业协会和大中型企业等社会组织负责组织实施。

行业协会和大中型企业等社会组织根据项目实际情况，可直接实施或委托第三方机构实施。直接实施的，应当与社会保险经办机构签订服务协议。委托第三方机构实施的，应当参照政府采购法和招投标法规定的程序，选择具备相应条件的社会、经济组织以及医疗卫生机构提供工伤预防服务，并与其签订服务合同，明确双方的权利义务。服务协议、服务合同应报统筹地区人力资源社会保障部门备案。

面向社会和中小微企业的工伤预防项目，可由人力资源社会保障、卫生计生、安全监管部门参照政府采购法等相关规定，从具备相应条件的社会、经济组织以及医疗卫生机构中选择提供工伤预防服务的机构，推动组织项目实施。

参照政府采购法实施的工伤预防项目，其费用低于采购限额标准的，可协议确定服务机构。具体办法由人力资源社会保障部门会同有关部门确定。

第十一条　提供工伤预防服务的机构应遵守社会保险法、《工伤保险条例》以及相关法律法规的规定，并具备以下基本条件：

（一）具备相应条件，且从事相关宣传、培训业务二年以上并具有良好市场信誉；

（二）具备相应的实施工伤预防项目的专业人员；

（三）有相应的硬件设施和技术手段；

（四）依法应具备的其他条件。

第十二条　对确定实施的工伤预防项目，统筹地区社会保险经办机构可以根据服务协议或者服务合同的约定，向具体实施工伤预防项目的组织支付30%—70%预付款。

项目实施过程中，提出项目的单位应及时跟踪项目实施进展情况，保证项目有效进行。

对于行业协会和大中型企业等社会组织直接实施的项目，由人力资源社会保障部门组织第三方中介机构或聘请相关专家对项目实施情况和绩效目标实现情况进行评估验收，形成评估验收报告；对于委托第三方机构实施的，由提出项目的单位或部门通过适当方式组织评估验收，评估验收报告报人力资源社会保障部门备案。评估验收报告作为开展下一年度项目重要依据。

评估验收合格后，由社会保险经办机构支付余款。具体程序按社会保险基金财务制度、工伤保险业务经办管理等规定执行。

第十三条 社会保险经办机构要定期向社会公布工伤预防项目实施情况和工伤预防费用使用情况，接受参保单位和社会各界的监督。

第十四条 工伤预防费按本办法规定使用，违反本办法规定使用的，对相关责任人参照社会保险法、《工伤保险条例》等法律法规的规定处理。

第十五条 工伤预防服务机构提供的服务不符合法律和合同规定、服务质量不高的，三年内不得从事工伤预防项目。

工伤预防服务机构存在欺诈、骗取工伤保险基金行为的，按照有关法律法规等规定进行处理。

第十六条 统筹地区人力资源社会保障、卫生计生、安全监管等部门应分别对工作场所工伤发生情况、职业病报告情况和安全事故情况进行分析，定期相互通报基本情况。

第十七条 各省、自治区、直辖市人力资源社会保障行政部门可以结合本地区实际，会同财政、卫生计生和安全监管等行政部门制定具体实施办法。

第十八条 企业规模的划分标准按照工业和信息化部、国家统计局、国家发展改革委、财政部《关于印发中小企业划型标准规定的通知》（工信部联企业〔2011〕300号）执行。

第十九条 本办法自2017年9月1日起施行。

人力资源社会保障部工伤保险司负责人就《工伤预防费使用管理暂行办法》答记者问

为更好地保障职工的生命安全和健康，促进用人单位做好工伤预防工作，降低工伤事故伤害和职业病的发生率，规范工伤预防费的使用和管理，人力资源社会保障部、财政部、国家卫生计生委、国家安全监管总局联合印发了《工伤预防费使用管理暂行办法》（以下简称《办法》）。近日，人力资源社会保障部工伤保险司负责人就《办法》有关问题回答了记者提问。

记者：制定《办法》的背景是什么？

答：为更好地保障职工的生命安全和健康，发挥工伤预防降低工伤事故和职业病发生率的作用，按照《工伤保险条例》的有关规定，我部积极推进工伤预防工作，2013年，下发了《人力资源社会保障部关于进一步做好工伤预防试点工作的通知》，在全国54个统筹地区开展工伤预防试点。几年来，试点成效初显，部分城市的工伤发生率有所下降。为进一步促进工伤预防工作，2015年底，中共中央办公厅印发的《完善体制机制防范化解风险着力促进安全生产形势根本好转》督查报告、2016年审计署对工伤保险基金的审计整改意见，特别是2016年底，中共中央国务院印发的《关于推进安全生产领域改革发展的意见》都对加快推进工伤预防工作，尽快出台办法提出了明确要求。在此背景下，2016年，我们启动了《办法》的制定工作。

记者：起草《办法》坚持的原则是什么？

答：起草《办法》中我们注意把握以下几项原则：

一是处理好牵头部门和有关部门关系，办法既明确人力资源社会保障部门的牵头职责，又充分发挥财政、卫生计生、安全监管等部门的作用，形成推进工作的合力；

二是处理好政府和市场的关系，政府相关部门主要是制定政策、提出工伤预防重点领域、确定工伤预防项目及对项目的监督管理，项目的具体实施原则上由符合条件的行业协会、大中型企业等社会组织负责；

三是处理好权责关系，确保权责对等，主要是预防项目实行谁提出、谁招标、谁组织实施、谁承担相应责任。

记者：请您概况地介绍一下《办法》的主要内容。

答：《办法》共19条，主要规定了制定办法的目的，预防费的概念、使用范围、使用比例、预算编制、项目的确定和实施、提供服务的社会组织应具备的条件、项目的验收评估以及违反规定应承担的责任等。

记者：请介绍一下《办法》对工伤预防费的使用范围有哪些规定？

答：《办法》第四条规定，工伤预防费用于：工伤事故和职业病预防的宣传和培训。

记者：《办法》第五条规定，工伤预防费的使用原则上不得超过统筹地区上年度工伤保险基金征缴收入的3%。请问这样规定是基于什么考虑？

答：这样规定主要基于以下考虑：

据对部分试点地区统计，24个地区规定预防费使用比例不超过3%；4个规定不超过5%的地区，实际使用比例均不超过3%；只有1个地区使用比例超过3%。综合全国各试点地区情况，实际使用比例为0.97%，不超3%的规定符合地方的实际。

同时，为避免政策一刀切，满足部分地方的实际需要，《办法》第五条还规定，因工伤预防工作需要，经省级人力资源社会保障、财政部门同意，可以适当提高工伤预防费的使用比例。《办法》对部分地区实际工作中可能超过3%的情形作了授权规定，以保证这些地区工伤预防工作正常开展。

记者：对于工伤预防项目的确定，《办法》有哪些规定？

答：《办法》第七、八、九条规定，由统筹地区人力资源社会保障部门会同财政、卫生计生、安全监管等部门以及本辖区内负有安全生产监督管理职责的部门，共同确定每年工伤预防的重点领域，由行业协会和大中型企业等社会组织在确定的重点领域内提出拟实施的项目，再由人力资源社会保障部门会同有关部门共同确定下一年度安排实施的项目。

规定人力资源社会保障部门会同有关部门共同确定重点领域和实施项目，一是体现有关部门履职尽责、齐抓共管，二是体现源头把关、政府主导。

记者：《办法》对工伤预防项目的实施主体是如何规定的？

答：《办法》第十条规定，纳入年度计划的工伤预防实施项目，原则上由提出项目的行业协会和大中型企业等社会组织负责组织实施。可以直接实施，与社会保险经办机构签订服务协议；也可以委托第三方机构实施，与服务机构签订服务合同。由行业协会和企业作为实施主体，有助于发挥其工伤预防主体责任，操作实施更具有针对性和灵活性。

同时，《办法》规定了面向社会和中小微企业的工伤预防项目，可由人力资源社会保障、卫生计生、安全监管部门参照政府采购法等相关规定，从具备相应条件的社会组织中选择提供工伤预防服务的机构，推动组织项目实施。这样规定，主要是考虑由某个行业、企业承担面向全社会的工伤预防宣传、培训等工作具有一定的局限性，如涉及领域较窄、经验积累和专业性不足、服务受众有限等，通过政府参与的方式可以弥补上述不足，取得更好的社会效果。

记者：在保障工伤预防项目的实施效果方面，《办法》有哪些措施？

答：为了加强对项目实施的全过程监督，保障项目的实施效果，提高工伤预防费的使用效率和保障基金合规使用，《办法》对项目的评估验收作出了规定。

《办法》第十二条规定，项目实施前，社会保险经办机构根据服务协议或服务合同支付部分预付款。对于行业协会和大中型企业等社会组织直接实施的项目，由人力资源社会保障部门组织第三方中介机构或聘请相关专家对项目实施情况和绩效目标实现情况进行评估验收，形成评估验收报告；对于委托第三方机构实施的，由提出项目的单位或部门通过适当方式组织评估验收，评估验收报告报人力资源社会保障部门备案。评估验收报告作为开展下一年度项目以及社会保险经办机构支付余款的重要依据。

记者：《办法》对相关责任人和相关主体有哪些约束？

答：《办法》第十四条、十五条规定，违反本办法规定使用预防费的，对相关责任人参照《社会保险法》《工伤保险条例》等法律法规的规定处理；工伤预防服务机构提供的服务不符合法律和合同规定、服务质量不高的，三年内不得从事工伤预防项目。存在欺诈、骗保行为的，按照有关法律法规处理。

目录 / contents

第一章　工伤保险概述

第一节　工伤保险基本知识

一、工伤保险的概念

工伤保险是指职工在生产劳动过程中或在规定的某些与工作密切相关的特殊情况下遭受意外伤害事故或罹患职业病导致死亡，或不同程度地丧失劳动能力时，工伤职工或工亡职工近亲属能够从国家、社会得到必要的医疗救助和经济物质补偿。这种补偿既包括医疗所需、康复所需，也包括生活保障所需。

二、工伤保险的作用

工伤保险是社会保障体系的重要组成部分，工伤保险制度对于保障因生产、工作过程中的事故伤害或患职业病造成伤、残、亡的职工及其供养近亲属的生活，对于促进企业安全生产，维护社会安定起着重要的作用。主要表现在以下几个方面：

1. 保障工伤职工的合法权益

为工伤职工和工亡职工近亲属提供必要的医疗救助和经济物质补偿，是建立健全工伤保险制度的主要目的之一。通过建立社会共济的工伤保险制度，解决当发生重大事故时，用人单位，特别是一些中小企业因无力支付工伤费用以致工伤职工不能得到及时治疗、康复，工伤职工和工亡职工近亲属基本生活得不到保障的问题，从而保障其合法权益。

2. 促进工伤预防与安全生产

目前，我国的工伤保险制度已逐步形成工伤预防、工伤补偿、工伤康复三结合的模式，对工伤预防及工伤职工的职业康复等的关注程度不断提高。据有关部门的统计资料，现有的工伤事故和职业病 80％是可以通过对安全生产的重视而避免的，说明事故预防工作可以有效地减少职业危害。我国工伤保险制度中通过实行行业差别费率和浮动费率机制，及在工伤保险基金中列支工伤预防费等措施，来促进用人单位加强工伤预防工作，减少工伤事故和职业病的发生，从而保护职工的生命安全和身体健康。

3. 分散用人单位的工伤风险

社会保险的一个基本宗旨就是分散风险，这在工伤保险中体现得尤其重要。建立工伤保险制度就是要通过基金的互助互济功能，分散不同用人单位的工伤风险，避免用人单位一旦发生工伤事故便不堪重负,甚至导致破产,工伤职工的合法权益得不到保障。同时,通过工伤保险的社会化管理服务,可以解决用人单位社会负担重的问题,使其公平参加市场竞争。

三、工伤保险的原则

1. 强制性原则

由于工伤会给职工带来痛苦,给家庭带来不幸,也于用人单位乃至国家不利,因此国家通过立法,强制实施工伤保险,规定属于覆盖范围的用人单位必须依法参加并履行缴费义务。

2. 无过错补偿原则

工伤事故发生后,不管过错在谁,工伤职工均可获得补偿,以保障其及时获得救治和基本生活保障。但这并不妨碍有关部门对事故责任人的追究,以防止类似事故的重复发生。

3. 个人不缴费原则

这是工伤保险与养老、医疗、失业等其他社会保险项目的区别之处。由于职业伤害是在工作过程中造成的,劳动力是生产的重要要素,职工为用人单位创造财富的同时付出了代价,所以理应由用人单位负担全部工伤保险费,职工个人不缴纳任何费用。

4. 风险分担、互助互济原则

通过法律强制征收保险费,建立工伤保险基金,采取互助互济的方法,分散风险,缓解企业、职工因工伤事故或职业病所产生的负担,从而减少社会矛盾。

5. 实行行业差别费率和浮动费率原则

为强化不同工伤风险类别行业相对应的雇主责任,充分发挥缴费费率的经济杠杆作用,促进工伤预防,减少工伤事故,工伤保险实行行业差别费率,并根据用人单位工伤保险支缴率和工伤事故发生率等因素实行浮动费率。

6. 补偿与预防、康复相结合的原则

工伤补偿、工伤预防与工伤康复三者是密切相连的,构成了工伤保险制度的三个支柱。工伤预防是工伤保险制度的重要内容,工伤保险制度致力于采取各种措施,以减少和预防事故的发生。工伤事故发生后,及时对工伤职工予以医治并给予经济补偿,使工伤职工本人或近亲属生活得到一定的保障,是工伤保险制度的基本功能。同时,要及时对工伤职工进行医学康复和职业康复,使其尽可能恢复或部分恢复劳动能力,具备从事某种职业的能力,能够自食其力,这可以减少人力资源和社会资源的浪费。

7. 一次性补偿与长期补偿相结合原则

对工伤职工或工亡职工的近亲属,工伤保险待遇实行一次性补偿与长期补偿相结合的办法。如对高伤残等级的职工、工亡职工的近亲属,工伤保险机构一般在支付一次性补偿项目的同时,还按月支付长期待遇,直至其失去供养条件为止。这种一次性和长期

补偿相结合的补偿办法，可以长期、有效地保障工伤职工及工亡职工近亲属的基本生活。

四、我国工伤保险的立法和发展

我国工伤保险的立法始于 1951 年原政务院发布的《劳动保险条例》。该条例对国营、公私合营、私营及合作社的厂、矿以及铁路、运输、邮电、工矿、交通事业和国营建筑公司的职工、学徒工和试用人员等发生工伤及享受待遇等问题作了比较详细的规定，明确工伤待遇包括工伤医疗和康复待遇、因工伤残待遇以及死亡待遇。

1993 年，党的十四届三中全会通过的《中共中央关于建立社会主义市场经济体制若干问题的决定》提出，要"普遍建立企业工伤保险制度"。1995 年 1 月 1 日实施的《中华人民共和国劳动法》对建立工伤保险制度作了原则性规定。1996 年，原劳动部发布了《企业职工工伤保险试行办法》，基本确立了工伤保险制度，并在全国逐步推开。

随着改革开放的深化，为解决工伤保险立法层次低等问题，2003 年 4 月 27 日，《工伤保险条例》以中华人民共和国国务院令第 375 号公布，自 2004 年 1 月 1 日起施行，标志着我国工伤保险制度建设进入法制化轨道。2010 年 10 月 28 日，《中华人民共和国社会保险法》正式颁布，自 2011 年 7 月 1 日开始实施，其中，对工伤保险做出了专章规定，进一步明确了工伤保险的法律地位。2010 年 12 月 20 日，在总结实践经验的基础上，中华人民共和国国务院令第 586 号公布了《国务院关于修改〈工伤保险条例〉的决定》，对《工伤保险条例》进行了修订完善。至此，我国工伤保险法律体系基本形成。截至 2015 年年底，全国工伤保险参保人数已达到 21 432 万人，比"十一五"末的 16 161 万人增加 5 271 万人，超额完成了"十二五"末 2.1 亿人的参保目标。

第二节　工伤保险基金与参保缴费

一、工伤保险基金的概念

工伤保险基金是指为了保障参保职工享受工伤保险待遇的权益，按照国家法律、法规的规定，由依法应参加工伤保险的用人单位按缴费基数的一定比例缴纳以及通过其他合法方式筹集的用于工伤保险的或者其他依法应当纳入工伤保险基金的其他资金构成的专项资金，是社会保险基金中的一个重要组成部分。

工伤保险基金是实现工伤保险功能的基础。要保证工伤保险制度顺利实施，必须有稳定的基金作保障。工伤保险基金由用人单位缴纳的工伤保险费、工伤保险基金的利息和依法纳入工伤保险基金的其他资金组成。其中，工伤保险费是工伤保险基金的主要来源。凡是纳入工伤保险参保范围的用人单位都应当按照规定，及时足额缴纳职工的工伤保险费，以保障工伤保险基金的支付能力，切实保障工伤职工及时获得医疗救治和经济补偿，从而使任何参保的并且发生了工伤事故的用人单位都能够及时使用筹集到的工伤保险基金，不因单位需要支付的工伤津贴过多而陷入困境，最有效地促进"分散风险负担，互偿灾害损失"这一重要社会保险原则的实现，体现出社会保险金"互助共济"的性质。

二、参保缴费

在我国，工伤保险费由用人单位按时缴纳，职工个人不缴费。用人单位缴纳工伤保险费的数额为本单位职工工资总额乘以单位缴费费率之积。对难以按照工资总额缴纳工伤保险费的行业，其缴纳工伤保险费的具体方式，由国务院社会保险行政部门规定。

1. 缴费范围

依据《中华人民共和国社会保险法》，现行的《工伤保险条例》第二条规定："中华人民共和国境内的企业、事业单位、社会团体、民办非企业单位、基金会、律师事务所、会计师事务所等组织和有雇工的个体工商户（以下称用人单位）应当依照本条例规定参加工伤保险，为本单位全部职工或者雇工（以下称职工）缴纳工伤保险费。中华人民共和国境内的企业、事业单位、社会团体、民办非企业单位、基金会、律师事务所、会计师事务所等组织的职工和个体工商户的雇工，均有依照本条例的规定享受工伤保险待遇的权利。"

条例中所指企业包括在中国境内所有形式的企业：按照所有制划分，有国有企业、集体所有制企业、私营企业和外资企业；按照所在地域划分，有城镇企业、乡镇企业和境外企业；按照企业的组织形式划分，有公司、合伙、个人独资企业等。事业单位是指除参照公务员法管理之外的其他依照《事业单位登记管理暂行条例》的有关规定，在机构编制管理机关登记为事业单位，且没有改为由工商行政管理登记为企业的事业单位，主要包括基础科研、教育、文化、卫生、广播电视等领域的单位。民办非企业单位是指依照1998年10月25日国务院公布施行的《民办非企业单位登记管理暂行条例》的规定在民政部门登记为民办非企业单位，由企业事业单位、社会团体及公民个人利用非国有资产举办的，从事非营利社会服务活动的社会组织，如民办学校、民办医院等。社会团体是指依照1998年10月25日国务院公布施行的《民办非企业单位登记管理暂行条例》的规定在民政部门登记为社会团体，中国公民自愿组成，为实现会员共同意愿，按照章程开展活动的非营利性社会组织。律师事务所是指根据《中华人民共和国律师法》设立的律师执业机构。主要分为合伙、个人以及国家出资设立的律师事务所三类。会计师事务所是指根据《中华人民共和国注册会计师法》的规定，依法设立并承办会计师事务的机构。基金会是指根据2004年2月4日国务院公布的《基金会管理条例》，利用自然人、法人或者其他组织捐赠的财产，以从事公益事业为目的的非营利性法人。基金会分为面向公众募捐的基金会和不得面向公众募捐的基金会。个体工商户是指在工商行政管理部门进行了登记并且雇用人数在7人以下，开展工商业活动的自然人。

职工是指与用人单位存在劳动关系（包括事实劳动关系）的各种用工形式和各种用工期限的劳动者。

2. 缴费基数

工伤保险费的缴费基数为本单位职工工资总额。用人单位一般以本单位职工上年度月平均工资总额为缴费基数。企业缴费基数低于统筹地区上年度社会月平均工资总额60％的，按60％征缴；高于统筹地区上年度社会月平均工资总额300％的，按300％征缴。

职工工资总额是指各类企业、有雇工的个体工商户直接支付给本单位全部职工的劳动报酬的总额。根据国家统计局的有关规定，工资总额的组成包括6个部分：计时工资、计件工资、奖金、津贴和补贴、加班加点工资和特殊情况下支付的工资。但不包括以下3个部分的费用：单位支付给劳动者个人的社会保险福利费用，如丧葬费、生活困难补助、计划生育补贴等；劳动保护方面的费用，如防暑降温费等；按规定未列入工资总额的各种劳动报酬和其他劳动收入，如稿酬、讲课费、资料翻译费等。

3. 工伤保险费率

工伤保险费率是指工伤保险经办机构向用人单位征收的工伤保险费与工资总额的一定比率。目前我国工伤保险费的征缴按照以支定收、收支平衡的原则，实行"行业差别费率"和"行业内费率档次"。国家根据不同行业的工伤风险程度确定行业的差别费率，并根据工伤保险费使用、工伤发生率等情况在每个行业内确定若干费率档次。"行业差别费率"和"行业内费率档次"由国务院社会保险行政部门制定，报国务院批准后公布施行。

2015年7月22日，人力资源和社会保障部、财政部下发《关于调整工伤保险费率政策的通知》（人社部发〔2015〕71号），自2015年10月1日起施行。通知中规定，按照《国民经济行业分类》（GB/T 4754—2011）对行业的划分，根据不同行业的工伤风险程度，由低到高，依次将行业工伤风险类别划分为一类至八类。不同工伤风险类别的行业执行不同的工伤保险行业基准费率。各行业工伤风险类别对应的全国工伤保险行业基准费率为：一类至八类分别控制在该行业用人单位职工工资总额的0.2％、0.4％、0.7％、0.9％、1.1％、1.3％、1.6％、1.9％左右。通过费率浮动的办法确定每个行业内的费率档次：一类行业分为3个档次，即在基准费率的基础上，可向上浮动至120％、150％；二类至八类行业分为5个档次，即在基准费率的基础上，可分别向上浮动至120％、150％或向下浮动至80％、50％。

各统筹地区人力资源社会保障部门会同财政部门，按照"以支定收、收支平衡"的原则，合理确定本地区工伤保险行业基准费率具体标准，并征求工会组织、用人单位代表的意见，报统筹地区人民政府批准后实施。基准费率的具体标准可根据统筹地区经济产业结构变动、工伤保险费使用等情况适时调整。

统筹地区社会保险经办机构根据用人单位工伤保险费使用、工伤发生率、职业病危害程度等因素，确定其工伤保险费率，并可依据上述因素变化情况，每一年至三年确定其在所属行业不同费率档次间是否浮动。对符合浮动条件的用人单位，每次可上下浮动一档或两档。统筹地区工伤保险最低费率不得低于本地区一类风险行业基准费率。费率浮动的具体办法由统筹地区人力资源和社会保障部门商财政部门制定，并征求工会组织、用人单位代表的意见。

各统筹地区确定的工伤保险行业基准费率具体标准、费率浮动具体办法，应报省级人力资源社会保障部门和财政部门备案并接受指导。省级人力资源社会保障部门、财政部门应每年将各统筹地区工伤保险行业基准费率标准确定和变化以及浮动费率实施情况汇总报人力资源和社会保障部、财政部。

4. 变通缴费方式

一些特殊的行业、企业及其用工群体，按照用人单位工资总额的一定比例缴纳工伤保险费，在实际操作中存在着困难。这样的行业主要有两类：一是流动性大、工作场所不固定、工资支付形式多样且由于专业承包、劳务分包，使工资总额计算困难的建筑施工企业。一些中、小矿山企业也存在类似情况。二是受市场竞争影响非常大的商贸、餐饮等服务行业企业，员工流动性大，用人规模波动性大。为适应这些行业企业的特点，方便这些行业企业参保缴费，《工伤保险条例》授权国务院社会保险行政部门对这些行业企业缴纳工伤保险费的具体方式加以规定。根据这一授权，2010年，人力资源和社会保障部制定了《部分行业企业工伤保险费缴纳办法》（人社部令第10号），结合实践中的变通做法，做出缴费的具体规定，如建筑施工企业可以实行以建筑施工项目为单位，按照项目工程总造价的一定比例，计算缴纳工伤保险费。商贸、餐饮、住宿、美容美发、洗浴以及文体娱乐等小型服务业企业以及有雇工的个体工商户，可以按照营业面积的大小核定应参保人数，按照所在统筹地区上一年度职工月平均工资的一定比例和相应的费率，计算缴纳工伤保险费；也可以按照营业额的一定比例计算缴纳工伤保险费。小型矿山企业可以按照总产量、吨矿工资含量和相应的费率计算缴纳工伤保险费。

三、工伤保险基金的管理

工伤保险基金的征缴、管理和支付由工伤保险经办机构负责。工伤保险基金存入社会保障基金财政专户，用于《工伤保险条例》规定的工伤保险待遇，劳动能力鉴定，工伤预防的宣传、培训等费用，以及法律、法规规定的用于工伤保险的其他费用的支付。

工伤保险基金支出是指工伤保险基金在支付过程中的各项支出。包括工伤保险待遇支出、劳动能力鉴定费支出、工伤预防费用支出和其他支出。

工伤保险待遇支出包括：工伤医疗待遇支出、康复待遇支出、伤残待遇支出、工亡待遇支出等。①工伤医疗待遇支出。工伤医疗待遇支出是指工伤职工进行治疗所发生的符合有关规定的门（急）诊费、住院费、急救车费等。②康复待遇支出。康复待遇支出是指工伤职工进行康复性治疗或职业康复过程中所发生的符合有关规定的费用。③伤残待遇支出。伤残待遇支出是指工伤职工按照规定评定伤残等级后享受的经济补偿。包括：一次性伤残补助金、伤残津贴、伤残津贴实际金额低于当地最低工资标准的差额补贴、基本养老保险待遇低于伤残津贴的差额补贴、护理费以及辅助器具费用。④工亡待遇支出。工亡待遇支出是指因工死亡职工的近亲属按规定领取的丧葬补助金、一次性工亡补助金和向其他符合条件的人员发放的供养亲属抚恤金。

劳动能力鉴定费支出是指劳动能力鉴定委员会支付给参加劳动能力鉴定的医疗卫生专家的费用、支付给有关医疗机构的诊断费以及劳动能力鉴定过程中发生的差旅费、会议费等。

工伤预防费用支出，一般是指用于对企业进行工伤预防宣传，对企业管理人员和一线员工进行安全教育和培训，对企业改善安全状况和作业环境给予补贴等。工伤预防费用的提取比例、使用和管理的具体办法，由国务院社会保险行政部门会同国务院财政、卫生行政、安全生产监督管理等部门规定。

其他支出是指法律、法规规定的其他非工伤保险待遇性质的支出费用，其中包括补助下级支出、上解上级支出等项支出。补助下级支出是指上级经办机构拨付给下级经办机构的工伤保险补助支出；上解上级支出是指下级经办机构上解上级经办机构的工伤保险支出。

任何单位或者个人不得将工伤保险基金用于投资运营、兴建或者改建办公场所、发放奖金，或者挪作其他用途。

工伤保险基金应当留有一定比例的储备金，用于统筹地区重大事故的工伤保险待遇支付；储备金不足支付的，由统筹地区的人民政府垫付。储备金占基金总额的具体比例和储备金的使用办法，由省、自治区、直辖市人民政府规定。

工伤保险基金将逐步实行省级统筹。跨地区、生产流动性较大的行业，可以采取相对集中的方式异地参加统筹地区的工伤保险。具体办法由国务院社会保险行政部门会同有关行业的主管部门制定。

第三节　工伤认定

根据《中华人民共和国社会保险法》《中华人民共和国职业病防治法》《工伤保险条例》等法律法规和相关规定，职工发生事故伤害或罹患职业病的，应依法进行工伤事故处理以取得工伤保险基金支持的工伤保险待遇。工伤事故处理包括工伤认定、工伤医疗、工伤康复、劳动能力鉴定、工伤保险待遇支付等主要环节，具体流程如图1—1所示。

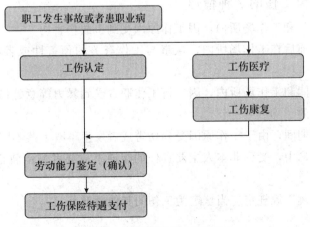

图1—1　工伤处理流程图

工伤认定是工伤职工享受工伤保险待遇的前提，工伤认定制度的确立，有利于明确工伤职工的身份，保障工伤职工享受工伤保险待遇的合法权益。《工伤保险条例》和《工伤认定办法》（人社部令第 8 号）规定了工伤认定制度的主要内容。

一、工伤认定的概念

工伤认定是指社会保险行政部门根据工伤保险法律法规及相关政策的规定，确定职工受到的伤害，按照规定是否属于应当认定为工伤或视同工伤的情形。工伤认定的职能部门是统筹地区的社会保险行政部门。

二、工伤认定的对象

工伤认定的对象包括具备下列条件的职工：①所在单位纳入了工伤保险制度的范围；②与用人单位存在劳动关系，包括事实劳动关系；③存在因工作原因受到事故伤害或者患职业病的事实。受到事故伤害或者患职业病的职工，只要同时具备上述三个条件，无论其所在单位是否参加了工伤保险，职工提出工伤认定申请，社会保险行政部门都应当受理。

无营业执照或者未经依法登记、备案而经营的单位所雇用的人员，以及被依法吊销营业执照或者撤销登记、备案的单位所雇用的人员受到事故伤害或者患职业病的；用人单位使用童工造成童工伤残、死亡的，受伤害者不需申请工伤认定，直接由雇用方给予一次性赔偿，拒不给付赔偿的，由社会保险监察机构予以处理，或通过法律程序予以解决。

三、工伤认定的范围

《工伤保险条例》明确规定了应当认定为工伤的 7 种情形、视同工伤的 3 种情形以及不得认定为工伤或者视同工伤的 3 种情形。

1. 应当认定为工伤的 7 种情形

（1）在工作时间和工作场所内，因工作原因受到事故伤害的。

（2）工作时间前后在工作场所内，从事与工作有关的预备性或者收尾性工作受到事故伤害的。

（3）在工作时间和工作场所内，因履行工作职责受到暴力等意外伤害的。

（4）患职业病的。

（5）因工外出期间，由于工作原因受到伤害或者发生事故下落不明的。

（6）在上下班途中，受到非本人主要责任的交通事故或者城市轨道交通、客运轮渡、火车事故伤害的。

（7）法律、行政法规规定应当认定为工伤的其他情形。

案例参考 ANLICANKAO

 ### 上夜班打瞌睡遇安全事故，能否认定为工伤？

[基本案情]

李某是某纸业公司造纸车间的一名造纸工，于2012年10月20日0时至8时上夜班。凌晨5时45分左右，纸辊架上原有的半成品纸辊突然坍塌，砸向了正坐在车间门边休息打瞌睡的李某。李某躲闪不及，事故造成其右脚踝骨骨折。事后，李某向社会保险行政部门提出工伤认定申请。当地社会保险行政部门做出认定李某为工伤的决定。公司不服，向法院提起行政诉讼。

[案例解析]

本案的争议焦点是公司认为李某虽是在工作时间和工作场所内发生事故致受伤，但事发时，李某在打瞌睡，没有直接从事工作且违反劳动纪律，非因工作原因受伤，因此不符合认定为工伤的条件。

当地社会保险行政部门经核查认为，李某是在夜班工作期间从事生产经营活动过程中受伤，虽因生理原因打瞌睡违反劳动纪律，但这并不是排除其因工作原因受伤的法律依据。公司存在着生产上的安全隐患，工作场所中纸辊坍塌是导致李某受伤的直接原因。因此，李某符合《工伤保险条例》第十四条第（一）项规定的可以认定工伤的条件，即职工在工作时间和工作场所内，因工作原因受到事故伤害的，应认定为工伤。

综上，法院判定社会保险行政部门认定事实清楚，适用法律正确，支持了社会保险行政部门认定李某为工伤的决定。

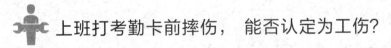 ### 上班打考勤卡前摔伤，能否认定为工伤？

[基本案情]

王某是某服饰公司的员工，上班时间为早上8时。公司要求员工上下班必须打卡，以此作为考勤依据，打卡处设在公司二楼楼梯口。2015年6月20日，王某于早上7时45分进入公司大门后，在准备去二楼打卡的过程中不慎摔伤并住院治疗。出院后，王某要求公司向当地社会保险行政部门提出工伤认定申请。公司认为其不符合工伤认定条件，予以拒绝。王某本人遂直接向当地社会保险行政部门提出工伤认定申请。当地社会保险行政部门做出认定王某为工伤的决定。

[案例解析]

本案的争议焦点是公司认为王某受伤时未到上班时间，未刷考勤卡，没有进入工作场所，因此不符合工伤认定的条件。

当地社会保险行政部门经核查认为，首先，公司对"工作场所"的理解过于机械，"工作场所"不仅指实际的工作岗位，也包括职工为完成某项特定工作所涉及的岗位以外的相关区域。其次，王某上班打卡属于根据公司的规定所进行的活动，是为了完成公司的日常考勤工作，应属于与工作有关的预备性工作。最后，王某受伤时间也是在公司规定的上班时间近前。因此，王某符合《工伤保险条例》第十四条第（二）项规定的可以认定工伤的条件，即职工于工作时间前后在工作场所内，从事与工作有关的预备性或者收尾性工作受到事故伤害的，应认定为工伤。

综上，当地社会保险行政部门认定王某摔伤为工伤，有法有据，公司最终接受了社会保险行政部门的工伤认定决定。

 职工在工作时间因私人原因受到暴力伤害，能否认定为工伤？

[基本案情]

张某系某保险公司分公司职工。2014年11月23日，张某到另一分公司找朋友谈工作时，与该分公司职工冯某发生争执。两人在推搡过程中，张某左眼被冯某打伤。经人报警后，两人被带到派出所处理纠纷。在派出所的询问笔录中载明："双方因个人原因发生争执。"事后，张某向当地社会保险行政部门提出工伤认定申请。当地社会保险行政部门做出不予认定张某为工伤的决定。张某不服，向法院提起行政诉讼。

[案例解析]

本案的争议焦点是张某是否是在工作时间和工作场所内因履行工作职责受到暴力伤害。

当地社会保险行政部门经核查认为，根据警方对张某和冯某的询问笔录、证人证言、案件和解协议书等相关证据，可以证明张某虽然是在工作时间与冯某发生冲突并受到暴力伤害，但该伤害与其履行的工作职责无直接因果关系，故不符合《工伤保险条例》第十四条第（三）项规定的可以认定工伤的条件，即职工在工作时间和工作场所内，因履行工作职责受到暴力等意外伤害的。故不予认定张某为工伤。

综上，法院判定社会保险行政部门认定事实清楚，适用法律正确，支持了社会保险行政部门不予认定张某为工伤的决定。

无书面劳动合同，从事喷漆作业致白血病，能否认定为工伤？

[**基本案情**]

李某自 2013 年 3 月 13 日开始在某汽车修理公司从事喷漆修补作业，公司未与李某签订过书面劳动合同。2014 年 5 月 18 日，李某患病到市职业病医院住院诊疗。经医院检查诊断，确诊李某患白血病，并结合李某职业史，出具了职业病诊断证明书。3 个月后，李某因白血病医治无效死亡。李某死亡后，其妻向当地社会保险行政部门提出工伤认定申请。当地社会保险行政部门做出认定李某为工伤的决定。

[**案例解析**]

本案的争议焦点是李某与公司未签订书面劳动合同，从事喷漆作业致白血病，能否认定为工伤。

当地社会保险行政部门经核查认为，李某在汽车修理公司的生产场所内，用公司提供的原料、设备完成喷漆作业，有证据证明公司按计件形式向李某支付劳动报酬，表明汽车修理公司与李某之间存在事实劳动关系。职业病医院出具的职业病诊断证明书，证明李某所患白血病为职业病。因此，李某符合《工伤保险条例》第十四条第（四）项规定的可以认定工伤的条件，即职工患职业病的，应认定为工伤。

领导未指派自行因工外出，返程遭遇交通事故，能否认定工伤？

[**基本案情**]

陈某为某县石材厂叉车工。在一次上班前的预备性工作中，他发现自己所驾驶的叉车无法正常启动。陈某马上找到为厂里长年提供维修服务的技师杨某进行维修。经过一番检查，杨某发现叉车油泵出现故障，需去县城专业维修厂校正。由于不太熟悉油泵运行原理，陈某邀维修技师杨某一同驾驶摩托车前往。在校完油泵返厂途中，两人遭遇交通事故，杨某当场死亡，陈某受重伤。交警部门出具的交通事故责任认定书认定杨某、陈某均无责任。

事后，二人家属均以"因工外出期间由于工作原因受到伤害"为由，向当地社会保险行政部门提起工伤认定申请。当地社会保险行政部门经查实，认为杨某为叉车技师，同时服务于多个石材加工厂，不属于涉案石材厂职工，双方不存在劳动关系，不应被认定为工伤。后杨某家属与石材厂协商达成一次性支付抚慰金的民事赔偿协议；因陈某为石材厂正式职工，且事发情形符合《工伤保险条例》第十四条第（五）项之规定，认定陈某为工伤。石材厂不服，向法院提起行政诉讼。

［案例解析］

本案争议的焦点是石材厂认为陈某外出未受单位领导指派，属私自外出，所造成的后果应由其自己承担，不应认定为工伤。

经查，陈某与杨某事故当天去县城的唯一目的就是校正油泵，油泵维修店门卫可以证实。并且为确保厂里工作正常运转，他们二人在校正完油泵后及时返回。在返回途中发生交通事故，且二人在事故中无责任。

《工伤保险条例》第十四条第（五）项规定："职工因工外出期间，由于工作原因受到伤害或者发生事故下落不明的应当认定为工伤。"这里的"因工外出"，是指职工不在本单位的工作范围内，由于工作需要被领导指派到本单位以外工作；或者为了更好地完成工作，自己到本单位以外从事与本职工作有关的工作。外出的地点包含两个范围：一是指到本单位以外，但是还在本地范围内；二是指不仅离开了本单位，并且到外地去了。对于前者可以是受领导指派，也可以是职工因职责需要自行决定；对于后者应必须有单位领导的指派。本案中陈某在无法联系单位领导的情况下，积极主动前往县城（本单位外的本地范围内）校正油泵，显然属于前种情形，可以没有领导指派，因职责需要自行做出决定。

同时，对于"因工外出期间"的工伤认定，最高人民法院《关于审理工伤保险行政案件若干问题的规定》（法释〔2014〕9号）第五条规定，职工受用人单位指派或者因工需要在工作场所以外从事与工作职责有关的活动期间，社会保险行政部门认定该情形为"因工外出期间"的，人民法院应予以支持。由此可见，"因工外出期间"属于"工作时间"的一种特殊情形，并应当从职工外出是否因工作需要或者为保证用人单位的正当利益等方面综合考虑来认定。石材厂将"指派与否"作为认定工伤的唯一依据，这种理解是片面的。

综上，法院判定社会保险行政部门认定事实清楚，适用法律正确，支持了社会保险行政部门认定陈某为工伤的决定。

2. 视同工伤的三种情形

（1）在工作时间和工作岗位，突发疾病死亡或者在48小时之内经抢救无效死亡的。

（2）在抢险救灾等维护国家利益、公共利益活动中受到伤害的。

（3）职工原在军队服役，因战、因公负伤致残，已取得革命伤残军人证，到用人单位后旧伤复发的。

 伤残退伍门卫旧伤复发，能否认定为工伤？

[基本案情]

冯某系某金属制品公司门卫。2013 年 7 月 6 日骑自行车上班途中摔倒造成颈椎受伤。送医院诊断，发现其第二颈椎齿状突骨折，与其 1977 年在军队服役时因公负伤造成的颈椎第二、第三椎陈旧性骨折受伤部位一致。冯某要求公司申请工伤认定被拒绝后，本人向当地社会保险行政部门提出工伤认定申请。当地社会保险行政部门经核查后，认定冯某骑车上班途中摔倒致陈旧性骨折再受伤，属旧伤复发，依据《工伤保险条例》第十五条第（三）项的规定，做出认定工伤的决定。

[案例解析]

本案的争议焦点是公司认为冯某应聘时未将其为伤残军人的身份告知单位，属故意隐瞒，不应认定为工伤。

当地社会保险行政部门经核查认为，冯某原在军队服役因公负伤致残，已取得革命伤残军人证，此次事故造成旧伤复发，事实清楚，证据充分。虽然冯某到公司应聘就业时，未将退伍伤残军人的身份告知用人单位，但《工伤保险条例》中并未规定，退伍伤残军人向用人单位说明自己的身份是其享受工伤待遇的前提条件。因此，冯某未将身份告知公司，不影响双方之间劳动合同的效力。冯某的情形符合《工伤保险条例》第十五条第（三）项"职工原在军队服役，因战、因公负伤致残，已取得革命伤残军人证，到用人单位后旧伤复发的"的规定，应视同为工伤。

综上，当地社会保险行政部门认定冯某为工伤，有法有据，公司最终接受了社会保险行政部门的工伤认定决定。

3. 不得认定为工伤或者视同工伤的三种情形

（1）故意犯罪的。

（2）醉酒或者吸毒的。

（3）自残或者自杀的。

案例参考 ANLICANKAO

职工因醉酒在上班途中遭受非本人主要责任的交通事故，能否认定为工伤？

［基本案情］

谭某系某物业公司职工。2014 年 8 月 5 日 20 时左右，谭某在去公司上夜班途中横穿马路时，被赵某驾驶的机动车撞倒，后经抢救无效死亡。经检验，谭某血液中的乙醇含量高达 270 毫克/100 毫升，属于严重醉酒状态。当地公安交警部门在《道路交通事故认定书》中认定，谭某因醉酒，丧失了自我辨认和控制能力，而赵某因车速过快，未注意观察路况，故认定事故双方在该起交通事故中承担同等责任。事后，谭某家属向当地社会保险行政部门提出工伤认定申请，当地社会保险行政部门经核查后，依据《工伤保险条例》第十六条第（二）项的规定，做出不予认定工伤的决定。

［案例解析］

本案中，谭某在上班途中遭受非本人主要责任的交通事故，虽然符合《工伤保险条例》第十四条第（六）项的规定，但其在遭受交通事故伤害时处于醉酒状态，依据《工伤保险条例》第十六条第（二）项规定，职工符合本条例第十四条、第十五条规定，但是有醉酒或者吸毒情形的，不得认定为工伤或者视同工伤。

四、工伤认定的程序

根据《工伤保险条例》《工伤认定办法》及相关规定，职工发生事故伤害或罹患职业病后，应向统筹地区社会保险行政部门提出工伤认定申请。工伤认定办理主要环节包括：提出书面工伤认定申请；社会保险行政部门对申请事项进行审查，并根据审查情况通知申请人是否需要补正材料；社会保险行政部门根据审查情况，决定本次工伤认定申请是否受理，并出具相关文书；社会保险行政部门受理工伤认定申请后，根据需要对申请人提供的证据进行调查核实；社会保险行政部门依法做出工伤认定结论，出具相关文书并送达。工伤认定办理与处理流程如图 1—2 所示。

1. 申请

职工发生事故伤害或者按照职业病防治法规定被诊断、鉴定为职业病，用人单位应当自事故伤害发生之日或者职工被诊断、鉴定为职业病之日起 30 日内，向统筹地区社会保险行政部门提出工伤认定申请；用人单位未按规定提出工伤认定申请的，工伤职工或

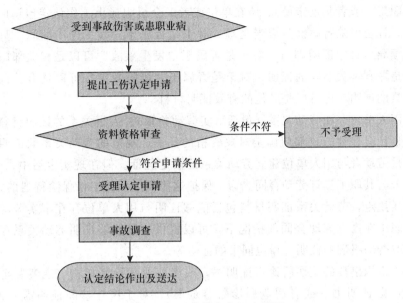

图1—2 工伤认定办理流程图

者其近亲属、工会组织在事故伤害发生之日或者被诊断、鉴定为职业病之日起1年内，可以直接向用人单位所在地统筹地区社会保险行政部门提出工伤认定申请。

工伤职工所在单位、职工个人（或者其近亲属）、工会组织申请工伤认定时，应该提交全面、真实的材料，以便于社会保险行政部门准确、及时做出工伤认定结论。根据《工伤保险条例》第十八条及《工伤认定办法》的规定，提出工伤认定申请应当提交下列材料：

（1）工伤认定申请表。申请表是申请工伤认定的基本材料，包括事故发生的时间、地点、原因以及职工伤害程度等基本情况。通过申请表，认定机构对所在单位、职工本人、工伤事故或者职业病的现状、原因等基本事项有一个简明、清楚的了解。属于下列情况还应提供相关的证明材料：①因履行工作职责受到暴力伤害的，应提交公安机关或人民法院的判决书或其他有效证明。②由于交通事故引起的伤亡提出工伤认定的，应提交公安交通管理等部门出具的事故责任认定书或其他有效证明。③因工外出期间，由于工作原因受到伤害的，应由当地公安部门出具证明或其他有效证明。④在工作时间和工作岗位，突发疾病死亡或者在48小时之内经抢救无效死亡的，提供医疗机构的抢救和死亡证明。⑤属于抢险救灾等维护国家利益、公众利益活动中受到伤害的，按照法律法规规定，提交由设区的市级相应机构或有关行政部门出具的有效证明。⑥属于因战、因公负伤致残的转业、复员军人，旧伤复发的，提交《中华人民共和国残疾军人证》及医疗机构对旧伤复发的诊断证明。

需要说明的是，2004年10月1日起施行的《军人抚恤优待条例》已将《中华人民共和国革命伤残军人证》改为《中华人民共和国残疾军人证》，因此，转业、复员军人旧伤复发的，需要提交更换的《中华人民共和国残疾军人证》。对因特殊情况，无法提供相关证明材料的，可以书面说明情况。社会保险行政部门受理工伤认定申请，不以有关部门必须出具证明为前提。例如，对于职工因工外出期间发生事故或者在抢险救灾中下落不明的情形，职工（或者其近亲属）、所在单位或者工会组织提出工伤认定申请的，只要符合受理条件，社会保险行政部门应当受理。对于是否属于"因工外出期间"只要有其所在单位相关领导出具的证明即可；对于是否属于"发生事故"可以是相关部门出具的证明，也可以是非利害关系人的证明；对于是否属于"抢险救灾"可以是有关部门（如民政部门）出具的证明，也可以是其他的有效证明材料。

（2）与用人单位存在劳动关系（包括事实劳动关系）、人事关系的证明材料。劳动关系证明材料是社会保险行政部门确定对象资格的凭证。规范的劳动关系的证明材料是劳动合同，它是劳动者与用人单位建立劳动关系的法定凭证。但在现实生活中，一些企业、个体工商户未与其职工签订劳动合同。为了保护这些职工享受工伤保险待遇的权益，《工伤保险条例》规定，劳动关系证明材料包括能够证明与用人单位存在事实劳动关系的材料。据此，职工在没有劳动合同的情况下，可以提供一些能够证明劳动关系存在的其他材料，如领取劳动报酬的证明、单位同事的证明等。

（3）医疗机构出具的受伤后诊断证明书，或者职业病诊断机构（或者鉴定机构）出具的职业病诊断证明书（或者职业病诊断鉴定书）。对于医疗诊断证明需要把握两点：①出具诊断证明的医疗机构，一般情况下，应是与社会保险经办机构签订工伤保险服务协议的医疗机构；特殊情况下，也可以是非协议医疗机构（如对受到事故伤害的职工实施急救的医疗机构、在国外或境外治疗的医疗机构）。②出具职业病诊断证明的，应是用人单位所在地或者本人居住地的、经省级以上人民政府卫生行政部门批准的承担职业病诊断项目的医疗卫生机构；出具职业病诊断鉴定证明的，应是设区的市级职业病诊断鉴定委员会，或者是省、自治区、直辖市职业病诊断鉴定委员会。

2. 受理

工伤认定申请人提交的申请材料符合要求，属于社会保险行政部门管辖范围且在受理时限内的，社会保险行政部门应当受理。

3. 审核

社会保险行政部门收到工伤认定申请后，应当在15日内对申请人提交的材料进行审核，材料完整的，做出受理或者不予受理的决定；材料不完整的，应当以书面形式一次性告知申请人需要补正的全部材料。社会保险行政部门收到申请人提交的全部补正材料后，应当在15日内做出受理或者不予受理的决定。

社会保险行政部门决定受理的，应当出具《工伤认定申请受理决定书》；决定不予受理的，应当出具《工伤认定申请不予受理决定书》。

4. 调查核实

社会保险行政部门工作人员在工伤认定中，可以进行以下调查核实工作：根据工作需要，进入有关单位和事故现场；依法查阅与工伤认定有关的资料，询问有关人员并做出调查笔录；记录、录音、录像和复制与工伤认定有关的资料。调查核实工作的证据收集参照行政诉讼证据收集的有关规定执行。社会保险行政部门工作人员进行调查核实时，有关单位和个人应当予以协助。用人单位、工会组织、医疗机构以及有关部门应当负责安排相关人员配合工作，据实提供情况和证明材料。

对依法取得职业病诊断证明书或者职业病诊断鉴定书的，社会保险行政部门不再进行调查核实。《中华人民共和国职业病防治法》和《职业病诊断与鉴定管理办法》（2013年卫生部令第91号）对职业病的诊断以及诊断争议的鉴定都做了明确规定。依法取得的职业病诊断证明书和职业病诊断鉴定书，是说明职工患职业病的具有法律效力的凭证。在进行工伤认定时，社会保险行政部门将其作为有效的证据来使用，无须再进行事实认定。但是，当社会保险行政部门发现申请人提交的职业病诊断证明书或职业病诊断鉴定书不符合国家规定的格式和要求的（关于职业病的诊断证明书或诊断鉴定书的格式，卫生部有明确的规定和要求），有权要求出具证据部门重新提供。如果工伤认定申请人提供的职业病诊断证明书，社会保险行政部门发现属于职业病诊断医疗机构超过了卫生行政部门批准诊断项目范围的，社会保险行政部门可以要求申请人重新提供职业病诊断证明书。

社会保险行政部门受理工伤认定申请后，如果用人单位与职工有不同的主张，并且各自提供的材料及证据都不足以支持自己的主张，此时应由用人单位承担举证责任，如果用人单位提供的证据不足以推翻职工提供的证据的，社会保险行政部门可以根据职工提供的材料及证据做出工伤认定决定。

5. 做出决定

社会保险行政部门应当自受理工伤认定申请之日起60日内做出工伤认定决定，出具《认定工伤决定书》或者《不予认定工伤决定书》。社会保险行政部门对于事实清楚、权利义务明确的工伤认定申请，应当自受理工伤认定申请之日起15日内做出工伤认定决定。

社会保险行政部门受理工伤认定申请后，作出工伤认定决定需要以司法机关或者有关行政主管部门的结论为依据的，在司法机关或者有关行政主管部门尚未做出结论期间，做出工伤认定决定的时限中止，并书面通知申请人。

需注意的是，工伤认定进程中，社会保险行政部门工作人员与工伤认定申请人有利害关系的，应当回避。

6. 决定书送达

社会保险行政部门应当自工伤认定决定做出之日起20日内，将《认定工伤决定书》或者《不予认定工伤决定书》送达受伤害职工（或者其近亲属）和用人单位，并抄送社会保险经办机构。《认定工伤决定书》和《不予认定工伤决定书》的送达参照民事法律有关送达的规定执行。

职工或者其近亲属、用人单位对不予受理决定不服或者对工伤认定决定不服的，可以依法申请行政复议或者提起行政诉讼。

第四节　劳动能力鉴定

劳动能力鉴定环节是工伤保险制度的重要组成部分。劳动能力鉴定是给予受到事故伤害或患职业病的职工工伤保险待遇的基础和前提条件。职工在工伤治疗期内伤情处于相对稳定状态，存在残疾，影响劳动能力的，都要通过医学检查对其伤残后丧失劳动能力的程度做出判定结论。通过劳动能力鉴定，能够准确评定职工伤残的程度，有利于保障工伤伤残职工的合法权益，同时也为正确处理与此有关的争议提供了客观依据。人力资源和社会保障部于 2014 年 2 月 20 日发布了《工伤职工劳动能力鉴定管理办法》（人社部令 21 号），自 2014 年 4 月 1 日起施行。

一、劳动能力鉴定的概念

劳动能力鉴定是指劳动者因工负伤或者患职业病，导致本人劳动与生活能力受到影响，由劳动能力鉴定机构组织劳动能力鉴定医学专家，根据国家制定的评残标准，按照工伤保险的有关政策，运用医学科学技术的方法和手段，确定劳动者劳动功能障碍程度和生活自理障碍程度的一种综合评定制度。劳动功能障碍分为 10 个伤残等级，最重的为一级，最轻的为十级。生活自理障碍分为 3 个等级：生活完全不能自理、生活大部分不能自理和生活部分不能自理。

二、劳动能力鉴定标准

劳动能力鉴定标准是进行劳动能力鉴定时所依据的尺度，是确定工伤职工伤残等级的标准，劳动能力鉴定标准由国务院社会保险行政部门会同国务院卫生行政部门等部门制定。

我国目前实施的工伤职工劳动能力鉴定标准是 2014 年由国家质量监督检验检疫总局、国家标准化管理委员会批准发布的《劳动能力鉴定　职工工伤与职业病致残等级》（GB/T 16180—2014），共分为 5 个门类、530 个残情条目。该标准是对工伤职工进行劳动能力鉴定的唯一标准。

三、劳动能力鉴定委员会

劳动能力鉴定委员会是负责对工伤职工伤残程度进行劳动能力鉴定的专门机构。《工伤保险条例》规定，劳动能力鉴定委员会由社会保险部门、卫生行政部门、工会组织、用人单位和社会保险经办机构代表组成。劳动能力鉴定委员会分为设区的市级劳动能力鉴定委员会和省、自治区、直辖市劳动能力鉴定委员会两级。设区的市级劳动能力鉴定委员会负责本辖区内的劳动能力初次鉴定、复查鉴定。省、自治区、直辖市劳动能力鉴定委员会负责对初次鉴定或者复查鉴定结论不服提出的再次鉴定。劳动能力鉴定委员会负责组建医疗卫生专家库。

四、劳动能力鉴定程序

根据《工伤保险条例》《工伤职工劳动能力鉴定管理办法》及相关规定，劳动能力鉴定主要环节包括：提出劳动能力鉴定申请；对申请人提交的材料进行审核及受理；组织专家组进行鉴定；出具鉴定结论并送达用人单位及工伤职工。劳动能力鉴定办理流程如图1—3所示。

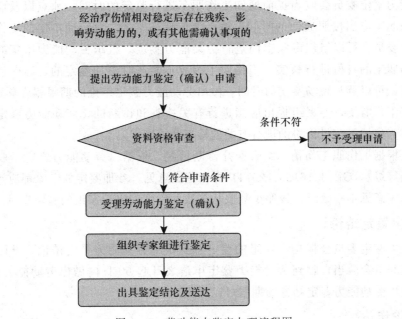

图1—3 劳动能力鉴定办理流程图

1. 申请

职工发生工伤，经治疗伤情相对稳定后存在残疾、影响劳动能力的，或者停工留薪期满（含劳动能力鉴定委员会确认的延长期限），工伤职工或者其用人单位应当及时向设区的市级劳动能力鉴定委员会提出劳动能力鉴定申请。工伤职工本人因身体等原因无法提出劳动能力鉴定申请的，可由其近亲属代为提出。

申请劳动能力鉴定应当填写劳动能力鉴定申请表，并提交下列材料：

（1）《工伤认定决定书》原件和复印件。

（2）有效的诊断证明、按照医疗机构病历管理有关规定复印或者复制的检查、检验报告等完整病历材料。

（3）工伤职工的居民身份证或者社会保障卡等其他有效身份证明原件和复印件。

（4）劳动能力鉴定委员会规定的其他材料。

2. 受理

劳动能力鉴定委员会收到劳动能力鉴定申请后，应当及时对申请人提交的材料进行审核，查看有关材料是否齐备、有效，决定是否受理。若申请人提供材料不完整的，劳动能力鉴定委员会应当自收到劳动能力鉴定申请之日起5个工作日内一次性书面告知申请人需要补正的全部材料。

3. 组织鉴定

申请人提供材料完整的，劳动能力鉴定委员会应当及时组织鉴定。劳动能力鉴定委员会应当视伤情程度等从医疗卫生专家库中随机抽取 3 名或者 5 名与工伤职工伤情相关科别的专家组成专家组进行鉴定。

劳动能力鉴定委员会应当提前通知工伤职工进行鉴定的时间、地点以及应当携带的材料。工伤职工应当按照通知的时间、地点参加现场鉴定。对行动不便的工伤职工，劳动能力鉴定委员会可以组织专家上门进行劳动能力鉴定。组织劳动能力鉴定的工作人员应当对工伤职工的身份进行核实。工伤职工因故不能按时参加鉴定的，经劳动能力鉴定委员会同意，可以调整现场鉴定的时间，做出劳动能力鉴定结论的期限相应顺延。

因鉴定工作需要，专家组提出应当进行有关检查和诊断的，劳动能力鉴定委员会可以委托具备资格的医疗机构协助进行有关的检查和诊断。

专家组根据工伤职工伤情，结合医疗诊断情况，依据《劳动能力鉴定 职工工伤与职业病致残等级》（GB/T 16180—2014）提出鉴定意见。参加鉴定的专家都应当签署意见并签名。专家意见不一致时，按照少数服从多数的原则确定专家组的鉴定意见。

4. 作出鉴定结论

劳动能力鉴定委员会根据专家组的鉴定意见做出劳动能力鉴定结论。设区的市级劳动能力鉴定委员会应当自收到劳动能力鉴定申请之日起 60 日内做出劳动能力鉴定结论，必要时，做出劳动能力鉴定结论的期限可以延长 30 日。

5. 结论送达

劳动能力鉴定委员会应当自作出鉴定结论之日起 20 日内将劳动能力鉴定结论及时送达工伤职工及其用人单位，并抄送社会保险经办机构。

6. 再次鉴定

工伤职工或者其用人单位对初次鉴定结论不服的，可以在收到该鉴定结论之日起 15 日内向省、自治区、直辖市劳动能力鉴定委员会申请再次鉴定。省、自治区、直辖市劳动能力鉴定委员会做出的劳动能力鉴定结论为最终结论。

7. 复查鉴定

自劳动能力鉴定结论做出之日起 1 年后，工伤职工、用人单位或者社会保险经办机构认为伤残情况发生变化的，可以向设区的市级劳动能力鉴定委员会申请劳动能力复查鉴定。

第五节　工伤保险待遇

工伤保险待遇是职工受到事故伤害或者患有职业病后，获得医疗救治和经济补偿的一种保障。我国现行的工伤保险待遇，在待遇项目方面，国家统一进行了规定，而具体待遇标准则采取了中央和地方统筹兼顾的原则，一是考虑到了相同等级的工伤职工，待遇支付比例要相同；二是考虑工伤职工待遇与本地区职工生活水平相适应。工伤保险待遇的标准也是随着经济发展和生活水平的提高而变化的。例如，伤残津贴、供养亲属抚恤金、生活护理费可由统筹地区社会保险行政部门根据职工平均工资和生活费用变化等情况适时调整。调整办法由省、自治区、直辖市人民政府规定。

一、工伤保险待遇项目

我国工伤保险待遇项目包括：工伤医疗待遇、康复待遇和使用辅助器具待遇、停工留薪期待遇、生活护理待遇、伤残待遇、因工死亡待遇等。

1. 工伤医疗待遇

职工因工作遭受事故伤害或者患职业病进行治疗，享受工伤医疗待遇，工伤医疗的办理流程如图 1—4 所示。

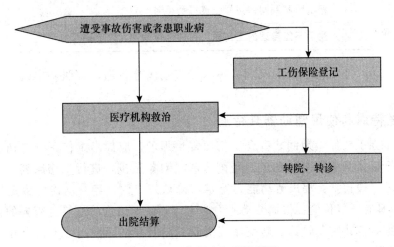

图 1—4　工伤医疗办理流程图

职工治疗工伤应当在签订服务协议的医疗机构就医，情况紧急时可以先到就近的医疗机构急救。治疗工伤所需费用符合工伤保险诊疗项目目录、工伤保险药品目录、工伤保险住院服务标准的，从工伤保险基金支付。工伤保险诊疗项目目录、工伤保险药品目录、工伤保险住院服务标准，由国务院社会保险行政部门会同国务院卫生行政部门、食品药品监督管理部门等部门规定。职工住院治疗工伤的伙食补助费，以及经医疗机构出具证明，报经办机构同意，工伤职工到统筹地区以外就医所需的交通、食宿费用从工伤保险基金支付，基金支付的具体标准由统筹地区人民政府规定。社会保险行政部门做出认定为工伤的决定后发生行政复议、行政诉讼的，在行政复议和行政诉讼期间不停止支付工伤职工治疗工伤的医疗费用。

工伤医疗期间的待遇详见表 1—1 所示。

表 1—1　　　　　　　　　　工伤医疗期间待遇

项目	计发基数及标准	支付方式
医疗费	签订服务协议的医疗机构内符合规定范围内的医疗费	基金支付
康复费	签订服务协议的医疗机构内符合规定范围内的康复费	基金支付

续表

项目	计发基数及标准	支付方式
辅助器具费	经劳动能力鉴定委员会确认需安装辅助器具的，发生符合支付标准的辅助器具配置费用	基金支付
住院伙食补助费	职工治疗工伤的伙食费用，按当地标准支付	基金支付
统筹地区以外就医交通食宿费	经医疗机构出具证明，报经办机构同意，工伤职工到统筹地区以外就医所需的交通、食宿费用，按当地标准支付	基金支付
工资福利	停工留薪期间，按原工资福利待遇	单位支付
护理费用	生活不能自理的工伤职工在停工留薪期间需要护理的	单位支付

工伤职工治疗非工伤引发的疾病，不享受工伤医疗待遇，按照基本医疗保险办法处理。

2. 康复待遇和使用辅助器具待遇

工伤职工在工伤保险期间，符合工伤康复情形的，应提出工伤康复申请。经劳动能力鉴定委员会确认具有康复价值的，可列入康复对象范围，进行工伤康复。工伤康复办理的主要环节一般包括：提出劳动能力鉴定（确认）申请；经劳动能力鉴定委员会鉴定（确认）是否具有康复价值；根据劳动能力鉴定（确认）结论前往签订服务的协议机构进行康复；根据病情转院、转诊、转变康复类别；出院并结算费用。工伤康复办理流程如图1—5所示。

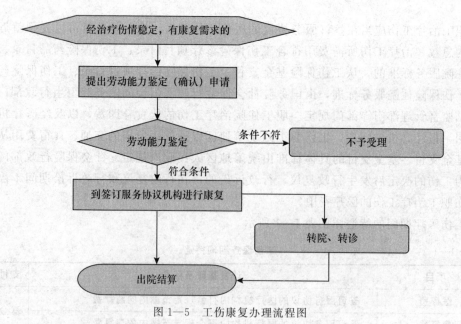

图1—5 工伤康复办理流程图

工伤职工因日常生活或者就业需要，经劳动能力鉴定委员会确认，可以安装假肢、矫形器、假眼、假牙和配置轮椅等辅助器具，所需费用按照国家规定的标准从工伤保险基金支付。

3. 停工留薪期待遇

停工留薪期是指职工因工作遭受事故伤害或者患职业病，需要暂停工作接受工伤医疗的治疗期限。在停工留薪期内，职工原工资福利待遇不变，由所在单位按月支付。

停工留薪期一般不超过 12 个月。伤情严重或者情况特殊，经设区的市级劳动能力鉴定委员会确认，可以适当延长，但延长不得超过 12 个月。工伤职工评定伤残等级后，停发原待遇，按照《工伤保险条例》有关规定享受伤残待遇。工伤职工在停工留薪期满后仍需治疗的，继续享受工伤医疗待遇。

生活不能自理的工伤职工在停工留薪期需要护理的，由所在单位负责。

4. 生活护理待遇

工伤职工已经评定伤残等级并经劳动能力鉴定委员会确认需要生活护理的，从工伤保险基金按月支付生活护理费。

生活护理费按照生活完全不能自理、生活大部分不能自理和生活部分不能自理三个不同等级支付，其标准分别为统筹地区上一年度职工月平均工资的 50%、40% 或者 30%。

5. 伤残待遇

职工因工致残，经劳动能力鉴定委员会鉴定为伤残等级后，享受相应级别的伤残待遇。

（1）职工因工致残被鉴定为一级至四级伤残的，保留劳动关系，退出工作岗位，享受以下待遇：

1）从工伤保险基金按伤残等级支付一次性伤残补助金，标准为：一级伤残为 27 个月的本人工资；二级伤残为 25 个月的本人工资；三级伤残为 23 个月的本人工资；四级伤残为 21 个月的本人工资。

2）从工伤保险基金按月支付伤残津贴，标准为：一级伤残为本人工资的 90%；二级伤残为本人工资的 85%；三级伤残为本人工资的 80%；四级伤残为本人工资的 75%。伤残津贴实际金额低于当地最低工资标准的，由工伤保险基金补足差额。

3）工伤职工达到退休年龄并办理退休手续后，停发伤残津贴，按照国家有关规定享受基本养老保险待遇。基本养老保险待遇低于伤残津贴的，由工伤保险基金补足差额。

职工因工致残被鉴定为一级至四级伤残的，由用人单位和职工个人以伤残津贴为基数，缴纳基本医疗保险费。

（2）职工因工致残被鉴定为五级、六级伤残的，享受以下待遇：

1）从工伤保险基金按伤残等级支付一次性伤残补助金，标准为：五级伤残为 18 个月的本人工资；六级伤残为 16 个月的本人工资。

2）保留与用人单位的劳动关系，由用人单位安排适当工作。难以安排工作的，由用人单位按月发给伤残津贴，标准为：五级伤残为本人工资的 70%；六级伤残为本人工资的 60%，并由用人单位按照规定为其缴纳应缴纳的各项社会保险费。伤残津贴实际金额低于当地最低工资标准的，由用人单位补足差额。

经工伤职工本人提出，该职工可以与用人单位解除或者终止劳动关系，由工伤保险基金支付一次性工伤医疗补助金，由用人单位支付一次性伤残就业补助金。一次性工伤医疗补助金和一次性伤残就业补助金的具体标准由省、自治区、直辖市人民政府规定。

（3）职工因工致残被鉴定为七级至十级伤残的，享受以下待遇：

1）从工伤保险基金按伤残等级支付一次性伤残补助金，标准为：七级伤残为 13 个月的本人工资；八级伤残为 11 个月的本人工资；九级伤残为 9 个月的本人工资；十级伤残为 7 个月的本人工资。

2）劳动、聘用合同期满终止，或者职工本人提出解除劳动、聘用合同的，由工伤保险基金支付一次性工伤医疗补助金，由用人单位支付一次性伤残就业补助金。一次性工伤医疗补助金和一次性伤残就业补助金的具体标准由省、自治区、直辖市人民政府规定。

综上所述，工伤职工医疗终结后，可按照被鉴定的伤残等级，享受一次性发放和定期发放的工伤待遇，详见表1—2、表1—3所列。

表 1—2　　　　工伤医疗终结后一次性发放待遇（一级至十级伤残）

项目	计发基数	计发标准		支付方式
一次性伤残补助金	本人工资	一级	27 个月	基金支付
		二级	25 个月	
		三级	23 个月	
		四级	21 个月	
		五级	18 个月	
		六级	16 个月	
		七级	13 个月	
		八级	11 个月	
		九级	9 个月	
		十级	7 个月	
一次性工伤医疗补助金	按各地具体制定的标准执行	五级至十级	按各地具体制定的标准执行	终结工伤保险关系时基金支付
一次性伤残就业补助金	按各地具体制定的标准执行	五级至十级	按各地具体制定的标准执行	终结工伤保险关系时单位支付

表 1—3　　　　　　　　　　工伤医疗终结后定期发放的待遇

项目	计发基数	计发标准		支付方式
伤残津贴	本人工资	一级	90%	基金按月支付
		二级	85%	
		三级	80%	
		四级	75%	
		五级	70%	保留劳动关系，难以安排工资的，由单位按月支付
		六级	60%	
生活护理费	统筹地区上年度职工月平均工资	完全不能自理	50%	基金支付
		大部分不能自理	40%	
		部分不能自理	30%	

6. 因工死亡待遇

职工因工死亡，其近亲属按照下列规定从工伤保险基金领取丧葬补助金、供养亲属抚恤金和一次性工亡补助金。具体标准是：

（1）丧葬补助金为 6 个月的统筹地区上一年度职工月平均工资。

（2）供养亲属抚恤金按照职工本人工资的一定比例发给由因工死亡职工生前提供主要生活来源、无劳动能力的亲属。标准为：配偶每月 40%，其他亲属每人每月 30%，孤寡老人或者孤儿每人每月在上述标准的基础上增加 10%。核定的各供养亲属的抚恤金之和不应高于因工死亡职工生前的工资。

（3）一次性工亡补助金标准为上一年度全国城镇居民人均可支配收入的 20 倍。

伤残职工在停工留薪期内因工伤导致死亡的，其近亲属享受以上第（1）、第（2）、第（3）项待遇。一级至四级伤残职工在停工留薪期满后死亡的，其近亲属可以享受以上第（1）、第（2）项待遇。

因工死亡职工补偿待遇详见表 1—4 所示。

表 1—4　　　　　　　　　　因工死亡补偿待遇

项目	计发基数	计发标准	支付方式
丧葬补助金	统筹地区上年度职工月平均工资	6 个月	基金支付
一次性工亡补助金	上一年度全国城镇居民人均可支配收入	20 倍	基金支付

续表

项目	计发基数	计发标准		支付方式
供养亲属抚恤金	本人工资	配偶	40%	基金按月支付，符合工亡职工供养范围条件的亲属可领取
		其他亲属	30%	
		孤寡老人或者孤儿每人每月在上述标准的基础上增加10%，核定的各供养亲属的抚恤金之和不应高于因工死亡职工生前的工资		

二、几种特种情形的工伤保险待遇规定

1. 职工因工外出期间发生事故或者在抢险救灾中下落不明的工伤保险待遇处理

对于职工因工外出期间发生事故或者在抢险救灾中下落不明的，从事故发生当月起3个月内照发工资，从第4个月起停发工资，由工伤保险基金向其供养亲属按月支付供养亲属抚恤金。生活有困难的，可以预支一次性工亡补助金的50%。职工被人民法院宣告死亡的，按照职工因工死亡的规定处理。

2. 职工被派遣出国、出境工作的工伤保险待遇处理

职工被派遣出境工作，依据前往国家或者地区的法律应当参加当地工伤保险的，参加当地工伤保险，其国内工伤保险关系中止；不能参加当地工伤保险的，其国内工伤保险关系不中止。

3. 分立、合并、转让及承包经营的用人单位的工伤保险待遇处理

用人单位分立、合并、转让的，承继单位应当承担原用人单位的工伤保险责任；原用人单位已经参加工伤保险的，承继单位应当到当地经办机构办理工伤保险变更登记。用人单位实行承包经营的，工伤保险责任由职工劳动关系所在单位承担。

4. 职工被借调期间发生工伤事故的工伤保险待遇处理

职工被借调期间受到工伤事故伤害的，由原用人单位承担工伤保险责任，但原用人单位与借调单位可以约定补偿办法。

5. 企业破产时工伤保险待遇处理

企业破产的，在破产清算时要依法拨付应当由单位支付的工伤保险待遇费用。

6. 职工再次发生工伤的工伤保险待遇

职工再次发生工伤，根据规定应当享受伤残津贴的，按照认定的伤残等级享受伤残津贴待遇。

三、停止享受工伤保险待遇的情形

工伤职工有下列情形之一的，停止享受工伤保险待遇：

（1）丧失享受待遇条件的。

（2）拒不接受劳动能力鉴定的。

（3）拒绝治疗的。

四、工伤保险待遇申请

根据《工伤保险条例》规定，工伤保险待遇由工伤保险基金、用人单位按规定支付。向工伤保险基金提出工伤保险待遇领取的主要环节包括：提出工伤保险待遇申请；对申请人提交的材料进行审核及受理；待遇核定；出具待遇支付决定并送达用人单位及工伤职工（或其近亲属）。向工伤保险基金提出工伤保险待遇领取办理的流程如图1—6所示。

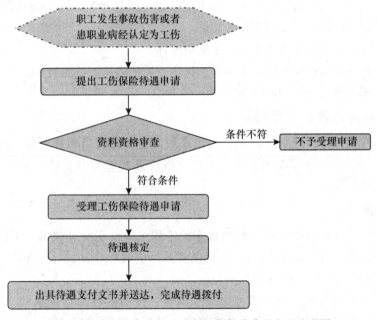

图1—6 向工伤保险基金申领工伤保险待遇办理流程图

1. 工伤医疗待遇申请材料

工伤职工申领在医疗机构、工伤康复机构、劳动能力鉴定机构及康复器具装配机构现金结算的相关费用，应提交下列材料：

（1）身份证、社会保障卡及其他有效身份证明材料复印件。

（2）《认定工伤认定书》复印件。

（3）《劳动能力鉴定（确认）书》。

（4）疾病诊断证明书复印件。

（5）门诊、住院收据（发票）、费用明细清单。

(6) 领取相关待遇须提供的其他资料。

2. 工伤补偿待遇申请材料

工伤职工申领工伤补偿待遇时，应提交下列材料：

(1)《认定工伤决定书》复印件。

(2) 工伤职工身份证、社会保障卡或其他有效身份证明材料复印件。

(3)《劳动能力鉴定（确认）书》复印件。

(4) 领取相关待遇须提供的其他资料。

3. 工亡待遇申请材料

工亡职工近亲属领取工亡待遇，应提交如下资料：

(1)《认定工伤决定书》复印件。

(2) 工亡职工、待遇申请人身份证、社会保障卡复印件或其他有效身份证明材料。

(3) 工亡职工《死亡证明书》复印件。

(4) 工亡职工本人、直系亲属的户口本复印件（原件备查），未上户口的，应提交相关证明资料（如结婚证、子女出生证等）。

(5) 工亡职工待遇申领人关系证明公证书原件。

(6) 申领供养亲属抚恤金的供养亲属，提供主要生活来源证明材料原件。

(7) 领取相关待遇须提供的其他资料。

4. 工伤保险待遇的申领时限

工伤职工在工伤医疗终结或解除劳动关系后，应及时向当地社会保险经办部门提出申领工伤保险待遇，并办理相关手续。工伤保险待遇发放均有具体的条件和时限要求，按照相关的文件执行。

5. 救济途径

工伤职工或者其近亲属对经办机构核定的工伤保险待遇有异议的，可以在收到认定书之日起 60 日内向当地人民政府或上一级主管部门申请行政复议，或在收到决定之日起 6 个月内向人民法院提起行政诉讼。

职工与用人单位发生工伤待遇方面的争议时，按照处理劳动争议的有关规定处理。具体包括：职工可以和用人单位自行协商解决；双方在 30 日内向用人单位所在地劳动争议调解委员会申请调解；若经过调解双方达不成协议，当事人一方或双方可在 60 日之内向当地劳动争议仲裁委员会申请仲裁，当事人也可以直接申请仲裁；当事人如果对仲裁裁决不服，可以在 15 日内向当地人民法院起诉。

第二章　工伤预防管理

第一节　工伤预防概述

在我国社会主义市场经济条件下，随着经济快速发展，工业化程度不断提高，工伤保险应对工伤事故和职业危害的保障作用愈加重要。现代意义的工伤保险制度是工伤预防、工伤补偿和工伤康复三位一体的保险体系。我国实行的工伤保险制度除了保障工伤职工得到医疗救治和经济补偿以外，还包括促进工伤预防工作，避免和减少工伤事故和职业病的发生，并通过工伤医疗和职业康复，使工伤职工回归社会和重返工作岗位，促进社会的和谐稳定。可以说，工伤预防是工伤保险制度的一个重要组成部分。

一、工伤预防的概念

什么是工伤预防？工伤预防的目的是什么？这是工伤预防工作首先要回答的问题。所谓"预防"，就是预先防范未发生的情况。因此，工伤预防即预先防范未发生的工伤。具体来说，工伤预防是指采用经济、管理和技术等手段，事先防范职业伤亡事故以及职业病的发生，改善和创造有利于安全健康的劳动条件，减少工伤事故及职业病的隐患，保护劳动者在劳动过程中的安全和健康。工伤预防的目的是从源头上减少和避免工伤事故和职业病的发生，实现最大限度地减少工伤的最终目标。建立工伤保险制度的目的是保护劳动者和分散企业风险。保护劳动者的基本目标是保障其因工作受到事故伤害或患职业病后，能获得医疗救治和经济补偿，保障其基本生活，最高目标应是"少伤害"；分散企业风险，直接目的是保障企业不至于因工伤事故导致企业经营发生困难，最高目标应是"降低风险"，故工伤保险制度的最终目标是实现"最大限度地减少工伤"，将工伤预防放在首位。

在我国，工伤预防与安全生产关系密切，存在互相促进的辩证关系。工伤预防在促进安全生产、保护劳动者的安全健康方面有着十分重要的意义和作用；反过来，安全生产对工伤预防也有十分重要的促进作用。二者是十分密切的正相关关系。

二、工伤预防的地位和作用

1. 工伤预防的地位

从国际上看，有关国际组织向来重视工伤预防在工伤保险制度中的重要作用。国际劳工组织第 121 号《工伤事故与职业病津贴公约》要求："每个成员国必须把制定工业安全与职业病预防条例"写入工伤保险条款，要求实施工伤保险制度的国家，必须采取工伤预防的措施，将工伤预防作为政府的重要职责。

新中国成立后，我国党和政府一贯重视工伤预防相关工作，发布了一系列法规、标准和文件，改善了劳动环境，促进了职业健康的发展。我国《安全生产法》第三条明确提出"安全生产管理，坚持安全第一、预防为主、综合治理的方针"。2003 年 4 月国务院颁布的《工伤保险条例》第一条即提出制定工伤保险条例的目的是"保障因工作遭受事故伤害或者患职业病的职工获得医疗救治和经济补偿，促进工伤预防和职业康复，分散用人单位的工伤风险"，由此可见，"促进工伤预防"是其立法宗旨之一。《工伤保险条例》第四条要求"用人单位和职工应当遵守有关安全生产和职业病防治的法律法规，执行安全卫生规程和标准，预防工伤事故发生，避免和减少职业病危害"。2010 年修订的《工伤保险条例》中明确规定工伤预防的宣传、培训等费用可从工伤保险基金中列支，奠定了我国工伤保险制度的工伤预防功能的法律地位和制度基础，进一步表明我国政府对工伤预防工作的一贯重视。

2. 工伤预防的作用

（1）工伤预防可以从源头上降低工伤事故和职业病的发生，保障劳动者的安全健康。预防的要义，在于"事先防范"，防未发生的事故，防"未病之病"，防患于未然。工伤预防是企业安全生产工作的一项重要内容。企业要进行生产活动，就存在发生伤亡事故和职业病的可能。据多年统计，我国每年工伤人数 100 万人左右，评定伤残等级人数 50 万人左右，新患职业病的有 1 万多人。减少工伤事故和职业病的发生，保障劳动者在生产过程中的安全健康，需要事先的预防工作。有关研究表明，现有的事故 80% 以上是可以通过对安全生产管理与技术等手段避免的，说明了工伤预防工作的迫切性和重要性。

（2）工伤预防工作从根本上有利于企业发展，促进社会和谐稳定。近些年来，我国因工伤事故和职业病所造成的危害已经引起各级政府和社会各方面的广泛关注。随着工伤保险制度的改革，将逐步加强工伤预防工作。一方面，通过工伤预防，提高企业安全生产管理水平，消除事故隐患，减少和避免事故的发生，既保护了劳动者的生命安全与身体健康，也减少了事故发生给企业带来的损失，保证企业生产经营的顺利进行，有助于企业的良性发展，进而推动经济社会的发展进步。另一方面，企业工伤事故少了，将大大减少由此引发的劳资双方的争议，有利于建立和谐的劳动关系，促进社会的和谐稳定。

（3）工伤预防可以减少工伤保险基金的支出和社会物质财富的损失，降低社会成本。西方国家有谚语："一镑的预防等于十镑的治疗"，形象地说明了预防的投入产出比是很高的。国际通行的"损失控制"理论表明，在前期投入少量资金开展工伤预防工作，可减少大量的事后赔偿支出。据国际劳工组织估测，一个国家职业伤害造成的经济损失占GDP 的 2% 左右。按 2015 年我国近 69 万亿人民币的 GDP 总额计算，我国一年中各种职业伤害造成的经济损失高达 1.38 万亿人民币。工伤预防工作能减少职业伤害，从而从根本上减少工伤保险基金支出。实践证明，加强工伤预防工作，减少工伤事故发生，是控制工伤保险基金支出的有效办法之一。同时，工伤事故的降低，工伤人数的减少，除了可以降低工伤保险赔付和待遇支付外，还可减少人力资源和社会保障部门工伤认定、劳动能力鉴定和待遇核付等一系列工作的工作量和管理费用，从而降低行政成本。

总之，有效的工伤预防，可以获得较高的社会效益和经济效益（投入产出比）。

三、工伤预防管理机制和经验

国际工伤保险制度发展较为成功的机制和经验表明，工伤预防、工伤补偿和工伤康复深度有机结合，是国际工伤保险发展的主流。在大多数的工业化国家，已开始把"控制损失"作为工伤保险主要的目标，很多国家已将工伤预防作为工伤保险的首要职责和主要内容。这些国家的立法实践、管理实践为其他国家提供很好的借鉴经验。

1. 世界有关国家关于工伤预防的法律规定

德国的工伤保险制度被认为是世界工伤保险的成功模式，德国也被认为是工伤预防与工伤保险制度结合最好、最为成功的国家之一。在德国，为了确保职工的生命安全，国家制定了"劳动保护法规"，由政府部门对各行各业的安全生产、劳动保护、职工伤亡依法行使监察的职能，实行行业管理。由"协会"或"公会"制定行业的技术标准、规范，各企业认真贯彻执行。同时，这些技术标准、规范也是法院判定企业是否正确遵守行业行为的法定依据。各企业依据这些标准、规范制定各自的企业安全规章制度和工作条例。德国的《社会法典》规定了"预防优先"和"康复先于赔付"的原则，并把"预防为主"作为工伤保险工作的首要目标，赋予工伤保险管理机构"使用所有适用手段防止事故和职业病发生"的责任。德国在管理机制上赋予了工伤保险管理机构对企业进行安全检查、安全咨询等责任和权力，同时也在资金上予以保证，德国同业公会每年使用工伤保险基金中约5％的资金，用于开展工伤预防工作。通俗地说，德国工伤预防与工伤赔偿以及工伤康复是"一条龙管理""一站式服务"，因此效率得以提升，取得了很好的经济效益和社会效益。

与德国类似，法国、澳大利亚、加拿大、美国、巴西、意大利和日本等国家在工伤保险立法中均有事故预防优先的条款。

法国在《关于就业伤亡的补偿》立法中，写入了伤亡事故预防与工伤保险补偿计划相联系的条款。工伤保险基金由国家级、省级、地方级社会保险机构负责，与其他基金一同管理，每年提取7％～8％作为事故预防基金。此外，社会保险机构还收取相当于工资收入1.5％的保险费，由雇主缴纳，再加上对不遵守职业安全的雇主的罚款，一同作为事故预防基金。在管理体制机制上，法国也与德国相类似，工伤保险机构有专门的安全咨询和监察人员，对企业的安全状况进行咨询和监管，从而保证预防工作的有效开展。

澳大利亚的社会保障立法明确规定，建立事故保险基金的目的首先在于工伤预防，然后才是伤亡事故处理、职业康复和发放补偿金。该国法律还规定，除了雇主外，私人保险机构也必须为事故预防提供资金。澳大利亚的许多保险机构都雇用检查员及安全调研员，为事故预防提供意见和建议。工伤保险机构还为企业提供咨询并组织安全教育工作。这保证了工伤预防资金来源的多渠道，对开展工伤预防工作十分有利。

加拿大的省级保险法要求所有的雇主必须在企业内建立一个安全委员会。加拿大哥伦比亚省工人赔偿委员会每年安排 3.48％的事故预防费，用于安全宣传教育和管理。

美国各州情况不尽相同。马萨诸塞州早在 1912 年就开始利用部分工人补偿基金用于伤亡工伤预防。俄亥俄州的保险计划委员会成立了安全和健康基金会，该基金会每年拿出其财政收入的 1％作为工伤预防基金，用于实施各种工伤预防计划。虽然美国政府并未规定私人保险人缴纳预防费用，但他们仍以每年保额 1.1％的资金资助工伤预防工作。与澳大利亚一样，美国的工伤预防资金来源也是多渠道的。

巴西社会保障法规定，社会保险机构必须向工业安全、健康及医药卫生基金会缴纳一定费用。社会保险机构的一部分收入必须用于安全措施的建立或事故预防工作。

意大利的《工伤事故与职业病条例》，赋予国家工伤保险所（INAIL）的主要职责是：预防发生工作事故，为从事危险工作的工人提供保险，使工伤事故的受害者重回劳动力市场和社会生活。为了减少事故发生，INAIL 采用了许多重要的手段持续监测事故倾向，向中小企业提供预防性培训与建议，并向改善安全条件的企业提供资金，鼓励企业在预防措施方面进行技术革新。意大利每年利用工伤保险基金的 5％～10％，用于开展工伤预防工作。

日本的社会保障制度规定，社会保险基金除了支持正常的补偿外，有责任支持推动工伤预防工作，资助各种工业安全与卫生的科研与实验活动；资助劳动者的职业病普查及对工业环境管理所进行的有关科研工作。日本劳动福利事业团负责办理具体的业务，开展与工伤保险有关的改善劳动环境、预防事故、工伤人员疗养康复及援助因工死亡家属等工作。

总而言之，目前世界上主要经济发达国家甚至一些发展中国家都很重视工伤预防，国家在制度设计上给予了工伤预防多渠道的资金来源，并且有一系列人力、物力保障。这些人力、物力、财力方面的投入，是减少工伤事故、做好工伤预防工作的基础保障。

2. 世界各地工伤预防的管理模式

工伤预防是一项综合性的工作，需要很多部门协同工作。一般来说，工伤预防从立法、执行、监察到提供预防服务，往往需要国家多个部门或机构的共同参与，协作实施。

在工伤预防的管理机构方面，国外工伤预防的管理模式大体分为 3 种：第一种是工伤预防由政府或专门机构承担，如英联邦国家和东欧一些国家的工伤保险立法中没有工伤预防的内容，国家实施工伤保险并负责赔付，而工伤预防则由政府专设部门或者委托专门机构负责管理；第二种是工伤保险和工伤预防由两个相关机构分别管理，如日本在劳动省基准局下设了两个机构分别管理；第三种是工伤保险和工伤预防由同一个机构负责管理，如德国同业公会在管理工伤保险时同时兼有预防、补偿和康复三项职能。

在工伤预防的工作机制方面，各国实践经验表明，工伤预防必须与本国国情相结合，必须将工伤保险预防与其他主体预防手段相结合。由于各国工伤保险制度的具体实施差异较大，因此并没有一套普遍适用的工伤保险预防机制，但一些基本的方法与手段可供借鉴。一般来说，大多数国家工伤预防机制主要由两部分组成：一是运用经济杠杆，如奖罚机制、费率机制等来实现事故预防；二是建立专门的工伤预防基金和咨询机制，提供日常的生产风险防控措施等方面的咨询服务。

3. 世界主要发达国家工伤预防的措施与经验

工伤预防在全球范围内广泛开展，取得了较好的经济效益和社会效益。如作为工伤保险制度发源地的德国，是工伤预防、工伤补偿和工伤康复三位一体的工伤保险制度比较完善的国家。由于重视工伤预防工作，从1970年到2008年，德国的工伤事故发生率下降了约60%，工亡事故发生率更是下降了约75%，同时工伤保险平均缴费费率从1.51%下降到了1.26%。各国的工伤预防措施主要包括以下几个方面：

（1）工伤保险与安全生产工作紧密结合。这种"紧密结合型"的代表国家是日本和德国。日本的工伤保险和安全生产这两项工作统一由劳动省基准局管理，并设立"劳动福利事业团"办理具体业务。劳动福利事业团向厚生劳动省提出计划，申请经费，独立经营，建立工伤保险医院、疗养院、康复中心等工伤福利设施；向中小企业提供低息贷款，帮助其改善劳动条件；工伤保险工作做到了人、钱、事统一管理。日本允许社会保障部门做预防工作，其中最重要的是对不同的工伤预防组织给予财政权力，全国实行三级机构垂直管理模式：第一级是劳动卫生省劳动基准局；第二级是各都道府县设劳动基准局（47个）；第三级是厂（矿）区劳动基准监督署（340多个）。全国共有安全监督官3 000多名。为防止事故，日本安全监督管理部门加大了事故预防投入的比例，主要用于安全科学技术研究、宣传培训、检测检验等方面，使事故发生率大幅下降。

在德国，为了促进企业的安全生产，减少工伤事故，德国各工伤保险同业公会在全国自上而下设立了安全技术监察部门，配备专职安全监督员，一直深入到厂（矿）密集的工业区，形成了能够对每个企业进行有效监督检查的管理网络体系。监督人员在工作中发现企业存在安全生产问题时：一是能够及时提出指导性意见，督促企业整改；二是可提请国家安全生产监督管理部门监督企业整改。此外，同业公会内还设有技术支援机构、医院和研究机构：技术支援机构可帮助企业培训和检测分析，指导企业改进工作；医院可医治一些较轻的伤员和职业病患者；研究机构可对一些影响职工安全与健康的危害因素作一些前瞻性的专题研究。

德国和日本这种工伤保险与安全生产"紧密结合型"的工伤预防效率较高，可以通过工伤预防和工伤赔偿的良性互动，达到相互促进的目的，进而提高整个工伤保险制度的健康发展。

（2）设立专门的工伤预防基金。关于设立专门的工伤预防基金制度方面，法国的做法较为有代表性。法国的社会保障机构建立专门的工伤预防基金和专职的安全监督员。基金主要用于为企业提供安全方面的咨询，提供安全技术和安全专家，监督实施安全条例和工伤统计分析等工作。社会保障机构负责的工伤预防基金会，资助职业安全与职业病预防研究所，其主要职能是加强研究并发布有关的职业安全与卫生信息，并且培训事故预防专家。社会保障工作者的预防工作包括提供安全技术及预防专家等，他们把研究成果提交给负责职业安全与卫生的劳动管理人员。同时，政府的劳动部门也有一支职业安全和卫生方面的专职监察队伍。

在美国，俄亥俄州的保险计划委员会实施了许多工伤预防工作，该基金会拿出其收入的1%作为工伤预防基金。虽然美国政府并未规定私人保险人缴纳预防费用，但他们仍以每年保险额1.1%的资金资助工伤预防工作。主要工作内容包括：建立预防数据库，教育、指导与培训，财政支持及其他。

（3）通过工伤保险费率调节，促进工伤预防。日本工伤保险费按行业差别划分，共分8大产业53个行业，最高费率为14.8%，最低费率为0.5%，另外各行业都附加0.1%的通勤事故保险费率，行业之间差别费率达25倍。为促进工伤预防，行业差别费率每3年调整一次，根据企业的收支比例计算，上下浮动幅度最高达40%。

德国根据行业的不同特点设立了35个同业公会，形成不同的费率。平均费率最低为0.71%，最高为14.58%，相差18倍。德国还根据企业的安全生产状况上下浮动保费，浮动幅度最高达30%。实践表明，这些做法有效地提高了企业安全生产的积极性。

一些学者认为，通过工伤保险费率调节促进工伤预防的做法虽然有一定效果，但是也存在削弱工伤保险互济功能的问题。有研究者指出，费率调节并非"越细越好"，应掌握适度原则。

（4）加强劳动保护工作。德国在劳动保护监察方面实行双轨制，在制定劳动保护规范方面的具体体现是：国家制定劳动保护规范的框架，工伤保险同业公会按照此规范细节制定劳动保护方面的规程与规定。这些规程与规定，涉及劳动保护的各个方面，包括机器安全设置方面的规范，也包括使用机器时的劳动保护用品方面的规范。目前，劳动保护方面的规程与规定总计约130个。所有制定、公布、出版劳动保护规程与规定的费用，都由工伤预防经费承担。

德国工商业同业公会中的技术监督机构（TAD）负责对企业进行劳动保护监察和咨询服务。目前技术监督机构约有3 000名监察员，其工作重点在于就劳动保护方面与企业会谈。监察员在工矿企业检查安全条件和职业危险程度，有权要求企业安全工程师积极配合，检查结束后，要将检查结果通知雇主。如果发现雇主有违反安全卫生规定的情况，而雇主又不整改的，他们将报告政府工伤监督官员，对其进行处罚。此外，同业公会还建立了20多个检测检查站，免费为中小企业提供服务。

（5）开展安全教育培训和提供劳动医疗服务。开展安全教育培训是德国工伤保险同业公会预防工伤事故的又一个重要手段。同业公会设立了36个培训中心，通过电视、微机等工具，对学员进行劳动安全教育培训。学员在培训期间的食、宿、培训、交通一律免费，由工伤预防经费中列支。另外，同业公会为尽早发现职业病，还积极提供相关医疗服务。这些医疗由同业公会所属的170个检查中心进行。检查中心的医生不是治疗医生，仅负责健康检查。根据规定，在一般情况下，雇主招收新工人要进行劳动健康检查；对于特殊工种的工人，必须定期进行检查；其他工种工人也应定期检查。

开展安全教育培训，可以提高工人的安全生产意识，从思想上重视预防；开展健康检查，可以早期发现工人的职业健康问题，从治疗上实行预防。开展安全教育培训和提供健康医疗服务，已经是世界各国较为普遍采取的工伤预防措施。

第二节　工伤预防管理模式

工伤保险制度下的工伤预防，一般随着工伤保险覆盖面的扩大和统筹层次的提高而得以加强，还体现在工伤保险基金的收支等方面。从工伤保险基金方面来看，工伤预防的管理主要有两类措施：一是费率机制的预防措施，即在收取工伤保险费时通过费率调节（对风险大、事故多的行业、企业提高费率，反之亦然）达到预防的目的，是工伤保险制度内在的预防功能；二是使用工伤保险基金开展的预防措施，这是从工伤保险基金中支出工伤预防费的预防手段，是工伤保险制度外在的预防功能。

目前，世界上工伤预防体制主要可以分为三类：第一类为独立型，即工伤保险机构自身单独管理和核算，从而也使工伤预防体制相对独立，这种体制以意大利和德国为代表，在世界上为数不少。第二类为混合型，即由几个部门联合管理工伤预防，如英国和大多中、东欧国家，一般有两个相互独立的政府部门，一个主管职业安全（隶属劳动部），另一个分管职业卫生（隶属卫生部），同时存在。第三类为附属型，即工伤预防职能从属于国家的某个部委，这类部委主要是分管劳动和卫生的，如日本、芬兰、荷兰和挪威。部分典型国家的工伤预防管理模式见表2—1所示。

表2—1　　　　　　　　部分典型国家的工伤预防管理模式情况

国别	工作模式	基金来源	管理机构	主要职能
德国	赋予工伤保险预防职能	工伤保险基金提取5%	国家劳动安全检查机构、工伤保险同业公会	制定规章与规定 劳动保护检查和咨询服务 劳动医疗、安全教育培训、预防工伤与职业病科研
法国	专门的事故预防基金	对不守职业安全的雇主罚款	国家受雇劳动者疾病保险基金会	提供安全方面咨询 提供安全技术和安全专家 监督实施安全条例 工伤统计分析
瑞士	工伤保险中专门从事预防的分支机构	对高风险和安全记录不良的企业专门征收	劳动社会保障部	为企业提供安全服务

一、扩大工伤保险覆盖面

工伤保险作为一种"保险"，大数法则是其一个十分重要的原则，即参加保险者必须有较大的人群才能共同应对风险，才能较好开展工伤预防等工作。以我国工伤保险发展的历史为例可以看出，新中国成立六十多年来，我国工伤保险制度的覆盖面逐渐扩大，这也是我国工伤预防工作不断深入开展的基础。

1951年，《中华人民共和国劳动保险条例》规定了参加劳动保险（工伤保险）人员为："本条例的实施，采取逐步推广办法，目前的实施范围暂定如下：

甲：有工人职员一百人以上的国营、公私合营、私营及合作社经营的工厂、矿场及其附属单位；

乙：铁路、航运、邮电的各企业单位与附属单位；

丙：工、矿、交通事业的基本建设单位；

丁：国营建筑公司。

关于本条例的实施范围继续推广办法由中央人民政府劳动部根据实际情况随时提出意见，报请中央人民政府政务院决定之。

第三条　不实行本条例的企业及季节性的企业，其有关劳动保险事项，得由各该企业或其所属产业或行业的行政方面或资方与工会组织，根据本条例的原则及本企业、本产业或本行业的实际情况协商，订立集体合同规定之。

第四条　凡在实行劳动保险的企业内工作的工人与职员（包括学徒），不分民族、年龄、性别和国籍，均适用本条例，但被剥夺政治权利者除外。"

1996年，《企业职工工伤保险试行办法》对工伤保险参保范围的规定为："中华人民共和国境内的企业及其职工必须遵照本办法的规定执行。"

2004年，《工伤保险条例》对工伤保险参保范围的规定为："中华人民共和国境内的各类企业、有雇工的个体工商户（以下称用人单位）应当依照本条例规定参加工伤保险，为本单位全部职工或者雇工（以下称职工）缴纳工伤保险费。中华人民共和国境内的各类企业的职工和个体工商户的雇工，均有依照本条例的规定享受工伤保险待遇的权利。有雇工的个体工商户参加工伤保险的具体步骤和实施办法，由省、自治区、直辖市人民政府规定。"

2011年，《国务院关于修改〈工伤保险条例〉的决定》对《工伤保险条例》进行修订，修订后对工伤保险参保范围的规定为："中华人民共和国境内的企业、事业单位、社会团体、民办非企业单位、基金会、律师事务所、会计师事务所等组织和有雇工的个体工商户（以下称用人单位）应当依照本条例规定参加工伤保险，为本单位全部职工或者雇工（以下称职工）缴纳工伤保险费。中华人民共和国境内的企业、事业单位、社会团体、民办非企业单位、基金会、律师事务所、会计师事务所等组织的职工和个体工商户的雇工，均有依照本条例的规定享受工伤保险待遇的权利。"

由以上规定可以看出，我国工伤保险覆盖面在不断扩大，目前已经覆盖了超过2亿人，并将继续扩大。覆盖面扩大意味着工伤保险抵御风险的力量不断加强，功能逐渐完备。工伤预防作为工伤保险的一个重要功能，也在不断得到重视和加强。

二、工伤保险费率调控

2011 年开始实施的我国《社会保险法》第三十四条、修订后的《工伤保险条例》第八条规定，国家根据不同行业的工伤风险程度确定行业的差别费率，并根据使用工伤保险基金、工伤发生率等情况在每个行业内确定费率档次。根据这些规定，在实际操作中，社会保险经办机构根据用人单位使用工伤保险基金、工伤发生率和所属行业费率档次等情况，确定用人单位缴费费率。费率机制的预防措施，是指在筹集工伤保险基金的过程中，采取工伤保险行业差别费率和浮动费率机制，根据用人单位的工伤风险和工伤事故发生情况，调整用人单位的缴费费率，即对安全生产状况差、使用工伤保险基金多的用人单位提高缴费比例，对安全生产情况好、使用工伤保险基金少的用人单位降低缴费比例。这实质上是对两种不同情况用人单位的奖惩措施，可以引导用人单位做好工伤预防，利用经济杠杆作用激励和督促用人单位加强安全管理和工伤预防工作。

1. 行业差别费率机制

行业差别费率机制，是指根据不同的行业所面临的工作环境而可能发生伤亡事故的风险和职业的危险程度，分别确定不同比例的工伤保险社会统筹基金缴费率的机制。行业差别费率是工伤保险特有的费率模式。

行业差别费率是工伤保险费率确定的基础。差别费率是国际比较通用的一种筹资方法，世界上建立工伤保险制度的国家大多实行行业差别费率，将用人单位的缴费与所属行业风险程度、事故发生频率相挂钩。例如，对工伤事故发生频率高的煤炭开采业、建筑业等企业确定较高的行业基准费率，反之，对银行业、证券业、商业等企业确定较低的行业基准费率。差别费率使工伤保险费的征缴更加趋于合理化。行业差别费率的确定，首先按照不同行业的工伤风险程度在每个行业确定一个基准费率，然后在基准费率的基础上，再根据不同行业具体单位的安全生产状况、工伤保险费用的使用等情况，在每个行业内确定若干费率档次。实行行业差别费率机制，一定程度上使工伤保险的互助互济原则和雇主责任制原则有机结合，使工伤保险和工伤预防紧密结合，既保护工伤职工合法权益，又分散用人单位风险。

不同的行业，其工伤事故或者职业病的发生概率是不一样的。反映不同工伤风险的行业划分，一方面要参照国民经济行业分类，另一方面要依据职业安全卫生的经验数据，经验数据则根据事故和职业病统计数据分析得出。这些数据不是单独的事故发生率、职业病发生率等，还要考虑事故造成的损失率。用人单位费率的确定主要依据企业的规模和所从事的行业，其中企业所从属的行业是考虑费率水平的重要条件，各个企业风险程度是确定费率过程中的重要因素。

确定行业差别费率所依据的评价指标主要有以下几种：

（1）工伤事故发生次数。工伤事故发生次数是指单位时间内某行业发生工伤事故的次数总和。本指标说明工伤事故的发生频率和劳动保护安全制度的总效应。

（2）因工伤亡总人数。因工伤亡总人数是指某行业单位时间内因工伤残、死亡的人数之和。

（3）因工伤亡总人次数。因工伤亡总人次数是指某行业单位时间内因工负伤、致残乃至死亡的累积人数与次数之和。这一指标反映行业工伤事故的总体规模，是确定差别费率的重要指标之一。

（4）工伤事故频率。工伤事故频率是指某行业单位时间内每千名职工因工负伤的总人次数。这一指标是反映行业或企业内职业伤害发生的程度，说明在职工总体中工伤事件发生的概率高低。

（5）工伤死亡率。工伤死亡率是指某行业单位时间内因工死亡的职工占工伤总人数的比例，这一指标反映工伤事故对职工的伤害程度，说明行业工伤事故的严重程度高低。

2. 浮动费率机制

浮动费率是指在差别费率的基础上根据企业在一定时期内安全生产状况和工伤保险费用支出情况，在评估的基础上，定期对企业费率予以浮动的办法。浮动费率的目的是利用经济杠杆促进企业重视安全生产，强化工伤预防工作，降低企业伤亡事故率。

浮动费率是与企业的工伤事故率直接挂钩的，企业上年的事故越多，其下年的缴费就越多，这就体现出浮动费率的经济杠杆作用。为了利用好浮动费率这个经济杠杆作用，必须制定规范的浮动费率机制，科学地统计分析和评估行业企业的工伤事故率、收支率和工伤保险费用支出情况，调整企业的工伤保险费率。通过调整工伤保险费率促进企业抓好安全生产，减少工伤事故的发生，这是实行浮动费率机制的目的所在。

3. 我国费率机制的运行情况

《工伤保险条例》第八条规定：工伤保险费根据以支定收、收支平衡的原则，确定费率。国家根据不同行业的工伤风险程度确定行业的差别费率，并根据工伤保险费使用、工伤发生率等情况在每个行业内确定若干费率档次。行业差别费率及行业内费率档次由国务院社会保险行政部门制定，报国务院批准后公布施行。统筹地区经办机构根据用人单位工伤保险费使用、工伤发生率等情况，适用所属行业内相应的费率档次确定单位缴费费率。自 2004 年《工伤保险条例》实施以来，我国的工伤保险费率机制已初步建立，并对企业加强安全管理、开展工伤预防起到一定的促进作用。但是，目前我国的行业差别费率划分较粗，行业基准费率差距过小，未能真正反映各行业的工伤风险；浮动档次较少，费率浮动范围和评价指标的科学性不够，未能有效发挥对工伤预防的促进作用。因此，我国的工伤保险费率机制还需不断改革和完善，从而使工伤保险制度的预防功能得以充分发挥。

2015 年 7 月，人力资源和社会保障部、财政部共同发布《关于调整工伤保险费率政策的通知》（人社部发〔2015〕71 号），并于 2015 年 10 月 1 日起执行，主要规定如下：

（1）关于行业工伤风险类别划分。按照《国民经济行业分类》（GB/T 4754—2011）对行业的划分，根据不同行业的工伤风险程度，由低到高，依次将行业工伤风险类别划分为一类至八类，详见表 2—2 所示。

表2—2　　　　　　　　　　　　　　工伤保险行业风险分类

行业类别	行业名称
一	软件和信息技术服务业，货币金融服务，资本市场服务，保险业，其他金融业，科技推广和应用服务业，社会工作，广播、电视、电影和影视录音制作业，中国共产党机关，国家机构，人民政协、民主党派，社会保障，群众团体、社会团体和其他成员组织，基层群众自治组织，国际组织
二	批发业，零售业，仓储业，邮政业，住宿业，餐饮业，电信、广播电视和卫星传输服务，互联网和相关服务，房地产业，租赁业，商务服务业，研究和试验发展，专业技术服务业，居民服务业，其他服务业，教育，卫生，新闻和出版业，文化艺术业
三	农副食品加工业，食品制造业，酒、饮料和精制茶制造业，烟草制品业，纺织业，木材加工和木、竹、藤、棕、草制品业，文教、工美、体育和娱乐用品制造业，计算机、通信和其他电子设备制造业，仪器仪表制造业，其他制造业，水的生产和供应业，机动车、电子产品和日用产品修理业，水利管理业，生态保护和环境治理业，公共设施管理业，娱乐业
四	农业，畜牧业，农、林、牧、渔服务业，纺织服装、服饰业，皮革、毛皮、羽毛及其制品和制鞋业，印刷和记录媒介复制业，医药制造业，化学纤维制造业，橡胶和塑料制品业，金属制品业，通用设备制造业，专用设备制造业，汽车制造业，铁路、船舶、航空航天和其他运输设备制造业，电气机械和器材制造业，废弃资源综合利用业，金属制品、机械和设备修理业，电力、热力生产和供应业，燃气生产和供应业，铁路运输业，航空运输业，管道运输业，体育
五	林业，开采辅助活动，家具制造业，造纸和纸制品业，建筑安装业，建筑装饰和其他建筑业，道路运输业，水上运输业，装卸搬运和运输代理业
六	渔业，化学原料和化学制品制造业，非金属矿物制品业，黑色金属冶炼和压延加工业，有色金属冶炼和压延加工业，房屋建筑业，土木工程建筑业
七	石油和天然气开采业，其他采矿业，石油加工、炼焦和核燃料加工业
八	煤炭开采和洗选业，黑色金属矿采选业，有色金属矿采选业，非金属矿采选业

（2）关于行业差别费率及其档次确定。不同工伤风险类别的行业执行不同的工伤保险行业基准费率。各行业工伤风险类别对应的全国工伤保险行业基准费率为，一类至八类分别控制在该行业用人单位职工工资总额的 0.2%、0.4%、0.7%、0.9%、1.1%、1.3%、1.6%、1.9%左右。

通过费率浮动的办法确定每个行业内的费率档次：一类行业分为 3 个档次，即在基准费率的基础上，可向上浮动至 120%、150%；二类至八类行业分为 5 个档次，即在基准费率的基础上，可分别向上浮动至 120%、150%或向下浮动至 80%、50%。

各统筹地区人力资源社会保障部门会同财政部门，按照"以支定收、收支平衡"的原则，合理确定本地区工伤保险行业基准费率具体标准，并征求工会组织、用人单位代表的意见，报统筹地区人民政府批准后实施。基准费率的具体标准可根据统筹地区经济产业结构变动、工伤保险费使用等情况适时调整。

（3）关于单位费率的确定与浮动。统筹地区社会保险经办机构根据用人单位工伤保险费使用、工伤发生率、职业病危害程度等因素，确定其工伤保险费率，并可依据上述因素变化情况，每一年至三年确定其在所属行业不同费率档次间是否浮动。对符合浮动条件的用人单位，每次可上下浮动一档或两档。统筹地区工伤保险最低费率不低于本地区一类风险行业基准费率。费率浮动的具体办法由统筹地区人力资源社会保障部门商财政部门制定，并征求工会组织、用人单位代表的意见。

需要指出的是，行业差别费率和浮动费率虽然对促进工伤预防（安全生产）工作有一定作用，但是这种作用是有条件、有限度的，必须综合采取多种措施，才能搞好工伤预防工作。

三、其他综合性预防措施

其他综合性预防措施，主要指从工伤保险基金中提取一定比例的工伤预防费，采取教育、技术和经济等措施，提高用人单位和职工的工伤预防意识，改善企业职业安全卫生状况，促进企业加强安全生产，减少工伤事故和职业病的发生。

1. 教育培训措施

教育培训措施是指利用工伤保险基金开展工伤预防的宣传、教育与培训等活动，是贯彻"安全第一，预防为主，综合治理"方针，普及安全生产和工伤保险知识，提高用人单位和职工工伤预防意识，增强工伤预防能力，减少和避免工伤事故和职业病发生的重要措施。

开展工伤预防的宣传、教育与培训工作，在安全生产和工伤保险中有着非常重要的意义，也是国内外工伤预防工作普遍采用的基本措施。通过开展工伤预防的宣传、教育与培训工作，一方面可以提高用人单位和职工做好安全生产管理的责任感和自觉性，帮助其正确认识安全生产和工伤预防工作的重要性，树立"以人为本"的安全价值观和"预防优先"的预防理念。另一方面，能够普及和提高劳动者的工伤预防和职业安全卫生方面的法律、法规、基本知识，增强安全操作技能，做到工作中不伤害自己，不伤害他人，也不被他人所伤害，从而保护自己和他人的安全与健康。

工伤预防的宣传主要包括：媒体宣传活动、政策咨询活动和知识竞赛；制作公益广告和标志；印制和发放宣传资料等。教育培训针对培训内容和培训对象，可灵活选择多种方式方法，如采用讲授法、实际操作演练法、案例研讨法和宣传娱乐法，还可以通过网络视频开展网上培训等。

2. 技术措施

技术措施是指利用工伤保险基金，补助企业开展预防伤亡事故和职业病的技术活动，引导企业对其设备、设施和生产工艺等从工伤预防和职业安全卫生的角度进行设计、改造、检测和维护，从而改善企业的职业安全生产状况，减少工伤事故和职业病的发生。

另外，技术措施还包括利用基金资助对工伤预防新技术、新产品的开发等科研活动，提高工伤预防的技术水平。

（1）工伤事故预防的技术措施。防止事故发生的预防技术是指为了防止事故的发生而采取的约束、限制能量或危险物质，防止其意外释放的技术措施。常用的防止事故发生的预防技术有消除危险源、限制能量或危险物质、隔离等。

1）消除危险源。消除系统中的危险源，可以从根本上防止事故的发生。但是，按照现代安全理论，彻底消除所有危险源是不可能的。因此，人们往往首先选择危险性较大、在现有技术条件下可以消除的危险源，作为优先考虑的对象。可以通过选择合适的工艺、技术、设备、设施，合理的结构形式，选择无害、无毒或不能致人伤害的物料来彻底消除某种危险源。

2）限制能量或危险物质。限制能量或危险物质可以防止事故的发生，如减少能量或危险物质的量，防止能量蓄积，安全地释放能量等。

3）隔离。隔离是一种常用的控制能量或危险物质的事故预防技术措施。采取隔离技术，既可以防止事故的发生，也可以防止事故的扩大，减少事故的损失。

4）故障—安全设计。在系统、设备、设施的一部分发生故障或破坏的情况下，在一定时间内也能保证安全的技术措施称为故障—安全设计。通过设计，使得系统、设备、设施发生故障或事故时处于低能状态，防止能量的意外释放。

5）减少故障和失误。通过增加安全系数、增加可靠性或设置安全监控系统等来减轻物的不安全状态，减少物的故障或事故的发生。

6）个体防护。个体防护是把人体与意外释放能量或危险物质隔离开，是一种不得已的隔离措施，但是却是保护人身安全的最后一道防线。

7）设置薄弱环节。利用事先设计好的薄弱环节，使事故能量按照人们的意图释放，防止能量作用于被保护的人或物。如锅炉上的易熔塞、电路中的熔断器等。

8）避难与救援。设置避难场所，当事故发生时人员暂时躲避，免遭伤害或赢得救援的时间。事先选择撤退路线，当事故发生时，人员按照撤退路线迅速撤离。事故发生后，组织有效的应急救援力量，实施迅速的救护，是减少事故人员伤亡和财产损失的有效措施。

（2）职业健康监护的技术措施。通过预防性健康检查，早期发现职业病有利于及时采取措施，防止职业危害因素所致疾病的发生和发展，还可以为评价劳动条件及职业危害因素对健康的影响提供资料，并有助于发现新的职业性危害因素，是保护劳动者相关权益所不可缺少的。职业病健康监护的内容包括职业健康检查、健康监护档案、健康监护资料分析等几个方面。

1）职业健康检查。可分为就业前健康检查和就业后的定期健康检查两种形式。

①就业前健康检查是指对准备从事某种作业的劳动者进行的健康检查，其目的在于：检查受检者的体质和健康状况是否符合参加该作业；是否有职业禁忌证；是否有危及他人的疾患和传染病、精神病等。根据检查结果决定可否从事该作业或安排其他适当工作。取得基础健康状况资料，可供定期检查和动态观察时进行自身对比之用。

②定期健康检查是按《职业健康监护技术规范》（GBZ 188—2014）的规定，按一定时间间隔对接触职业性危害因素作业工人进行的定期健康检查。其目的是：及时发现职业危害因素对健康的早期影响和可疑征象；早期诊断和处理职业病患者和观察对象及其他疾病患者，防止其发展和恶化；检出高危人群，即对高危害因素易感的人群，作为重点监护对象；发现具有职业禁忌证的工人，以便调离或安排其他适当工作；采取措施防止其他工人健康受损。

另外，职业病普查也是一种健康检查，主要是对接触某种职业危害因素的人群，普遍地进行一次健康检查。通过普查发现职业病，还可检出有职业禁忌证的人和高危人群。

2）健康监护档案。健康监护档案的内容有：职业史和疾病史；职业性危害因素的监测结果及接触水平；职业健康检查结果及处理情况；个人健康基础资料等。

3）健康监护资料分析。对接触有害因素工人的健康监护资料的统计分析，对指导职业病防治工作有重要意义，可作为职业病预防工作的重要信息资源。

（3）经济措施。经济措施，是指除利用费率机制的经济杠杆作用对企业进行调节以外，对违反国家安全规定、工伤预防工作较差的企业给予处罚，从而引导企业重视工伤预防，进入工伤预防和安全生产的良性轨道。

在经济措施中，一般综合考虑企业的安全生产情况、工伤事故和职业病发生率、工伤保险基金收支率等指标，对企业进行奖励和处罚。

工伤保险利用基金的外在预防措施，除了以上几种外，还有一些管理性的措施，主要指工伤保险管理机构利用工伤保险基金，研究制定工伤预防工作中有关的规范、技术规程和标准，并对企业执行这些规程、规范和标准的情况进行监督和检查，对企业存在的安全卫生隐患提出咨询意见和建议。

综上所述，可以看出，工伤预防是一项综合性很强的工作，需要有关方面协同配合，也需要社会各方面资源的投入。由于我国工伤保险制度设计的特殊性，我国工伤保险基金对于工伤预防的影响有待进一步提高。随着经济社会的不断发展，这种状况将会得以逐步改变。

（4）我国基金预防机制的运行情况。我国目前从工伤保险基金提取工伤预防费开展工伤预防工作，这种预防机制还处在改革探索阶段，还需在制度建设和改革实践中不断完善，加以统一和规范。

2009 年，人力资源和社会保障部下发了《关于开展工伤预防试点工作有关问题的通知》，选择了广东、海南和河南 3 省的 11 个城市作为试点城市，正式启动了工伤预防试点工作。

2013 年 4 月，人力资源和社会保障部印发《关于进一步做好工伤预防试点工作的通知》（人社部发〔2013〕32 号），决定在 2009 年初步试点的基础上，再选择一部分具备条件的城市扩大试点，并进一步规范了工作原则和程序。2013 年 10 月，人力资源和社会保障部办公厅印发《关于确认工伤预防试点城市的通知》（人社厅发〔2013〕111 号），确认了天津市等 50 个工伤预防试点城市（统筹地区），要求各试点城市积极探索建立科学、规范的工伤预防工作模式，为在全国范围内开展工伤预防工作积累经验，完善我国工伤预防制度体系。

"十三五"时期，我国工伤预防工作将在现有基础上继续完善政策，全面推动工作的开展，为维护职工健康权益奠定更好的制度基础。

第三节　安全生产管理措施

一、安全生产常用术语

1. 安全

安全是指免遭不可接受危险的伤害。

生产过程中的安全，又称为生产安全，是指不发生工伤事故、职业病或设备财产损失的状态。

工程中的安全，是用概率表示近似的客观量，用于衡量安全的程度。

系统工程中的安全概念，认为世界上没有绝对安全的事物，任何事物都有不安全的因素，具有一定的危险性。安全和危险是一对互为存在前提的术语，在安全评价中，安全主要是指人和物的安全。在系统整个寿命周期内，安全性与危险性互为补数。

2. 危险

危险是指易于受到损害或伤害的一种状态，它是指系统中存在导致发生不期望后果的可能性超过了人们的接受程度。

危险性是指对系统危险程度的客观描述，它用危险概率和危险严重度来表示这一危险可能导致的损失。

长期以来，人们一直把安全和危险看作截然不同的、相对独立的旧概念。系统安全包含许多创新的安全新概念：认为世界上没有绝对安全的事物，任何事物中都包含有不安全的因素，具有一定的危险性，其中，危险概率是指发生危险的可能性，危险严重度是指对危害造成的最坏结果的定性评价。安全则是一个相对的概念，它是一种模糊数学的概念。危险性是对安全性的隶属度；当危险性低于某种程度时，人们就认为是安全的。

3. 危险因素

危险因素是指能对人造成伤亡或对物造成突发性损害的因素。

4. 有害因素

有害因素是指能影响人的身体健康导致疾病，或对物造成慢性损害的因素。

5. 危险源

危险源是指可能造成人员伤害、疾病、财产损失、作业环境破坏或其他损失的根源或状态。

6. 风险

风险是危险、危害事故发生的可能性与危险、危害事故严重程度的综合度量。风险是描述系统危险程度的客观量，又称为风险度或危险性。衡量风险大小的指标是风险率（R），它等于事故发生的概率（P）与事故损失严重程度（S）的乘积：

$$R = PS$$

7. 事故

事故是指造成人员死亡、伤害、职业病、财产损失或其他损失的意外事件。

8. 事故隐患

事故隐患是指生产系统中可导致事故发生的人的不安全行为、物的不安全状态和管理上的缺陷。

事故隐患分为一般事故隐患和重大事故隐患。

一般事故隐患是指危害和整改难度较小，发现后能够立即整改排除的隐患。

重大事故隐患是指危害和整改难度较大，应当全部或者局部停产停业，并经过一定时间整改、治理方能排除的隐患，或者因外部因素影响致使生产经营单位自身难以排除的隐患。

9. 本质安全

本质安全是指设备、设施或技术工艺含有内在的、能够从根本上防止发生事故的功能。具体包括两方面的内容：

（1）失误—安全功能。该方面功能是指操作者即使操作失误，也不会发生事故或伤害，或者说设备、设施和技术工艺本身具有自动防止人的不安全行为的功能。

（2）故障—安全功能。该方面功能是指设备、设施或技术工艺发生故障或损坏时，还能暂时维持正常工作或自动转变为安全状态。

上述两种安全功能应该是设备、设施和技术工艺本身固有的，即在他们的规划设计阶段就被纳入其中，而不是事后补偿的。

本质安全是安全生产预防为主的根本体现，也是安全生产管理的最高境界。实际上，由于技术、资金和人们对事故的认识等原因，目前还很难做到本质安全，只能作为全社会为之奋斗的目标。

10. 安全生产方针

《安全生产法》第三条规定：安全年生产工作应当以人为本，坚持安全发展，坚持安全第一、预防为主、综合治理的基本方针。

"安全第一"就是在生产经营过程中，在处理生产和安全这两个方面问题时，要始终把安全放在首要的位置，坚持最优先考虑人的生命安全。"预防为主"就是按照系统工程理论，按照事故发展的规律和特点，预防事故的发生，做到防患于未然，将事故消灭在萌芽状态。"综合治理"，就是要标本兼治，重在治本，采取各种管理手段预防事故发生，实现治标的同时，研究治本的方法，综合运用科技手段、法律规定、经济手段和行政干预，从各个方面着手解决影响安全生产的深层次问题，做到思想上、制度上、技术上、监督检查上、事故处理上和应急救援上的综合管理。

11. 安全生产管理五要素

安全管理工作体系主要由源头控制、过程管理、应急救援和事故处理四个方面构成。而每个方面都离不开安全文化、安全法制、安全责任、安全科技和安全投入五个安全生产关键要素，日常安全管理工作也应紧紧围绕这五大要素进行。这五个要素既相对独立，又相辅相成，甚至互为条件。

（1）安全文化最基本的内涵是职工的安全生产意识，只有加强安全生产宣传教育培训，逐步提高职工的安全意识，把安全工作始终抓在手上，放在心中，做到警钟长鸣，居安思危，言危思进，常抓不懈，在其他要素健全和成熟的前提下，才能形成不伤害自己、不伤害他人、不被他人所伤害的安全理念，培育出深入人心的"以人为本"的安全文化。

（2）安全法制就是安全规章制度的建立和执行，是保障安全生产最有力的武器，是开展其他工作的保证和约束，也是安全生产管理进入规范化、制度化的必要条件。只有建立健全科学完善的制度、规程、标准，并严格做到有章可循、有章必循、违章必究，才能体现安全管理的严肃性和权威性。

（3）安全责任，简而言之，就是安全责任心和责任制。安全责任心是每个职工对自己、对家庭、对单位所要确认的一种良心，一种道德要求。安全责任制实质就是安全生产人人有责，是落实安全法制的手段，是安全法律法规的具体化。落实安全责任制，不仅要强化行政责任问责制度，更要执行安全生产行政责任追究制度，做到谁违章谁负责，谁渎职谁负责。

（4）安全科技就是要科技兴安，是实现安全生产的重要手段和措施，也是安全生产的最基本出路，决定着安全生产的保障和事故预防能力。安全工作需要科技的支撑，只有充分依靠科学技术的手段，生产过程的安全才有根本的保障，才能实现真正意义上的本质安全。

（5）安全投入是指必须保证安全生产必需的经费。它是其他要素的物质支持。安全也是生产力，安全生产的实现要靠投入的保障作为基础，提高安全生产的能力，需要为安全付出成本，安全的成本既是代价，更是效益。

12. "三违"与强令冒险作业

（1）所谓"三违"是指：违章指挥、违章作业、违反劳动纪律。

1）违章指挥。违章指挥是指施工单位有关管理人员违反国家关于安全生产的法律、法规和有关安全规程、规章制度的规定，对作业人员具体的生产活动进行指挥，强令工人冒险作业；指挥工人在安全防护设施、设备上有缺陷的条件下仍然冒险作业、违章作业而不制止。

2）违章作业。违章作业是指职工在劳动过程中违反有关的法规、标准、规章制度、操作规程，盲目蛮干、冒险作业的行为。如不遵守施工现场安全制度、进入施工现场不戴安全帽，高处作业不系安全带和不正确使用个人防护用品；擅自动用机电设备或拆改挪动设施、设备、随意攀爬脚手架等。

3）违反劳动纪律。违反劳动纪律是指不遵守企业的各项劳动纪律，迟到、早退、脱岗、工作期间干私活、打架斗殴、嬉闹等。如不坚守岗位、乱串岗等行为。

（2）强令冒险作业。强令冒险作业是指施工单位有关管理人员明知开始或者继续作业会有重大危险，仍然强迫作业人员进行作业的行为。

13. 建筑施工安全"三宝"

所谓建筑施工安全"三宝"是指：建筑施工防护使用的安全网、个人防护佩戴的安全帽和安全带，坚持正确使用佩戴，可减少操作人员的伤亡事故，因此称为"三宝"。

进入施工现场必须正确佩戴安全帽；高处作业必须正确系挂安全带；建筑物必须采用符合国家标准要求的密目式安全网实施封闭，外脚手架内必须按规定设置安全平网。

14. "三不伤害"

所谓"三不伤害"是指：在生产作业中不伤害自己、不伤害他人、不被别人所伤害。"三不伤害"原则具体地要求作业人员要有良好的自我保护意识，要及时制止违章。制止违章既保护了自己，也保护了他人。

15. "四不放过"

安全生产事故后，调查和处理必须坚持"四不放过"。所谓四不放过是指事故原因没有查清不放过；事故责任者没有严肃处理不放过；广大职工没有受到教育不放过；整改措施没有落实不放过。

16. 安全操作规程

安全操作规程是指为保障安全生产，对操作的具体技术要求和实施程序所作出的统一规定。

17. 生产经营单位和作业人员

生产经营单位是指在中华人民共和国领域内从事生产经营活动的单位，包括工、矿、商、贸等。按照《安全生产法》的规定，生产经营单位对安全生产承担主体责任，必须遵守该法和其他有关安全生产的法律、法规，加强安全生产管理，建立、健全安全生产责任制度，完善安全生产条件，确保安全生产。其主要负责人对本单位的安全生产工作全面负责。

生产经营单位的作业人员是指该单位从事生产经营活动各项工作的所有人员，包括管理人员、技术人员和各岗位的工人，也包括生产经营单位临时聘用的人员。

18. 童工

童工是指未满十六周岁，与单位或者个人发生劳动关系，从事有经济收入的劳动或者从事个体劳动的少年、儿童。

未满十六周岁的少年、儿童，参加家庭劳动、学校组织的勤工俭学和省、自治区、直辖市人民政府允许从事的无损于身心健康的、力所能及的辅助性劳动，不属于童工范畴。

19. 未成年工

根据《劳动法》，未成年工是指年满十六周岁未满十八周岁的劳动者。不得安排未成年工从事矿山井下、有毒有害、国家规定的第四级体力劳动强度的劳动和其他禁忌从事的劳动。用人单位应当对未成年工定期进行健康检查。

二、生产安全事故的种类及常见原因

1. 生产安全事故种类

（1）物体打击。所谓物体打击是指失控物体的惯性力造成的人身伤害事故。如落物、滚石、锤击、碎裂、崩块、砸伤等造成的伤害，不包括爆炸而引起的物体打击。

（2）车辆伤害。车辆伤害是指本企业机动车辆引起的机械伤害事故。如机动车辆在行驶中的挤、压、撞车或倾覆等事故，在行驶中上下车、搭乘矿车或放飞车所引起的事故，以及车辆运输挂钩、跑车事故。

（3）机械伤害。机械伤害是指机械设备与工具引起的绞、碾、碰、割、戳、切等伤害。如工件或刀具飞出伤人，切屑伤人，手或身体被卷入，手或其他部位被刀具碰伤或被转动的机构缠压住等。但属于车辆、起重设备的情况除外。

（4）起重伤害。起重伤害是指从事起重作业时引起的机械伤害事故。包括各种起重作业引起的机械伤害，但不包括触电、检修时制动失灵引起的伤害以及上下驾驶室时引起的坠落或跌倒。

（5）触电。触电是指电流流经人体，造成生理伤害的事故。适用于触电、雷击伤害。如人体接触带电的设备金属外壳或裸露的临时线、漏电的手持电动工具，起重设备误触高压线或感应带电，雷击伤害，触电坠落等事故。

（6）淹溺。淹溺是指因大量水经口、鼻进入肺内，造成呼吸道阻塞，发生急性缺氧而窒息死亡的事故。包括船舶、排筏、设施在航行、停泊、作业时发生的落水事故。

（7）灼烫。灼烫是指强酸、强碱溅到身体引起的灼伤，或因火焰引起的烧伤，高温物体引起的烫伤，放射线引起的皮肤损伤等事故。包括烧伤、烫伤、化学灼伤、放射性皮肤损伤等伤害。不包括电烧伤以及火灾事故引起的烧伤。

（8）火灾。火灾是指造成人身伤亡的企业火灾事故。不包括非企业原因造成的火灾，比如，居民火灾蔓延到企业。此类事故属于消防部门统计的事故。

（9）高处坠落。高处坠落是指由于危险重力势能差引起的伤害事故。包括脚手架、平台、陡壁施工等高于地面的坠落，也包括从地面踏空失足坠入洞、坑、沟、升降口、漏斗等情况。但排除以其他类别为诱发条件的坠落。如高处作业时，因触电失足坠落应定为触电事故，不能按高处坠落划分。

（10）坍塌。坍塌是指建筑物、构筑物、堆置物等倒塌以及土石塌方引起的事故。包括因设计或施工不合理而造成的倒塌，以及土方、岩石发生的塌陷事故。如建筑物倒塌，脚手架倒塌，挖掘沟、坑、洞时土石的塌方等情况。不包括矿山冒顶片帮事故，或因爆炸、爆破引起的坍塌事故。

（11）冒顶片帮。冒顶片帮是指矿井工作面、巷道侧壁由于支护不当、压力过大造成的坍塌，称为片帮；顶板垮落为冒顶。两者常同时发生，简称为冒顶片帮。包括矿山、地下开采、掘进及其他坑道作业发生的坍塌事故。

（12）透水。透水是指矿山、地下开采或其他坑道作业时，意外水源带来的伤亡事故。包括井巷与含水岩层、地下含水带、溶洞或与被淹巷道、地面水域相通时，涌水成灾的事故。不包括地面水害事故。

（13）放炮。放炮是指施工时，放炮作业造成的伤亡事故。包括各种爆破作业。如采石、采矿、采煤、开山、修路、拆除建筑物等工程进行的放炮作业引起的伤亡事故。

（14）瓦斯爆炸。瓦斯爆炸是指可燃性气体瓦斯、煤尘与空气混合形成了达到燃烧极限的混合物，接触火源时引起的化学性爆炸事故。主要适用于煤矿，同时也适用于空气不流通，瓦斯、煤尘积聚的场合。

（15）火药爆炸。火药爆炸是指火药与炸药在生产、运输、储藏的过程中发生的爆炸事故。包括火药与炸药生产在配料、运输、储藏、加工过程中，由于振动、明火、摩擦、静电作用，或因炸药的热分解作用，储藏时间过长或因存药过多发生的化学性爆炸事故，以及熔炼金属时，废料处理不净，残存火药或炸药引起的爆炸事故。

（16）锅炉爆炸。锅炉爆炸是指锅炉发生的物理性爆炸事故。适用于使用工作压力大于0.7兆帕，以水为介质的蒸汽锅炉（以下简称锅炉），但不适用于铁路机车、船舶上的锅炉以及列车电站和船舶电站的锅炉。

（17）容器爆炸。容器（压力容器的简称）是指比较容易发生事故，且事故危害性较大的承受压力载荷的密闭装置。容器爆炸是压力容器破裂引起的气体爆炸，即物理性爆炸，包括容器内盛装的可燃性液化气在容器破裂后，立即蒸发，与周围的空气混合形成爆炸性气体混合物，遇到火源时产生的化学爆炸，也称容器的二次爆炸。

（18）其他爆炸。凡不属于上述爆炸的事故均列为其他爆炸事故，例如，可燃性气体（如煤气、乙炔等）与空气混合形成的爆炸；可燃蒸气与空气混合形成的爆炸性气体混合物（如汽油挥发气）引起的爆炸；可燃性粉尘以及可燃性纤维与空气混合形成的爆炸性气体混合物引起的爆炸；间接形成的可燃气体与空气相混合，或者可燃蒸气与空气相混合（如可燃固体、自燃物品受热、水、氧化剂的作用会迅速反应，分解出可燃气体或蒸气与空气混合形成爆炸性气体），遇火源爆炸的事故。炉膛爆炸，钢水包爆炸、亚麻粉尘爆炸，都属于其他爆炸。

（19）中毒和窒息。中毒和窒息是指人接触有毒物质，如误吃有毒食物或呼吸有毒气体引起的人体急性中毒事故，或在废弃的坑道、暗井、涵洞、地下管道等不通风的地方工作，因为氧气缺乏，有时会发生人突然晕倒，甚至死亡的事故称为窒息。两种现象合为一体，称为中毒和窒息事故。不包括病理变化导致的中毒和窒息的事故，也不包括慢性中毒的职业病导致的死亡。

（20）其他伤害。凡不属于上述伤害的事故均称为其他伤害，如扭伤、跌伤、冻伤、野兽咬伤、钉子扎伤等。

2. 人的不安全行为

（1）操作错误，忽视安全，忽视警告。未经许可开动、关停、移动机器；开动、关停机器时未给信号、开关未锁紧，造成意外转动、通电或泄漏等；忘记关闭设备；忽视警告标志、警告信号；操作错误（指按钮、阀门、扳手、把柄等的操作）；奔跑作业、供料或送料速度过快；机械超速运转；违章驾驶机动车；酒后作业；客货混载；冲压机作业时，手伸进冲压模；工件紧固不牢；用压缩空气吹铁屑；其他。

（2）造成安全装置失效。拆除了安全装置；安全装置堵塞失去了作用；调整的错误，造成安全装置失效；其他。

（3）使用不安全设备。临时使用不牢固的设施；使用无安全装置的设备；其他。

（4）手代替工具操作。用手代替手动工具；用手清除切屑；不用夹具固定，用手拿工件进行机加工。

（5）物体（指成品、半成品、材料、工具、切屑和生产用品等）存放不当。

（6）冒险进入危险场所。冒险进入涵洞，接近漏料处（无安全设施）；采伐、集材、运材、装车时，未离危险区；未经安全监察人员允许进入油罐或井中；未"敲帮问顶"开始作业；冒进信号；调车场超速上下车；易燃、易爆场合使用明火；私自搭乘矿车；在绞车道行走；未及时瞭望。

（7）攀、坐不安全位置（如平台护栏、汽车挡板、吊车吊钩）。

（8）在起吊物下作业、停留。

（9）机器运转时进行加油、修理、检查、调整、焊接、清扫等工作。

（10）有分散注意力行为。

（11）在必须使用个人防护用品用具的作业或场合中，忽视其使用。例如，未戴护目镜或面罩；未戴防护手套；未穿安全鞋；未戴安全帽；未佩戴呼吸护具；未佩戴安全带；未戴工作帽；其他。

（12）不安全装束。在有旋转零部件的设备旁作业穿肥大服装；操纵带有旋转零部件的设备时戴手套；其他。

（13）对易燃、易爆等危险物品处理错误。

3. 物的不安全状态

（1）防护、保险、信号等装置缺乏或有缺陷：

1）无防护：无防护罩，无安全保险装置，无报警装置，无安全标志，无护栏或护栏损坏，（电气）未接地，绝缘不良，无消声系统，噪声大，危房内作业，未安装防止"跑车"的挡车器或挡车栏。

2）防护不当：防护罩未在适当位置，防护装置调整不当，坑道掘进、隧道开凿支撑不当，防爆装置不当，采伐、集材作业安全距离不够，放炮作业隐蔽有缺陷，电气装置带电部分裸露。

（2）设备、设施、工具、附件有缺陷、设计不当、结构不符合安全要求，通道门遮挡视线，制动装置有缺陷，安全间距不够，挡车网有缺陷，工件有毛刺、毛边，设施上有锋利倒棱。

（3）强度不够：机械强度不够，绝缘强度不够，起吊重物的绳索不符合安全要求。

（4）设备在非正常状态下运行：带"病"运转、超负荷运转。

（5）维修、调整不当：设备失修，地面不平，保养不当、设备失灵。

（6）个人防护用品用具——防护服、手套、护目镜及面罩、呼吸器官护具、听力护具、安全带、安全帽、安全鞋等缺少或有缺陷：

1）无个人防护用品、用具。

2）所用防护用品、用具不符合安全要求。

（7）生产（施工）场地环境不良：

1）照明光线不良，照度不足，作业场地烟尘弥漫、视物不清，光线过强。

2）通风不良，无通风，通风系统效率低，风流短路，停电停风时放炮作业，瓦斯排放未达到安全浓度时放炮作业，瓦斯浓度超限。

3）作业场所狭窄，作业场地杂乱，工具、制品、材料堆放不安全。

4）采伐时，未开"安全道"，"迎门树""坐殿树""搭挂树"未作处理。

（8）交通线路的配置不安全，操作工序设计或配置不安全，地面滑，地面有油或其他液体，冰雪覆盖，地面有其他易滑物。

三、危险源及其管理

1. 危险源的定义与分类

危险源是指一个系统中具有潜在能量和物质释放危险的、在一定的触发因素作用下可转化为事故的部位、区域、场所、空间、岗位、设备及其位置。也就是说，危险源是能量、危险物质集中的核心，是能量从传出来或爆发的地方。危险源存在于确定的系统中，系统范围不同，危险源的区域也不同。例如，从全国范围来说，对于危险行业（如石油、化工等）具体的一个企业（如炼油厂）就是一个危险源。而从一个企业系统来说，可能某个车间、仓库就是危险源，一个车间系统可能某台设备是危险源。因此，分析危险源应按系统的不同层次来进行。

依据上述认识，危险源应由三个要素构成：潜在危险性、存在条件和触发因素。危险源的潜在危险性是指一旦触发事故可能带来的危害程度或损失大小，或者说危险源可能释放的能量强度或危险物质量的大小。危险源的存在条件是指危险源所处的物理、化学状态和约束条件状态，例如，物质的压力、温度、化学稳定性，盛装容器的坚固性，周围环境障碍物等情况。触发因素虽然不属于危险源的固有属性，但它是危险源转化为事故的外因，而且每一类型的危险源都有相应的敏感触发因素。如易燃易爆物质，热能是其敏感的触发因素；又如压力容器，压力升高是其敏感触发因素。因此，一定的危险源总是与相应的触发因素相关联。在触发因素的作用下，危险源转化为危险状态，继而转化为事故。

危险源是可能导致事故发生的潜在的不安全因素。实际上，生产过程中的危险源即不安全因素种类繁多、非常复杂，它们在导致事故发生、造成人员伤害和财产损失方面所起的作用很不相同。相应地，控制它们的原则、方法也很不相同。根据危险源在事故发生、发展中的作用，把危险源划分为两大类，即第一类危险源和第二类危险源。

（1）第一类危险源是指生产系统中存在的、可能发生意外释放的能量或危险物质，实际工作中往往把产生能量的能量源或拥有能量的能量载体看作第一类危险源来处理。例如，带电的导体、奔驰的车辆等。

在工业企业生产过程中，比较常见的第一类危险源主要有：

1）产生、供给人们生产、生活活动能量的装置、设备是典型的能量源。如变电所、供热锅炉等，它们运转时供给或产生很高的能量。

2）使人体或物体具有较高势能的装置、设备、场所相当于能量源。如起重、提升机械、高差较大的场所等，使人体或物体具有较高的势能。

3）拥有能量的人或物。如运动中的车辆、机械的运动部件、带电的导体等，本身具有较大能量。

4）一些正常情况下按人们的意图进行能量的转换和做功，在意外情况下可能产生巨大能量的装置、设备、场所。如强烈放热反应的化工装置，充满爆炸性气体的空间等。

5）正常情况下多余的能量被泄放而处于安全状态，一旦失控时发生能量的大量蓄积，其结果可能导致大量能量的意外释放的装置、设备、场所。如各种压力容器、受压设备，容易发生静电蓄积的装置、场所等。

6）除了干扰人体与外界能量交换的有害物质外，也包括具有化学能的危险物质。具有化学能的危险物质分为可燃烧爆炸危险物质和有毒、有害危险物质两类。前者指能够引起火灾、爆炸的物质，按其物理化学性质分为可燃气体、可燃液体、易燃固体、可燃粉尘、易爆化合物、自燃性物质、忌水性物质和混合危险物质8类；后者指直接加害于人体，造成人员中毒、致病、致畸、致癌等的化学物质。

7）生产、加工、储存危险物质的装置、设备、场所在意外情况下可能引起其中的危险物质起火、爆炸或泄漏。如炸药的生产、加工、储存设施，化工、石油化工生产装置等。

8）人体一旦与之接触将导致人体能量意外释放的物体。如物体的棱角、工件的毛刺、锋利的刃等，一旦运动的人体与之接触，人体的动能意外释放而遭受伤害。

（2）导致约束、限制能量屏蔽措施失效或破坏的各种不安全因素称作第二类危险源，它包括人、物、环境三个方面的问题。

1）人的因素问题主要是人的不安全行为和人失误。不安全行为一般指明显违反安全操作规程的行为，这种行为往往直接导致事故发生。例如，不断开电源就带电修理电气线路而发生触电等。人失误是指人的行为的结果偏离了预定的标准。例如，合错了开关使检修中的线路带电，误开阀门使有害气体泄放等。人的不安全行为、人失误可能直接破坏对第一类危险源的控制，造成能量或危险物质的意外释放；也可能造成物的因素问题，进而导致事故。

2）物的因素问题可以概括为物的不安全状态和物的故障（或失效）。物的不安全状态是指机械设备、物质等明显地不符合安全要求的状态。例如，没有防护装置的传动齿轮、裸露的带电体等。在我国的安全管理实践中，往往把物的不安全状态称作"隐患"。物的故障（或失效）是指机械设备、零部件等由于性能低下而不能实现预定功能的现象。物的不安全状态和物的故障（或失效）可能直接使约束、限制能量或危险物质的措施失效而发生事故。例如，电线绝缘损坏发生漏电，管路破裂使其中的有毒有害介质泄漏等。有时一种物的故障可能导致另一种物的故障，最终造成能量或危险物质的意外释放。例如，压力容器的泄压装置故障，使容器内部介质压力上升，最终导致容器破裂。物的因素问题有时会诱发人的因素问题，人的因素问题有时会造成物的因素问题，实际情况比较复杂。

3）环境因素主要指系统运行的环境，包括温度、湿度、照明、粉尘、通风换气、噪声和振动等物理环境，以及企业和社会的软环境。不良的物理环境会引起物的因素问题或人的因素问题。例如，潮湿的环境会加速金属腐蚀而降低结构或容器的强度；工作场所强烈的噪声影响人的情绪，分散人的注意力而发生人失误；企业的管理制度、人际关系或社会环境影响人的心理，可能造成人的不安全行为或人失误。

2. 危险源辨识

危险源辨识是发现、识别系统中危险源的工作。这是一件非常重要的工作，它是危险源控制的基础，只有辨识了危险源之后才能有的放矢地考虑如何采取措施控制危险源。

危险源辨识方法主要分为对照法和系统安全分析法。

（1）对照法。对照法是与有关的标准、规范、规程或经验进行对照，以此来辨识危险源。有关的标准、规范、规程，以及常用的安全检查表，都是在大量实践经验的基础上编制而成的，因此，对照法是一种基于经验的方法，适用于有以往经验可供借鉴的情况。

（2）系统安全分析法。系统安全分析法主要是从安全角度进行的系统分析，通过揭示系统中可能导致系统故障或事故的各种因素及其相互关联，来辨识系统中的危险源。系统安全分析方法经常被用来辨识可能带来严重事故后果的危险源，也可以用于辨识没有事故经验的系统的危险源。

3. 危险源控制途径

危险源的控制可从三方面进行，即技术控制、人行为控制和管理控制。

（1）技术控制。即采用技术措施对固有危险源进行控制，主要技术有消除、控制、防护、隔离、监控、保留和转移等。

（2）人行为控制。即控制人为失误，减少人不正确行为对危险源的触发作用。人为失误的主要表现形式有：操作失误、指挥错误、不正确的判断或缺乏判断、粗心大意、厌烦、懒散、疲劳、紧张、疾病或生理缺陷、错误使用防护用品和防护装置等。人行为的控制首先是加强教育培训，做到人的安全化；其次应做到操作安全化。

（3）管理控制。可采取以下管理措施，对危险源进行控制：

1）建立健全危险源管理的规章制度。危险源确定后，在对危险源进行系统危险性分析的基础上建立健全各项规章制度，包括岗位安全生产责任制、危险源重点控制实施细则、安全操作规程、操作人员培训考核制度、日常管理制度、交接班制度、检查制度、信息反馈制度、危险作业审批制度、异常情况应急措施、考核奖惩制度等。

2）明确责任、定期检查。应根据各危险源的等级分别确定各级的负责人，并明确他们应负的具体责任。特别是要明确各级危险源的定期检查责任。除了作业人员必须每天自查外，还要规定各级领导定期参加检查。对于重点危险源，应做到公司总经理（厂长、所长等）半年一查，分厂厂长月查，车间主任（室主任）周查，工段、班组长日查。对于低级别的危险源也应制订出详细的检查安排计划。

专职安技人员要对各级人员实行检查的情况定期检查、监督并严格进行考评，以实现管理的封闭。

3）加强危险源的日常管理。要严格要求作业人员贯彻执行有关危险源日常管理的规章制度。搞好安全值班、交接班，按安全操作规程进行操作；按安全检查表进行日常安全检查；危险作业经过审批等。所有活动均应按要求认真做好记录。领导和安技部门定期进行严格检查考核，发现问题及时给以指导教育，根据检查考核情况进行奖惩。

4）抓好信息反馈、及时整改隐患。要建立健全危险源信息反馈系统，制定信息反馈制度并严格贯彻实施。对检查发现的事故隐患，应根据其性质和严重程度，按照规定分级实行信息反馈和整改，做好记录，发现重大隐患应立即向安技部门和行政第一领导报告。安技部门要定期收集、处理信息，及时提供给各级领导研究决策，不断改进危险源的控制管理工作。

5）搞好危险源控制管理的基础建设工作。危险源控制管理的基础工作除建立健全各项规章制度外，还应建立健全危险源的安全档案和设置安全标志牌。应按安全档案管理的有关内容要求建立危险源的档案，并指定专人专门保管，定期整理。应在危险源的显著位置悬挂安全标志牌，标明危险等级，注明负责人员，按照国家标准的安全标志表明主要危险，并注明防范措施。

6）搞好危险源控制管理的考核评价和奖惩。应对危险源控制管理的各方面工作制定考核标准，并力求量化，划分等级。定期严格考核评价，给予奖惩并与班组升级和评先进结合起来。逐年提高要求，促使危险源控制管理的水平不断提高。

4. 危险源控制基本原则

危险源控制的基本原则，主要有消除优先原则、降低风险原则、个体防护原则。

（1）消除优先原则。首先考虑通过合理的设计和科学的管理，尽可能从根本上消除危险源，实现本质安全。如采用无害工艺技术、生产中以无害物质代替有害物质、实现自动化、遥控技术等。

（2）降低风险原则。若无法从根本上消除危险源，其次考虑降低风险。采取技术和管理措施，努力降低伤害或损坏发生的概率或潜在的严重程度。

（3）个体防护原则。在采取消除或降低风险措施后，还不能完全保证作业人员的安全健康时，最后考虑个体防护设备，作为补充对策。如穿戴特种劳动防护用品等。

四、安全生产规章制度

1. 安全生产规章制度的定义

生产经营单位安全规章制度是指生产经营单位依据国家有关法律法规、国家和行业标准，结合生产、经营的安全生产实际，以生产经营单位名义起草颁发的有关安全生产的规范性文件。一般包括规程、标准、规定、措施、办法、制度、指导意见等。

安全规章制度是生产经营单位贯彻国家有关安全生产法律法规、国家和行业标准，贯彻国家安全生产方针政策的行动指南，是生产经营单位有效防范生产、经营过程安全生产风险，保障从业人员安全和健康，加强安全生产管理的重要措施。

建立健全安全规章制度是生产经营单位的法定责任。生产经营单位是安全生产的责任主体，国家有关法律法规对生产经营单位加强安全规章制度建设有明确的要求。《安全生产法》第四条规定"生产经营单位必须遵守本法和其他有关安全生产的法律、法规，加强安全生产管理，建立、健全安全生产责任制度，完善安全生产条件，确保安全生产"；《劳动法》第五十二条规定"用人单位必须建立、健全劳动安全卫生制度，严格执行国家劳动安全卫生规程和标准，对劳动者进行劳动安全卫生教育，防止劳动过程中的事故，减少职业危害"；《突发事件应对法》第二十二条"所有单位应当建立健全安全管理制度，定期检查本单位各项安全防范措施的落实情况，及时消除事故隐患……"所以，建立、健全安全规章制度是国家有关安全生产法律法规明确的生产经营单位的法定责任。

2. 建立安全生产规章制度的意义

生产经营单位要实施有效的安全生产管理，履行其保护职工安全、健康的法定义务，落实"安全第一，预防为主，综合治理"的安全生产方针，就必须建立健全强有力的组织保障体系、规章制度保障体系和措施保障体系。这三大体系的具体体现就是以安全生产责任制为核心的安全生产管理规章制度体系。

安全生产管理规章制度是生产经营单位规章制度的重要组成部分，是国家有关法规、标准在生产经营单位安全生产中的具体落实，是统一全体职工从事安全生产的行为准则。因此，一切生产经营单位都必须建立健全一整套既符合国家法规标准，又符合生产经营单位生产经营管理实际的安全生产管理规章制度。

生产经营单位安全生产管理规章制度基本可分为三大类：一是以生产经营单位安全生产责任制为核心的全厂性安全生产总则；二是各种单项制度，如安全生产的教育制度、检查制度、安全技术措施计划管理制度、特种作业人员培训制度、危险作业审批制度、伤亡事故管理制度、职业卫生管理制度、特种设备安全管理制度、电气安全管理制度、消防管理制度等；三是岗位安全操作规程。

建立、健全安全规章制度是生产经营单位安全生产的重要保障。生产经营单位需要对生产工艺过程、机械设备、人员操作进行系统分析、评价，制定出一系列的操作规程和安全控制措施，以保障生产、经营工作合法、有序、安全地运行，将安全风险降到最低。在长期的生产经营活动中，生产经营单位积累了大量的安全风险防范对策措施，这些措施只有形成安全规章制度，才能有效地得到继承和发扬。

建立、健全安全规章制度是生产经营单位保护从业人员安全与健康的重要手段。只有通过安全规章制度的约束，才能防止生产经营单位安全管理的随意性，才能使从业人员进一步明确自己的权利和义务，有效地保障从业人员的合法权益。同时，也为从业人员在生产、经营过程中遵章守纪提供明确的标准和依据。

3. 安全生产规章制度的主要内容

一般生产经营单位制定的安全生产规章制度的主要内容如下，特殊或专项作业项目的安全生产制度可结合自身要求加以制定。

(1) 安全教育培训制度。安全教育培训制度应包括以下内容：

1) 为确保安全生产，增强本单位职工安全生产知识，各部门要结合中心工作，应用广播、版报、安全课等形式，积极开展经常性的安全生产教育。

2) 凡新入厂的管理人员和职工，必须接受厂级、车间、班级的三级安全生产教育后方可上岗，有关部门做好三级教育卡的备案记录工作。

3) 转岗职工、重新上岗职工的安全教育。

4) 特种作业人员在上岗前必须进行专业技术培训，持有关部门颁发的有效证件方可上岗。

5) 所有授课人员应作好教育记录，保证教育内容和时间符合法律规定，受教育人接受教育后应签字确认。

6) 凡发生工伤事故后，主管部门要根据事故原因对职工进行教育。

7) 安全生产教育后，由安全科或主管领导将授课及考试资料归档。

(2) 安全生产检查制度。各生产经营单位结合本单位的实际，在编制检查制度中，应列出工作现场的检查重点内容，以及谁去检查，什么时间检查，检查后怎么消除等内容。

1) 本单位安全科应每月进行一次安全生产检查对安全生产责任制、安全生产制度的落实，结合季节变化开展季节性检查、排查并及时消除事故隐患。

2) 各车间每周进行了一次安全生产检查，主要检查机器设备、设施的安全生产状况，排查事故隐患。

3) 班组每日进行了一次安全生产检查，主要检查职工是否遵守操作规程，是否按规定佩戴个人安全防护用品，纠正违章现象。

4) 单位专职、兼职安全员定时巡检，及时发现事故隐患。

5) 所有检查结果要有记录，对检查出的隐患或违反规定的行为应及时上报，立即排除。

(3) 安全生产奖惩制度。安全生产奖惩制度的编制应结合本单位不同岗位而定，应找出各岗位易发生的违反规定、违反标准、违反操作规程的行为，各部门及单位领导在岗位责任制中易发生违反规定的范围。根据情节轻重制定出单位的处罚标准，奖励的有关条款。可依照以下内容确定奖励标准：

1) 对安全生产管理有突出贡献的。

2) 发现生产安全重大事故隐患的。

3) 拒绝或举报违章作业的。

4) 在发生事故中抢险救灾做出突出贡献的。

奖惩制度的奖励、惩处的实施由谁来决定，在制度中应予以明确。

(4) 生产安全事故的报告和处理制度：

1）发生生产安全事故后，应立即上报上级安全主管部门，主管部门根据事故情况上报有关部门处理。

2）发生生产安全事故后，事故部门或个人要保护好现场，不得将事故现场随意变动或恢复。

3）发生事故的部门或事故当事人要积极协助调查分析，不得隐瞒事故真相。

4）对发生事故的各类工伤事故要按照"四不放过"的原则，查明原因，分清责任，接受教育，提出处理意见，建立防范措施。

另外应将对违反操作规程、违章作业、违章指挥所造成的事故，按照事故大小对责任人的行政、经济处罚标准作为条款编入制度中。

（5）个人防护用品管理制度。生产经营单位结合自身实际情况编制个人防护用品管理制度，具体内容包括：

1）要明确发放防护用品名称、使用年限和发放部门。

2）明确个人防护用品的标准和范围。

3）明确个人防护用品的采购部门及质量保障要求。

4）明确回收的时限和负责部门。

5）明确丢失或损坏的处理标准和补发条款。

6）明确职工使用防护用品的要求。

（6）设备安全管理制度。设备安全管理制度的编制应包括以下内容：

1）对设备的选购要满足安全技术要求。

2）设备的维护、保养、时限和方法。

3）设备应具有可靠的安全防护装置。

4）明确设备的危险部位和维修措施。

5）对设备的安全生产检查的时限和内容。

6）设备操作人员的培训和持证要求。

7）设备异常情况的紧急处置措施。

不同的设备应有不同的标准与要求，在编制设备管理制度时应结合单位设备状况，在制度中做出具体要求。

（7）危险作业管理制度。危险作业一般包括吊装作业、动土作业、拆除作业、动火作业、高处作业、密闭空间作业、焊接与切割作业、电气设备使用、厂内机动车辆作业、手持电动工具作业等。

危险作业管理制度的编制应明确以下内容：

1）本单位危险作业的批准部门和批准程序。

2）现场保护措施。

3）明确责任人、现场指挥员、现场操作人员、现场救护（防护）人员。

4）明确操作人员需持有的特种作业证件。

5）明确正确佩戴和使用防护用品。

6）明确要做好的现场记录。

（8）安全操作规程。安全操作规程是职工操作机械和调整仪器仪表以及从事其他作业时必须遵守的程序和注意事项。

各生产经营单位应根据本单位的机械设备种类和台数，实行一机一操作规程。可以包括以下内容：

1）开动设备接通电源之前，应清理工作现场，仔细检查各种手柄位置是否正确、灵活，安全装置是否齐全。

2）开动设备前，应先检查油箱中的油量是否充足，油路是否畅通并按润滑图表卡进行润滑工作。

3）变速时，各变速手柄必须转换到指定位置。

4）工件必须装卡牢固，以免松动甩出造成事故。

5）已卡紧的工件不得再行敲打校正，以免影响设备精度。

6）要经常保持润滑工具及润滑系统的清洁，不得敞开油箱盖，以免灰尘铁屑等杂物进入。

7）开动设备时必须盖好电器箱盖，不允许有活物、水、油等进入电机或电器装置内。

8）设备外露基准面或滑动面上不准堆放工具、产品等以及碰伤设备，影响设备情况。

9）严禁超性能、超负荷使用设备。

10）采取自动控制时，首先要调整好限位装置，以免超越行程造成事故。

11）设备运转时操作者不得离开工作岗位，并要经常检查各部位有无异常（异声、异味、发热、振动等）。发现故障应立即停止操作，及时排除，凡属操作者不能排除的故障，应及时通知维修人员排除。

12）操作者离开设备或装卸工件对设备进行调整、清洁或润滑时，都应切断电源。

13）不得拆除设备上的安全防护装置。

14）调整或维修设备时，要正确使用拆卸工具，严禁乱敲乱拆。

15）人员注意力要集中，个人防护用品使用要符合要求，站立位置要安全。

16）特殊危险物品的安全要求等。

五、安全生产责任制

1. 安全生产责任制及其重要作用

（1）安全生产责任制的概念。安全生产责任制是根据我国的安全生产方针"安全第一、预防为主、综合治理"和安全生产法规以及"管生产必须管安全"这一原则，建立的各级领导、职能部门、工程技术人员、岗位操作人员在劳动生产过程中对安全生产层层负责的制度，是将以上所列的各级负责人员、各职能部门及其工作人员和各岗位生产人员在安全生产方面应做的事情和应负的责任加以明确规定的一种制度。安全生产责任制是企业岗位责任制的一个组成部分，是企业中最基本的一项安全制度，也是企业安全生产、劳动保护管理制度的核心。实践证明，凡是建立、健全了安全生产责任制的企业，各级领导重视安全生产、劳动保护工作，切实贯彻执行党的安全生产、劳动保护方针、政策和国家的安全生产、劳动保护法规，在认真负责地组织生产的同时，积极采取措施，改善劳动条件，工伤事故和职业性疾病就会减少。反之，就会职责不清，相互推诿，而使安全生产、劳动保护工作无人负责，无法进行，工伤事故与职业病就会不断发生。

安全生产责任制是经长期的安全生产、劳动保护管理实践证明的成功制度与措施。这一制度与措施最早见于国务院 1963 年 3 月 30 日颁布的《关于加强企业生产中安全工作的几项规定》（即《五项规定》）。《五项规定》中要求，企业的各级领导、职能部门、有关工程技术人员和生产工人，各自在生产过程中应负的安全责任，必须加以明确的规定。《五项规定》还要求：企业单位的各级领导人员在管理生产的同时，必须负责管理安全工作，认真贯彻执行国家有关劳动保护的法令和制度，在计划、布置、检查、总结、评比生产的同时，计划、布置、检查、总结、评比安全工作（即"五同时"制度）；企业单位中的生产、技术、设计、供销、运输、财务等各有关专职机构，都应在各自的业务范围内，对实现安全生产的要求负责；企业单位都应根据实际情况加强劳动保护机构或专职人员的工作；企业单位各生产小组都应设置不脱产的安全生产管理员；企业职工应自觉遵守安全生产规章制度。

（2）企业建立安全生产责任制的意义。建立安全生产责任制的目的，一方面是增强生产经营单位各级负责人员、各职能部门及其工作人员和各岗位生产人员对安全生产的责任感；另一方面明确生产经营单位中各级负责人员、各职能部门及其工作人员和各岗位生产人员在安全生产中应履行的职责和应承担的责任，以充分调动各级人员和各部门安全生产方面的积极性和主观能动性，确保安全生产。

建立安全生产责任制的重要意义主要体现在两方面：

一是落实我国安全生产方针和有关安全生产法规和政策的具体要求。《安全生产法》规定：生产经营单位必须建立健全安全生产责任制。

二是通过明确责任使各级各类人员真正重视安全生产工作，对预防事故和减少损失、进行事故调查和处理、建立和谐社会等具有重要作用。

生产经营单位是安全生产的责任主体，生产经营单位必须建立安全生产责任制，把"安全生产，人人有责"从制度上固定下来；生产经营单位法人代表要切实履行本单位安全生产第一责任人的职责，把安全生产的责任落实到每个环节、每个岗位、每个人，从而增强各级管理人员的责任心，使安全管理工作既做到责任明确，又互相协调配合，共同努力把安全生产工作落到实处。

2. 建立安全生产责任制的要求

建立一个完善的安全生产责任的总要求是：横向到边、纵向到底，并由生产经营单位的主要负责人组织建立。建立的安全生产责任制具体应满足如下要求：

（1）必须符合国家安全生产法律法规和政策、方针的要求。

（2）与生产经营单位管理体制协调一致。

（3）要根据本单位、部门、班组、岗位的实际情况制定，既明确、具体，又具有可操作性，防止形式主义。

（4）有专门的人员与机构制定和落实，并应适时修订。

（5）应有配套的监督、检查等制度，以保证安全生产责任制得到真正落实。

生产经营单位的主要负责人在管理生产的同时，必须负责管理事故预防工作。在计划、布置、检查、总结、评比生产的时候，同时计划、布置、检查、总结、评比事故预防工作（简称"五同时"）。事故预防工作必须由行政第一把手负责，分公司、车间的各级第一把手在安全管理上都负第一位责任。各级的副职根据各自分管业务工作范围负相应的责任。他们的主要任务是贯彻执行国家有关安全生产的法律法规、制度和保持管辖范围内职工的安全和健康。凡是严格认真地贯彻了"五同时"，就是尽了责任，反之就是失职。如果因此而造成事故，那就要视事故后果的严重程度和失职程度，由行政以及司法机关追究法律责任。

3. 安全生产责任制的主要内容

安全生产责任制的内容主要包括以下两个方面：

一是纵向方面，即从上到下所有类型人员的安全生产职责。在建立责任制时，可首先将本单位从主要负责人一直到岗位工人分成相应的层级，然后结合本单位的实际工作，对不同层级的人员在安全生产中应承担的职责做出规定。

二是横向方面，即各职能部门（包括党、政、工、团）的安全生产职责。在建立责任制时，可按照本单位职能部门的设置（如安全、设备、计划、技术、生产、基建、人事、财务、设计、档案、培训、党办、宣传、工会、团委等部门），分别对其在安全生产中应承担的职责作出规定。

生产经营单位在建立安全生产责任制时，在纵向方面至少应包括下列几类人员：

（1）生产经营单位主要负责人。生产经营单位的主要负责人是本单位安全生产的第一责任者，对安全生产工作全面负责。《安全生产法》第十八条将生产经营单位的主要负责人的安全生产职责定为：

1）建立、健全本单位安全生产责任制。

2）组织制定本单位安全生产规章制度和操作规程。

3）组织制订并实施本单位安全生产教育和培训计划。

4）保证本单位安全生产投入的有效实施。

5）督促、检查本单位的安全生产工作，及时消除生产安全事故隐患。

6）组织制定并实施本单位的生产安全事故应急救援预案。

7）及时、如实报告生产安全事故。

具体可根据上述7个方面内容，并结合本单位的实际情况对主要负责人的职责作出具体规定。

（2）生产经营单位其他负责人。生产经营单位其他负责人的职责是协助主要负责人搞好安全生产工作。不同的负责人管的工作不同，应根据其具体分管工作，对其在安全生产方面应承担的具体职责作出规定。

（3）生产经营单位职能管理机构负责人及其工作人员。各职能部门都会涉及安全生产职责，需根据各部门职责分工做出具体规定。各职能部门负责人的职责是按照本部门的安全生产职责，组织有关人员做好本部门安全生产责任制的落实，并对本部门职责范围内的安全生产工作负责；各职能部门的工作人员则是在各自职责范围内做好有关安全生产工作，并对自己职责范围内的安全生产工作负责。

（4）班组长。班组是搞好安全生产工作的关键，班组长全面负责本班组的安全生产，是安全生产法律、法规和规章制度的直接执行者。班组长的主要职责是贯彻执行本单位对安全生产的规定和要求，督促本班组的工人遵守有关安全生产规章制度和安全操作规程，切实做到不违章指挥，不违章作业，遵守劳动纪律。

（5）岗位工人。岗位工人对本岗位的安全生产负直接责任。岗位工人要接受安全生产教育和培训，遵守有关安全生产规章和安全操作规程，不违章作业，遵守劳动纪律。特种作业人员必须接受专门的培训，经考试合格取得操作资格证书后，方可上岗作业。

六、安全生产标准化建设

1. 标准

标准是对重复性事物和概念所做的统一规定。它以科学、技术和实践经验的综合成果为基础，经有关方面协商一致，由主管机构批准，以特定形式发布，作为共同遵守的准则和依据。

标准的定义包含以下几个方面的含义：

（1）标准的本质属性是一种"统一规定"。这种统一规定是作为有关各方"共同遵守的准则和依据"。根据《中华人民共和国标准化法》规定，我国标准分为强制性标准和推荐性标准两类。强制性标准必须严格执行，做到全国统一。推荐性标准国家鼓励企业自愿采用。但推荐性标准如经协商，并计入经济合同或企业向用户做出明示担保，有关各方则必须执行，做到统一。

（2）标准制定的对象是重复性事物和概念。这里讲的"重复性"指的是同一事物或概念反复多次出现的性质。例如，批量生产的产品在生产过程中的重复投入、重复加工、重复检验等；同一类技术管理活动中反复出现同一概念的术语、符号、代号等被反复利用等。

（3）标准产生的客观基础是"科学、技术和实践经验的综合成果"。这就是说标准既是科学技术成果，又是实践经验的总结，并且这些成果和经验都是经过分析、比较、综合和验证基础上，加之规范化，只有这样制定出来的标准才能具有科学性。

（4）制定标准过程要"经有关方面协商一致"，就是制定标准要发扬技术民主，与有关方面协商一致，做到"三稿定标"即征求意见稿—送审稿—报批稿。如制定产品标准不仅要有生产部门参加，还应当有用户、科研、检验等部门参加共同讨论研究，"协商一致"，这样制定出来的标准才具有权威性、科学性和适用性。

（5）标准文件有其自己一套特定格式和制定颁布的程序。标准的编写、印刷、幅面格式和编号、发布的统一，既可保证标准的质量，又便于资料管理，体现了标准文件的严肃性。所以，标准必须"由主管机构批准，以特定形式发布"。标准从制定到批准发布的一整套工作程序和审批制度，是使标准本身具有法规特性的表现。

2. 标准化

标准化是指在经济、技术、科学及管理等社会实践中，对重复性事物和概念通过制定、发布和实施标准，达到统一，以获得最佳秩序和社会效益。

标准化的定义包含以下几个方面含义：

（1）标准化是一项活动过程，这个过程是由三个关联的环节组成，即制定、发布和实施标准。标准化三个环节的过程已作为标准化工作的任务列入《中华人民共和国标准化法》的条文中。《标准化法》第三条规定："标准化工作的任务是制定标准、组织实施标准和对标准的实施进行监督。"这是对标准化定义内涵的全面清晰的概括。

（2）这个活动过程在深度上是一个永无止境的循环上升过程。即制定标准，实施标准，在实施中随着科学技术进步对原标准适时进行总结、修订，再实施。每循环一周，标准就上升到一个新的水平，充实新的内容，产生新的效果。

（3）这个活动过程在广度上是一个不断扩展的过程。如过去只制定产品标准、技术标准，现在又要制定管理标准、工作标准；过去标准化工作主要在工农业生产领域，现在已扩展到安全、卫生、环境保护、交通运输、行政管理、信息代码等。标准化正随着社会科学技术进步而不断地扩展和深化自己的工作领域。

（4）标准化的目的是"获得最佳秩序和社会效益"。最佳秩序和社会效益可以体现多方面，如在生产技术管理和各项管理工作中，按照 GB/T 19000 建立质量保证体系，可以保证和提高产品质量，保护消费者和社会公共利益；简化设计，完善工艺，提高生产效率；扩大通用化程度，方便使用维修；消除贸易壁垒，扩大国际贸易和交流等。

3. 国家标准体系

《中华人民共和国标准化法》将我国的标准分为国家标准（GB）、行业标准、地方标准（DB）、企业标准（QB）四级。

（1）国家标准。国家标准是指对全国经济技术发展有重大意义，需要在全国范围内统一的技术要求所制定的标准。国家标准在全国范围内适用，其他各级标准不得与之相抵触。国家标准是四级标准体系中的主体。

1）国家标准由国务院标准化行政主管部门负责组织制定和审批。

2）国家标准制定的对象：对需要在全国范围内统一的技术要求，应当制定国家标准。

3）国家标准主要有：①通用技术术语、符号、代号（含代码）、文件格式，制图方法等通用技术语言要求和互换配合要求；②保障人体健康和人身、财产安全的技术要求，包括产品的安全、卫生要求，生产、储存、运输和使用中的安全、卫生要求，工程建设的安全、卫生要求，环境保护的技术要求；③基本原料、燃料、材料的技术要求；④通用基础件的技术要求；⑤通用的试验、检验方法；⑥工农业生产、工程建设、信息、能源、资源和交通运输等通用的管理技术要求；⑦工程建设的重要技术要求；⑧国家需要控制的其他重要产品和工程建设的通用技术要求。

国家标准分为强制性国家标准（GB）和推荐性国家标准（GB/T）。国家标准的编号由国家标准的代号、国家标准发布的顺序号和国家标准发布的年号（采用发布年份的后两位数字）构成。

（2）行业标准。行业标准是指对没有国家标准而又需要在全国某个行业范围内统一的技术要求所制定的标准。行业标准是对国家标准的补充，是专业性、技术性较强的标准。行业标准的制定不得与国家标准相抵触，国家标准公布实施后，相应的行业标准即行废止。

1）行业标准由国务院有关行政主管部门负责制定和审批，并报国务院标准化行政主管部门备案。

2）行业标准制定对象：对没有国家标准又需要在行业范围内统一的技术要求，可以制定行业标准。

3）行业标准主要有：①技术术语、符号（含代码）、文件格式、制图方法等通用技术语言；②工农业产品的品种、规格、性能参数、质量标准、试验方法以及安全、卫生要求；③工农业产品的设计、生产、检验、包装、储存、运输过程中的安全、卫生要求；④通用零部件的技术要求；⑤产品结构要素和互换配合要求；⑥工程建设的勘察、规划、设计施工及验收的技术要求和方法；⑦信息、能源、资源、交通运输的技术要求及其管理技术要求。

（3）地方标准。地方标准是指对没有国家标准和行业标准而又需要在省、自治区、直辖市范围内统一工业产品的安全、卫生要求所制定的标准，地方标准在本行政区域内适用，不得与国家标准和标业标准相抵触。国家标准、行业标准公布实施后，相应的地方标准即行废止。

1）地方标准由省级政府标准化行政主管部门负责制定和审批，并报国务院标准化行政主管部门和国务院有关行政主管部门备案。

2）地方标准制定对象：对没有国家标准和行业标准而又需要在省、自治区、直辖市范围内统一的技术要求，可以制定地方标准。

3）地方标准主要有：①工业产品的安全、卫生要求；②药品、兽药、食品卫生、环境保护、节约能源、种子等法律、法规规定的要求；③其他法律、法规规定的要求。

（4）企业标准。企业标准是指企业所制定的产品标准和在企业内需要协调、统一的技术要求和管理、工作要求所制定的标准。企业标准是企业组织生产，经营活动的依据。

企业标准有以下几种：

1）企业生产的产品，没有国家标准、行业标准和地方标准的，应当制定的企业产品标准。

2）为提高产品质量和促进技术进步制定严于国家标准、行业标准或地方标准的企业产品标准。

3）对国家标准、行业标准的选择或补充的标准。

4）工艺、工装、半成品等方面的技术标准。

5）生产、经营活动中的管理标准和工作标准。

企业产品标准应在批准发布30日内向当地标准化行政主管部门和有关行政主管部门备案。

4. 安全生产标准

安全生产标准是指：在生产工作场所或者领域，为改善劳动条件和设施，规范生产作业行为，保护劳动者免受各种伤害，保障劳动者人身安全健康，实现安全生产的准则和依据。安全生产标准主要指国家标准和行业标准，大部分是强制性标准。

安全生产标准（AQ）的范围，包括有关矿山、危险化学品、烟花爆竹、个体防护、粉尘防爆、涂装作业等领域。具体包括以下几方面：

（1）劳动防护用品和矿山安全仪器仪表的品种、规格、质量、等级及劳动防护用品的设计、生产、检验、包装、储存、运输、使用的安全要求。

（2）为实施矿山、危险化学品、烟花爆竹安全管理而规定的有关技术术语、符号、代号、代码、文件格式、制图方法等通用技术语言和安全技术要求。

（3）生产、经营、储存、运输、使用、检测、检验、废弃等方面的安全技术要求。

（4）工矿商贸安全生产规程。

（5）生产经营单位的安全生产条件。

（6）应急救援的规则、规程、标准等技术规范。

（7）安全评价、评估、培训考核的标准、通则、导则、规则等技术规范。

（8）安全中介机构的服务规范与规则、标准。

（9）规范安全生产监管监察和行政执法的技术管理要求。

（10）规范安全生产行政许可和市场准入的技术管理要求。

5. 安全生产标准化

安全生产标准化是指：通过建立安全生产责任制，制定安全管理制度和操作规程，排查治理隐患和监控重大危险源，建立预防机制，规范生产行为，使各生产环节符合有关安全生产法律法规和标准规范的要求，人、机、物、环处于良好的生产状态，并持续改进，不断加强企业安全生产规范化建设。

安全生产标准化的这一定义涵盖了企业安全生产工作的全局，是企业开展安全生产工作的基本要求和衡量尺度，也是企业加强安全管理的重要方法和手段。而《标准化法》中的"标准化"，主要是通过制定、实施国家、行业等标准，来规范各种生产行为，以获得最佳生产秩序和社会效益的过程，二者有所不同。

安全生产标准化，就是将标准化工作引入和延伸到安全工作中来，它是企业全部标准化工作中最重要的组成部分。其内涵就是企业在生产经营和全部管理过程中，要自觉贯彻执行国家和地区、部门的安全生产法律、法规、规程、规章和标准，并将这些内容细化，依据这些法律、法规、规程、规章和标准制定本企业安全生产方面的规章、制度、规程、标准、办法，并在企业生产经营管理工作的全过程、全方位、全员、全天候地切实得到贯彻实施，使企业的安全生产工作得到不断加强并持续改进，使企业的本质安全水平不断得到提升，使企业的人、机、环始终处于和谐和保持在最好的安全状态下运行，进而保证和促进企业在安全的前提下健康快速的发展。

6. 企业作业安全标准化建设的重点内容

（1）作业过程标准化。从时间因素来看，任何一个作业过程都是由一定的要素在一定的空间和时间里交替作用的结果。因此，作业过程标准化首先体现在作业程序的标准化，这种程序标准包括宏观和微观两方面。宏观方面如工序衔接的标准，作业人员轮班（交接班）的标准等；微观方面主要是某个操作的程序，如起吊作业中某个物件起吊过程应包括准备、开动行车、开到吊物位置、落钩挂吊、起吊、运行、指定位置、落钩、升钩等程序。其次，作业过程标准化还体现在作业方法标准化上。作业方法标准比作业程序标准更为综合，它主要是指完成某项任务过程中各要素的配置情况，如人员、手段、器具、材料、运作方式、作业组织等的配置情况。

（2）人员行为的标准化。人员行为的标准化对安全具有重要意义，因为很多事故是人为失误引起的。人既是作业过程的一个参与要素，同时又是控制作业进程和运作方式的主体。从操作者自身来说，穿戴应符合作业规范，使用劳动防护用品也应标准化。作为作业过程的指挥者，其指挥动作应标准化（对不同的作业应有不同的标准），指挥动作的标准应符合安全、准确、经济原，如指挥的位置、姿势、动作幅度、速度、动作要素和运动轨迹范围和安全要点等都应标准化，满足安全、舒适、准确、高效的要求。

作业中的交流应标准化，包括交流手势（即体态语言）标准，语言、口令标准，交流方式标准等，一般应使用普通话。操作中具体使用什么语言、口令应按一定的规则设计，尤其对险情信号的交流更应标准化，并且每一个人都应进行训练。

（3）作业环境标准化。所谓作业环境标准化，即应做到标准化的作业现场，要求作业设备装置性能良好，安装合格；按标准配备性能良好的安全设施，装设安全标志及安全标志牌；工具材料摆放整齐、标准化；作业环境卫生标准化；文明生产等。

（4）作业设备检修标准化。设备运行过程应按一定的要求进行监护，这种监护应程序化、标准化。对各种类型的设备，应根据其特点制定出检查、维护、定期修理的标准。同时对于检查维修过程也应标准化。

（5）作业管理标准化。作业管理标准化包括管理制度标准化、安全信息标准化、安全业务活动标准化。管理制度标准化就是使安全管理各项制度的执行标准化，包括安全检查制度、安全教育制度、事故分析制度、隐患处理制度、紧急事故处理程序、职工安全准则、班组安全工作制度等。这些制度要求内容齐全、职责分明、具体可行，形成事故预测预防体系。

此外，作业标准化还要求安全信息标准化和安全业务活动标准化。安全信息标准化是指对信息类型、格式、项目含义的理解，相对指标的计算方法、统计分析方法等方面符合统一规定。安全信息标准化工作应遵循的原则是：信息准确、全面，适用范围广；为信息加工处理创造条件；有利于提高安全管理水平；实事求是。安全业务活动标准化是指安全活动的程序、内容要求有较固定的模式和优化的方法，如危险预知活动、安全竞赛活动、安全文化建设等，都应做到活动规范化、内容具体化并有针对性。

7. 作业安全标准化的落实

作业标准化的推进，必然促进作业人员教育培训和生产、安全管理水平的提高。但是，要使作业标准化能够顺利进行，最关键的是要改变企业职工的思想观念，使他们认识到作业标准化符合他们的根本利益。同时，应使他们明确，标准是法规的一种形式，具有强制执行的性质。企业自定的作业标准虽然不是国家立法，也同样具有法规的性质。在企业内部它是每位职工必须遵守的行动准则，如果职工因违反作业标准而导致事故，就要明确地承担责任。因此，应加强作业标准化的宣传，统一企业职工对实际作业标准化的认识，并通过组织培训，使广大职工掌握制定作业标准的科学方法，特别是要重点培训一批骨干力量，在此基础上，按上述方法与内容具体制定作业标准。制定好的作业标准，应组织岗位练兵，推广实施，使职工逐步掌握标准化作业的方法。为了保证作业标准能真正发挥作用，必须制定相应的奖惩制度，并严格考核。

七、安全生产教育培训

《安全生产法》第二十五条规定：生产经营单位应当对从业人员进行安全生产教育和培训，保证从业人员具备必要的安全生产知识，熟悉有关的安全生产规章制度和安全操作规程，掌握本岗位的安全操作技能，了解事故应急处理措施，知悉自身在安全生产方面的权利和义务。未经安全生产教育和培训合格的从业人员，不得上岗作业。

1. 安全生产教育培训对象

（1）根据《生产经营单位安全培训规定》，生产经营单位应当进行安全培训的从业人员包括主要负责人、安全生产管理人员、特种作业人员和其他从业人员。

（2）生产经营单位使用被派遣劳动者的，应当将被派遣劳动者纳入本单位从业人员统一管理，对被派遣劳动者进行岗位安全操作规程和安全操作技能的教育和培训。劳务派遣单位应当对被派遣劳动者进行必要的安全生产教育和培训。

（3）生产经营单位接收中等职业学校、高等学校学生实习的，应当对实习学生进行相应的安全生产教育和培训，提供必要的劳动防护用品。学校应当协助生产经营单位对实习学生进行安全生产教育和培训。

2. 安全教育的目的

（1）统一思想，提高认识。通过教育，把职工的思想统一到"安全第一、预防为主、综合治理"的方针上来，使企业的经营管理者和各级领导真正把安全摆在"第一"的位置，在从事企业经营管理活动中坚持"五同时"的基本原则；使广大职工认识安全生产的重要性，从"要我安全"变为"我要安全""我会安全"，做到"三不伤害"，即"不伤害自己，不伤害他人，不被他人所伤害"，提高自觉抵制"三违"的能力。

（2）提高企业的安全生产管理水平。安全生产管理包括对全体职工的安全管理，对设备、设施的安全技术管理和对作业环境的劳动卫生管理。通过安全教育，提高各级领导干部的安全生产政策水平，掌握有关安全生产法规、制度，学习应用先进的安全生产管理方法、手段，提高全体职工在各自工作范围内，对设备、设施和作业环境的安全生产管理能力。

（3）提高全体职工的安全知识水平和安全技能。安全知识包括对生产活动中存在的各类危险因素和危险源的辨识、分析、预防、控制知识。安全技能包括安全操作的技巧、紧急状态的应变能力以及事故状态的急救、自救和处理能力。通过安全教育，使广大职工掌握安全生产知识，提高安全操作水平，发挥自防自控的自我保护及相互保护作用，有效地防止事故。

鉴于企业经济实力和科技水平，设备、设施的安全状态尚未达到本质安全的程度，坚持不断地进行安全教育，减少和控制人的不安全行为，就显得尤为重要。

3. 安全教育的内容

安全教育的内容主要包括思想教育、法制教育、知识教育和技能训练。

思想教育主要是安全生产方针政策教育、形势任务教育和重要意义教育等。通过形式多样、丰富多彩的安全教育，使各级领导牢固地树立起"安全第一"的思想，正确处理各自业务范围内的安全与生产、安全与效益的关系，主动采取事故预防措施；通过教育提高全体职工的安全意识，激励其安全动机，自觉采取安全行为。

法制教育主要是法律法规教育、执法守法教育、权利义务教育等。通过教育，使企业的各级领导和全体职工知法、懂法、守法，以法规为准绳约束自己，履行自己的义务；以法律为武器维护自己的权利。

知识教育主要是安全管理、安全技术和劳动卫生知识教育。通过教育，使企业的经营管理者和各级领导了解和掌握安全生产规律，熟悉自己业务范围内必需的安全生产管理理论和方法及相关的安全技术、劳动卫生知识，提高安全管理水平；使全体职工掌握各自必要的安全科学技术，提高企业的整体安全素质。

技能训练主要是针对各个不同岗位或工种的工人所必需的安全生产方法和手段的训练，如安全操作技能训练、危险预知训练、紧急状态事故处理训练、自救互救训练、消防演习、逃生救生训练等。通过训练，使工人掌握必备的安全生产技能与技巧。

（1）对生产经营单位主要负责人的教育培训：

1）基本要求：

①煤矿、非煤矿山、危险化学品、烟花爆竹、金属冶炼等生产经营单位主要负责人和安全生产管理人员，自任职之日起 6 个月内，必须经安全生产监管监察部门对其安全生产知识和管理能力考核合格。

②其他单位主要负责人必须按照国家有关规定进行安全生产培训。

③所有单位主要负责人每年应进行安全生产再培训。

2）培训的主要内容：

①国家有关安全生产的方针、政策和有关安全生产的法律、法规、规章及标准。

②安全生产管理的基本知识、安全生产技术、安全生产专业知识。

③重大危险源管理、重大事故防范、应急管理和救援组织以及事故调查处理的有关规定。

④职业危害及其预防措施。

⑤国内外先进的安全生产管理经验。

⑥典型事故和应急救援案例分析。

⑦其他需要培训的内容。

3）培训时间。煤矿、非煤矿山、危险化学品、烟花爆竹、金属冶炼等生产经营单位主要负责人初次安全培训时间不得少于48学时，每年再培训时间不得少于16学时。

其他单位主要负责人安全生产管理培训时间不得少于32学时，每年再培训时间不得少于12学时。

4）再培训的主要内容。再培训的主要内容是新知识、新技术、新工艺、新装备和新案例，包括：

①有关安全生产的法律、法规、规章、规程、标准和政策。

②安全生产的新技术、新知识。

③安全生产管理经验。

④典型事故案例。

（2）对安全生产管理人员的教育培训。

1）基本要求：

①煤矿、非煤矿山、危险化学品、烟花爆竹、金属冶炼等生产经营单位的安全生产管理人员必须进行安全资格培训，经安全生产监督管理部门或法律法规规定的有关主管部门考核合格并取得安全资格证书后方可任职。

②其他单位安全生产管理人员必须按照国家有关规定进行安全生产培训。

③所有单位安全生产管理人员每年应进行安全生产再培训。

2）培训的主要内容：

①国家有关安全生产的方针、政策，及有关安全生产的法律、法规、规章及标准。

②安全生产管理知识、安全生产技术、职业卫生等知识。

③伤亡事故统计、报告及职业危害的调查处理方法。

④应急管理、应急预案编制以及应急处置的内容和要求。

⑤国内外先进的安全生产管理经验。

⑥典型事故和应急救援案例分析。

⑦其他需要培训的内容。

3）培训时间。煤矿、非煤矿山、危险化学品、烟花爆竹、金属冶炼等生产经营单位的安全生产管理人员初次安全培训时间不得少于48学时，每年再培训时间不得少于16学时。

其他单位的安全生产管理人员安全培训时间不得少于32学时，每年再培训时间不得少于12学时。

4）再培训的主要内容。再培训的主要内容是新知识、新技术、新工艺、新装备和新案例，包括：

①有关安全生产的法律、法规、规章、规程、标准和政策。

②安全生产的新技术、新知识。

③安全生产管理经验。

④典型事故案例。

（3）对生产经营单位其他从业人员的教育培训。生产经营单位其他从业人员（简称"从业人员"）是指除主要负责人和安全生产管理人员以外，该单位从事生产经营活动的所有人员，包括其他负责人、管理人员、技术人员和各岗位的工人，以及临时聘用的人员。

1）新从业人员。对新从业人员应进行厂（矿）、车间（工段、区、队）、班组三级安全生产教育培训。

①厂（矿）级安全生产教育培训的内容主要是：安全生产基本知识；本单位安全生产规章制度；劳动纪律；作业场所和工作岗位存在的危险因素、防范措施及事故应急措施；有关事故案例等。

②车间（工段、区、队）级安全生产教育培训的内容主要是：本车间（工段、区、队）安全生产状况和规章制度；作业场所和工作岗位存在的危险因素、防范措施及事故应急措施；事故案例等。

③班组级安全生产教育培训的内容主要是：岗位安全操作规程；生产设备、安全装置、劳动防护用品（用具）的正确使用方法；事故案例等。

生产经营单位新上岗的从业人员，岗前安全培训时间不得少于 24 学时，煤矿、非煤矿山、危险化学品、烟花爆竹、金属冶炼等生产经营单位新上岗的从业人员安全培训时间不得少于 72 学时，每年再培训的时间不得少于 20 学时。

2）调整工作岗位或离岗一年以上重新上岗的从业人员。从业人员调整工作岗位或离岗一年以上重新上岗时，应进行相应的车间（工段、区、队）级安全生产教育培训。

生产经营单位采用新工艺、新技术、新材料或者使用新设备时，应当对有关从业人员重新进行有针对性的安全培训。

单位要确立终身教育的观念和全员培训的目标，对在岗的从业人员应进行经常性的安全生产教育培训。其内容主要是：安全生产新知识、新技术；安全生产法律法规；作业场所和工作岗位存在的危险因素、防范措施及事故应急措施；事故案例等。

八、安全生产检查

安全生产检查是指对生产过程及安全管理中可能存在的隐患、有害与危险因素、缺陷等进行查证，以确定隐患或有害与危险因素、缺陷的存在状态，以及它们转化为事故的条件，以便制定整改措施，消除隐患和有害与危险因素，确保生产安全。

安全生产检查是安全管理工作的重要内容，是消除隐患、防止事故发生、改善劳动条件的重要手段。通过安全生产检查可以发现生产经营单位生产过程中的危险因素，以便有计划地制定纠正措施，保证生产安全。

1. 安全生产检查的类型

（1）定期安全生产检查。定期检查一般是通过有计划、有组织、有目的的形式来实现的。如次/年、次/季、次/月、次/周等。检查周期根据各单位实际情况确定。定期检查的面广、有深度，能及时发现并解决问题。

（2）经常性安全生产检查。经常性检查则是采取个别的、日常的巡视方式来实现的。在施工（生产）过程中进行经常性的预防检查，能及时发现隐患，及时消除，保证施工（生产）正常进行。

（3）季节性及节假日前安全生产检查。由各级生产单位根据季节变化，按事故发生的规律对易发的潜在危险，突出重点进行季节检查。如冬季防冻保温、防火、防煤气中毒；夏季防暑降温、防汛、防雷电等检查。

由于节假日（特别是重大节日，如元旦、春节、劳动节、国庆节）前后容易发生事故，因而应进行有针对性的安全生产检查。

（4）专业（项）安全生产检查。专业（项）安全生产检查是对某个专项问题或在施工（生产）中存在的普遍性安全问题进行的单项定性检查。

对危险较大的在用设备、设施，作业场所环境条件的管理性或监督性定量检测检验，则属专业性安全生产检查。专业（项）检查具有较强的针对性和专业要求，用于检查难度较大的项目。通过检查，发现潜在问题，研究整改对策，及时消除隐患，进行技术改造。

（5）综合性安全生产检查。一般是由主管部门对下属各企业或生产单位进行的全面综合性检查，必要时可组织进行系统的安全性评价。

（6）不定期的职工代表巡视安全生产检查。由企业或车间工会负责人负责组织有关专业技术特长的职工代表进行巡视安全生产检查。重点查国家安全生产方针、法规的贯彻执行情况；查单位领导干部安全生产责任制的执行情况；工人安全生产权利的执行情况；查事故原因、隐患整改情况；并对责任者提出处理意见。此类检查可进一步强化各级领导安全生产责任制的落实，促进职工劳动保护合法权利的维护。

2. 安全生产检查的内容

安全生产检查对象的确定应本着突出重点的原则，对于危险性大、易发事故、事故危害大的生产系统、部位、装置、设备等应加强检查。一般应重点检查：易造成重大损失的易燃易爆危险物品、剧毒品、锅炉、压力容器、起重、运输、冶炼设备、电气设备、冲压机械、高处作业和本企业易发生工伤、火灾、爆炸等事故的设备、工种、场所及其作业人员；造成职业中毒或职业病的尘毒点及其作业人员；直接管理重要危险点和有害点的部门及其负责人。

安全生产检查的内容包括软件系统和硬件系统，具体主要是查思想、查管理、查隐患、查整改、查事故处理。

目前，对非矿山企业，国家有关规定要求强制性检查的项目：锅炉、压力容器、压力管道、高压医用氧舱、起重机、电梯、自动扶梯、施工升降机、简易升降机、防爆电器、厂内机动车辆、客运索道、游艺机及游乐设施等，作业场所的粉尘、噪声、振动、辐射、高温低温、有毒物质的浓度等。

3. 安全生产检查的方法

（1）常规检查。常规检查是常见的一种检查方法。通常是由安全管理人员作为检查工作的主体，到作业场所的现场，通过感观或辅助一定的简单工具、仪表等，对作业人员的行为、作业场所的环境条件、生产设备设施等进行的定性检查。安全生产检查人员通过这一手段，及时发现现场存在的安全隐患并采取措施予以消除，纠正施工人员的不安全行为。

这种方法完全依靠安全生产检查人员的经验和能力，检查的结果直接受安全生产检查人员个人素质的影响。因此，对安全生产检查人员要求较高。

（2）安全生产检查表法。为使检查工作更加规范，使个人的行为对检查结果的影响减少到最小，常采用安全生产检查表法。

安全生产检查表（SCL）是为了系统地找出系统中的不安全因素，事先把系统加以剖析，列出各层次的不安全因素，确定检查项目。并把检查项目按系统的组成顺序编制成表，以便进行检查或评审，这种表就叫作安全生产检查表。安全生产检查表是进行安全生产检查，发现和查明各种危险和隐患、监督各项安全规章制度的实施，及时发现事故隐患并制止违章行为的一个有力工具。

安全生产检查表应列举需查明的所有会导致事故的不安全因素。每个检查表均需注明检查时间、检查者、直接负责人等，以便分清责任。安全生产检查表的设计应做到系统、全面，检查项目应明确。编制安全生产检查表的主要依据：有关标准、规程、规范及规定；国内外事故案例及本单位在安全管理及生产中的有关经验；通过系统分析，确定的危险部位及防范措施，都是安全生产检查表的内容；新知识、新成果、新方法、新技术、新法规和标准。

在我国许多行业都编制并实施了适合行业特点的安全生产检查标准。如建筑、火电、机械、煤炭等行业都制定了适用于本行业的安全生产检查表。企业在实施安全生产检查工作时，根据行业颁布的安全生产检查标准，可以结合本单位情况制定更具可操作性的检查表。

（3）仪器检查法。机器、设备内部的缺陷及作业环境条件的真实信息或定量数据，只能通过仪器检查法来进行定量化的检验与测量，才能发现安全隐患，从而为后续整改提供信息。因此必要时需要实施仪器检查。由于被检查对象不同，检查所用的仪器和手段也不同。

4. 安全生产检查的工作程序

安全生产检查工作一般包括以下几个步骤。

（1）安全生产检查准备。准备内容包括：

1）确定检查对象、目的、任务。

2）查阅、掌握有关法规、标准、规程的要求。

3）了解检查对象的工艺流程、生产情况、可能出危险危害的情况。

4）制订检查计划，安排检查内容、方法、步骤。

5）编写安全生产检查表或检查提纲。

6）准备必要的检测工具、仪器、书写表格或记录本。

7）挑选和训练检查人员，并进行必要的分工等。

（2）实施安全生产检查。实施安全生产检查就是通过访谈、查阅文件和记录、现场检查、仪器测量的方式获取信息。

1）访谈。与有关人员谈话来了解相关部门、岗位执行规章制度的情况。

2）查阅文件和记录。检查设计文件、作业规程、安全措施、责任制度、操作规程等是否齐全，是否有效；查阅相应记录，判断上述文件是否被执行。

3）现场观察。到作业现场寻找不安全因素、事故隐患、事故征兆等。

4）仪器测量。利用一定的检测检验仪器设备，对在用的设施、设备、器材状况及作业环境条件等进行测量，以发现隐患。

（3）通过分析做出判断。掌握情况（获得信息）之后，就要进行分析、判断和检验。可凭经验、技能进行分析、判断，必要时可以通过仪器检验得出正确结论。

（4）及时做出决定进行处理。做出判断后应针对存在的问题做出采取措施的决定，即通过下达隐患整改意见和要求，包括要求进行信息的反馈。

（5）实现安全生产检查工作闭环。通过复查整改落实情况，获得整改效果的信息，以实现安全生产检查工作的闭环。

九、特种设备和特种作业管理

1. 特种设备

特种设备是指对人身和财产安全有较大危险性的锅炉、压力容器（含气瓶）、压力管道、电梯、起重机械、客运索道、大型游乐设施、场（厂）内专用机动车辆以及法律、行政法规规定适用《特种设备安全法》的其他特种设备。

根据《特种设备安全法》的规定，国家对特种设备实行目录管理。特种设备目录由国务院负责特种设备安全监督管理的部门制定，报国务院批准后执行。特种设备生产、经营、使用单位应当遵守该法和其他有关法律、法规，建立、健全特种设备安全和节能责任制度，加强特种设备安全和节能管理，确保特种设备生产、经营、使用安全，符合节能要求。特种设备生产、经营、使用单位及其主要负责人对其生产、经营、使用的特种设备安全负责。特种设备生产、经营、使用单位应当按照国家有关规定配备特种设备安全管理人员、检测人员和作业人员，并对其进行必要的安全教育和技能培训。特种设备安全管理人员、检测人员和作业人员应当按照国家有关规定取得相应资格，方可从事相关工作。特种设备安全管理人员、检测人员和作业人员应当严格执行安全技术规范和管理制度，保证特种设备安全。

特种设备使用单位应当使用取得许可生产并经检验合格的特种设备，禁止使用国家明令淘汰和已经报废的特种设备。特种设备使用单位应当在特种设备投入使用前或者投入使用后30日内，向负责特种设备安全监督管理的部门办理使用登记，取得使用登记证书。登记标志应当置于该特种设备的显著位置。特种设备使用单位应当建立岗位责任、隐患治理、应急救援等安全管理制度，制定操作规程，保证特种设备安全运行。

特种设备使用单位应当建立特种设备安全技术档案。安全技术档案应当包括以下内容：

（1）特种设备的设计文件、产品质量合格证明、安装及使用维护保养说明、监督检验证明等相关技术资料和文件。

（2）特种设备的定期检验和定期自行检查记录。

（3）特种设备的日常使用状况记录。

（4）特种设备及其附属仪器仪表的维护保养记录。

（5）特种设备的运行故障和事故记录。

特种设备安全管理人员应当对特种设备使用状况进行经常性检查，发现问题应当立即处理；情况紧急时，可以决定停止使用特种设备并及时报告本单位有关负责人。特种设备作业人员在作业过程中发现事故隐患或者其他不安全因素，应当立即向特种设备安全管理人员和单位有关负责人报告；特种设备运行不正常时，特种设备作业人员应当按照操作规程采取有效措施保证安全。

电梯的维护保养应当由电梯制造单位或者依照《特种设备安全法》取得许可的安装、改造、修理单位进行。电梯的维护保养单位应当在维护保养中严格执行安全技术规范的要求，保证其维护保养的电梯的安全性能，并负责落实现场安全防护措施，保证施工安全。电梯的维护保养单位应当对其维护保养的电梯的安全性能负责；接到故障通知后，应当立即赶赴现场，并采取必要的应急救援措施。电梯投入使用后，电梯制造单位应当对其制造的电梯的安全运行情况进行跟踪调查和了解，对电梯的维护保养单位或者使用单位在维护保养和安全运行方面存在的问题，提出改进建议，并提供必要的技术帮助；发现电梯存在严重事故隐患时，应当及时告知电梯使用单位，并向负责特种设备安全监督管理的部门报告。电梯制造单位对调查和了解的情况，应当做出记录。

移动式压力容器、气瓶充装单位，应当具备下列条件，并经负责特种设备安全监督管理的部门许可，方可从事充装活动：

（1）有与充装和管理相适应的管理人员和技术人员。

（2）有与充装和管理相适应的充装设备、检测手段、场地厂房、器具、安全设施。

（3）有健全的充装管理制度、责任制度、处理措施。

充装单位应当建立充装前后的检查、记录制度，禁止对不符合安全技术规范要求的移动式压力容器和气瓶进行充装。气瓶充装单位应当向气体使用者提供符合安全技术规范要求的气瓶，对气体使用者进行气瓶安全使用指导，并按照安全技术规范的要求办理气瓶使用登记，及时申报定期检验。

2. 特种作业人员

（1）特种作业和特种作业人员的概念。根据《特种作业人员安全技术培训考核管理规定》（国家安全生产监督管理总局令第30号），特种作业是指容易发生事故，对操作者本人、他人的安全健康及设备、设施的安全可能造成重大危害的作业。特种作业的范围由特种作业目录规定，有 11 大类 51 个工种，详细请查阅《特种作业目录》。

特种作业人员，是指直接从事特种作业的从业人员。

特种作业人员应当符合下列条件：

1）年满 18 周岁，且不超过国家法定退休年龄。

2）经社区或者县级以上医疗机构体检健康合格，并无妨碍从事相应特种作业的器质性心脏病、癫痫病、美尼尔氏症、眩晕症、癔症、震颤麻痹症、精神病、痴呆症以及其他疾病和生理缺陷。

3）具有初中及以上文化程度。

4）具备必要的安全技术知识与技能。

5）相应特种作业规定的其他条件。

危险化学品特种作业人员除上述第一项、第二项、第四项和第五项规定的条件外，应当具备高中或者相当于高中及以上文化程度。

（2）培训：

1）特种作业人员应当接受与其所从事的特种作业相应的安全技术理论培训和实际操做培训。

已经取得职业高中、技工学校及中专以上学历的毕业生从事与其所学专业相应的特种作业，持学历证明经考核发证机关同意，可以免予相关专业的培训。

跨省、自治区、直辖市从业的特种作业人员，可以在户籍所在地或者从业所在地参加培训。

2）从事特种作业人员安全技术培训的机构（以下统称培训机构），必须按照有关规定取得安全生产培训资质证书后，方可从事特种作业人员的安全技术培训。

培训机构开展特种作业人员的安全技术培训，应当制订相应的培训计划、教学安排，并报有关考核发证机关审查、备案。

生产经营单位委托其他机构进行特种作业人员安全技术培训的，保证安全技术培训的责任仍由本单位负责。

3）培训机构应当按照国家安全生产监督管理总局、煤矿安全监察局制定的特种作业人员培训大纲和煤矿特种作业人员培训大纲进行特种作业人员的安全技术培训。

（3）考核发证：

1）特种作业人员的考核包括考试和审核两部分。考试由考核发证机关或其委托的单位负责；审核由考核发证机关负责。

国家安全生产监督管理总局、煤矿安全监察局分别制定特种作业人员、煤矿特种作业人员的考核标准，并建立相应的考试题库。

考核发证机关或其委托的单位应当按照国家安全生产监督管理总局、煤矿安全监察局统一制定的考核标准进行考核。

2）参加特种作业操作资格考试的人员，应当填写考试申请表，由申请人或者申请人的用人单位持学历证明或者培训机构出具的培训证明向申请人户籍所在地或者从业所在地的考核发证机关或其委托的单位提出申请。

考核发证机关或其委托的单位收到申请后，应当在60日内组织考试。

特种作业操作资格考试包括安全技术理论考试和实际操作考试两部分。考试不及格的，允许补考1次。经补考仍不及格的，重新参加相应的安全技术培训。

3）考核发证机关委托承担特种作业操作资格考试的单位应当具备相应的场所、设施、设备等条件，建立相应的管理制度，并公布收费标准等信息。

4）考核发证机关或其委托承担特种作业操作资格考试的单位，应当在考试结束后10个工作日内公布考试成绩。

5）符合规定并经考试合格的特种作业人员，应当向其户籍所在地或者从业所在地的考核发证机关申请办理特种作业操作证，并提交身份证复印件、学历证书复印件、体检证明、考试合格证明等材料。

6）收到申请的考核发证机关应当在5个工作日内完成对特种作业人员所提交申请材料的审查，做出受理或者不予受理的决定。能够当场做出受理决定的，应当当场做出受理决定；申请材料不齐全或者不符合要求的，应当当场或者在5个工作日内一次告知申请人需要补正的全部内容，逾期不告知的，视为自收到申请材料之日起即已被受理。

7）对已经受理的申请，考核发证机关应当在20个工作日内完成审核工作。符合条件的，颁发特种作业操作证；不符合条件的，应当说明理由。

8）特种作业操作证有效期为6年，在全国范围内有效。特种作业操作证由国家安全生产监督管理总局统一式样、标准及编号。

9）特种作业操作证遗失的，应当向原考核发证机关提出书面申请，经原考核发证机关审查同意后，予以补发。

特种作业操作证所记载的信息发生变化或者损毁的，应当向原考核发证机关提出书面申请，经原考核发证机关审查确认后，予以更换或者更新。

（4）复审：

1）特种作业操作证每3年复审1次。

特种作业人员在特种作业操作证有效期内，连续从事本工种10年以上，严格遵守有关安全生产法律法规的，经原考核发证机关或者从业所在地考核发证机关同意，特种作业操作证的复审时间可以延长至每6年1次。

2）特种作业操作证需要复审的，应当在期满前60日内，由申请人或者申请人的用人单位向原考核发证机关或者从业所在地考核发证机关提出申请，并提交下列材料：

①社区或者县级以上医疗机构出具的健康证明。

②从事特种作业的情况。

③安全培训考试合格记录。

④特种作业操作证有效期届满需要延期换证的，应当按照前款的规定申请延期复审。

3）特种作业操作证申请复审或者延期复审前，特种作业人员应当参加必要的安全培训并考试合格。

安全培训时间不少于8个学时，主要培训法律、法规、标准、事故案例和有关新工艺、新技术、新装备等知识。

4）申请复审的，考核发证机关应当在收到申请之日起 20 个工作日内完成复审工作。复审合格的，由考核发证机关签章、登记，予以确认；不合格的，说明理由。

申请延期复审的，经复审合格后，由考核发证机关重新颁发特种作业操作证。

5）特种作业人员有下列情形之一的，复审或者延期复审不予通过：

①健康体检不合格的。

②违章操作造成严重后果或者有 2 次以上违章行为，并经查证确实的。

③有安全生产违法行为，并给予行政处罚的。

④拒绝、阻碍安全生产监管监察部门监督检查的。

⑤未按规定参加安全培训，或者考试不合格的。

符合上述第二项、第三项、第四项、第五项情形的，按照规定经重新安全培训考试合格后，再办理复审或者延期复审手续。

再复审、延期复审仍不合格，或者未按期复审的，特种作业操作证失效。

6）有下列情形之一的，考核发证机关应当撤销特种作业操作证：

①超过特种作业操作证有效期未延期复审的。

②特种作业人员的身体条件已不适合继续从事特种作业的。

③对发生生产安全事故负有责任的。

④特种作业操作证记载虚假信息的。

⑤以欺骗、贿赂等不正当手段取得特种作业操作证的。

特种作业人员违反上述第四项、第五项规定的，3 年内不得再次申请特种作业操作证。

7）有下列情形之一的，考核发证机关应当注销特种作业操作证：

①特种作业人员死亡的。

②特种作业人员提出注销申请的。

③特种作业操作证被依法撤销的。

8）离开特种作业岗位 6 个月以上的特种作业人员，应当重新进行实际操作考试，经确认合格后方可上岗作业。

3. 建筑施工特种作业人员

根据《建筑施工特种作业人员管理规定》（建质〔2008〕75 号），建筑施工特种作业人员是指在房屋建筑和市政工程施工活动中，从事可能对本人、他人及周围设备设施的安全造成重大危害作业的人员。

建筑施工特种作业包括：

（1）建筑电工。

（2）建筑架子工。

（3）建筑起重信号司索工。

（4）建筑起重机械司机。

（5）建筑起重机械安装拆卸工。

（6）高处作业吊篮安装拆卸工。

（7）经省级以上人民政府建设主管部门认定的其他特种作业。

建筑施工特种作业人员必须经建设主管部门考核合格，取得建筑施工特种作业人员操作资格证书，方可上岗从事相应作业。

建筑施工特种作业人员的考核发证工作，由省、自治区、直辖市人民政府建设主管部门或其委托的考核发证机构负责组织实施。考核发证机关应当在办公场所公布建筑施工特种作业人员申请条件、申请程序、工作时限、收费依据和标准等事项。考核发证机关应当在考核前在机关网站或新闻媒体上公布考核科目、考核地点、考核时间和监督电话等事项。

建筑施工特种作业人员考核分理论和操作技能考核。安全技术理论考核，采用闭卷笔试方式。考核时间为2小时，实行百分制，60分为合格。其中，安全生产基本知识占25％、专业基础知识占25％、专业技术理论占50％。安全操作技能考核，采用实际操作（或模拟操作）、口试等方式。考核实行百分制，70分为合格。安全技术理论考核不合格的，不得参加安全操作技能考核。安全技术理论考试和实际操作技能考核均合格的，为考核合格。

申请从事建筑施工特种作业的人员，应当具备下列基本条件：

（1）年满18周岁且符合相关工种规定的年龄要求。

（2）经医院体检合格且无妨碍从事相应特种作业的疾病和生理缺陷。

（3）初中及以上学历。

（4）符合相应特种作业需要的其他条件。

符合规定的人员应当向本人户籍所在地或者从业所在地考核发证机关提出申请，并提交相关证明材料。建筑施工特种作业人员的考核内容应当包括安全技术理论和实际操作。考核大纲由国务院建设主管部门制定。资格证书应当采用国务院建设主管部门规定的统一样式，由考核发证机关编号后签发。资格证书在全国通用。

持有资格证书的人员，应当受聘于建筑施工企业或者建筑起重机械出租单位（即用人单位），方可从事相应的特种作业。用人单位对于首次取得资格证书的人员，应当在其正式上岗前安排不少于3个月的实习操作。

建筑施工特种作业人员应当严格按照安全技术标准、规范和规程进行作业，正确佩戴和使用安全防护用品，并按规定对作业工具和设备进行维护保养。建筑施工特种作业人员应当参加年度安全教育培训或者继续教育，每年不得少于24小时。在施工中发生危及人身安全的紧急情况时，建筑施工特种作业人员有权立即停止作业或者撤离危险区域，并向施工现场专职安全生产管理人员和项目负责人报告。

资格证书有效期为2年。有效期满需要延期的，建筑施工特种作业人员应当于期满前3个月内向原考核发证机关申请办理延期复核手续。延期复核合格的，资格证书有效期延期2年。

建筑施工特种作业人员申请延期复核，应当提交下列材料：

（1）身份证（原件和复印件）。

（2）体检合格证明。

（3）年度安全教育培训证明或者继续教育证明。

（4）用人单位出具的特种作业人员管理档案记录。

（5）考核发证机关规定提交的其他资料。

建筑施工特种作业人员在资格证书有效期内，有下列情形之一的，延期复核结果为不合格：

（1）超过相关工种规定年龄要求的。

（2）身体健康状况不再适应相应特种作业岗位的。

（3）对生产安全事故负有责任的。

（4）2年内违章操作记录达3次（含3次）以上的。

（5）未按规定参加年度安全教育培训或者继续教育的。

（6）考核发证机关规定的其他情形。

十、安全标志的使用

1. 安全色

安全色是指特定的表达安全信息的颜色。它以形象而醒目的色彩向人们提供禁止、警告、指令、提示等安全信息。

我国安全色标准规定红色、黄色、蓝色、绿色4种颜色为安全色。

（1）安全色的含义及用途：

1）红色表示禁止、停止的意思。禁止使用、停止使用和有危险的器件设备或环境涂以红色的标记。如禁止标志、交通禁令标志、消防设备。

2）黄色表示注意、警告的意思。需警告人们注意的器件、设备或环境涂以黄色标记。如警告标志、交通警告标志。

3）蓝色表示指令、必须遵守的意思。如指令必须佩戴个人防护用具标志、交通指示标志等。

4）绿色表示通行、安全和提供信息的意思。可以通行或安全情况涂以绿色标记。如表示通行、机器启动按钮、安全信号旗等。

（2）对比色。对比色是为了使安全色更加醒目所用的反衬色。

对比色有黑白2种颜色，黄色安全色的对比色为黑色。红、蓝、绿安全色的对比色均为白色。而黑、白2色互为对比色。

1）黑色用于安全标志的文字、图形符号，警告标志的几何图形和公共信息标志。

2）白色则作为安全标志中红、蓝、绿安全色的背景色，也可用于安全标志的文字和图形符号，以及安全通道、交通的标线、铁路站台上的安全线等。

3）红色与白色相间的条纹比单独使用红色更加醒目，表示禁止通行、禁止跨越等，用于公路交通等方面的防护栏杆及隔离墩。

4）黄色与黑色相间的条纹比单独使用黄色更为醒目，表示要特别注意。用于起重吊钩、剪板机压紧装置、冲床滑块等。

5）蓝色与白色相间的条纹比单独使用蓝色醒目，用于指示方向，多为交通指导性导向标。

2. 安全线

安全线是指工矿企业中用以划分安全区域与危险区域的分界线。厂房内安全通道的标示线、铁路站台上的安全线都是常见的安全线。根据国家有关规定，安全线用白色标记，宽度不小于 60 毫米。在生产过程中，有了安全线的标示，人们就能区分安全区域和危险区域，有利于人们对危险区域的认识和判断。

3. 安全标志

安全标志由安全色、几何图形和图形符号构成，用以表达特定的安全信息。使用安全标志的目的是提醒人们注意不安全因素，防止事故发生，起到保障安全的作用。当然，安全标志本身并不能消除任何危险，也不能取代预防事故的相应设施。

（1）安全标志的类型。安全标志分为禁止标志、警告标志、指令标志和提示标志四大类型。

（2）安全标志的含义：

1）禁止标志是禁止人们不安全行为的图形标志。其基本形式为带斜杠的圆形框。圆环和斜杠为红色，图形符号为黑色，衬底为白色。

2）警告标志是提醒人们对周围环境引起注意，以避免可能发生危险的图形标志。其基本形式是正三角形边框。三角形边框及图形为黑色，衬底为黄色。

3）指令标志是强制人们必须做出某种动作或采用防范措施的图形标志。其基本形式是圆形边框。图形符号为白色，衬底为蓝色。

4）提示标志是向人们提供某种信息的图形标志。其基本形式是正方形边框。图形符号为白色，衬底为绿色。

（3）使用安全标志的相关规定。安全标志在安全管理中的作用非常重要，作业场所或者有关设备、设施存在的较大危险因素，员工可能不清楚，或者常常忽视，如果不采取一定的措施加以提醒，这看似不大的问题，也可能造成严重的后果。因此，在有较大危险因素的生产、经营场所或者有关设施、设备上，设置明显的安全警示标志，以提醒、警告员工，使他们能时刻清醒地认识到所处环境的危险，提高注意力，加强自身安全保护，这对避免事故发生将会起到积极的作用。

在设置安全标志方面，相关法律法规已有诸多规定。如《安全生产法》规定，生产经营单位应当在有较大危险因素的生产经营场所和有关设施、设备上，设置明显的安全警示标志。安全警示标志必须符合国家标准。设置的安全标志，未经有关部门批准，不准移动和拆除。

十一、安全事故报告、调查与处理

1. 事故报告的原则要求

事故报告是安全生产工作中的一项十分重要的内容，事故发生后，及时、准确、完整地报告事故，对及时、有效地组织事故救援，减少事故损失，顺利开展事故调查具有十分重要的意义。因此，《安全生产法》和《生产安全事故报告和调查处理条例》都对生产安全事故报告工作做出了严格要求。

《生产安全事故报告和调查处理条例》第四条第一款规定：生产安全事故报告应当及时、准确、完整，任何单位和个人对事故不得迟报、漏报、谎报或者瞒报。

《安全生产法》第七十条、第七十一条对事故的报告做出了如下规定：

生产经营单位发生生产安全事故后，事故现场有关人员应当立即报告本单位负责人。单位负责人接到事故报告后，应当迅速采取有效措施，组织抢救，防止事故扩大，减少人员伤亡和财产损失，并按照国家有关规定立即如实报告当地负有安全生产监督管理职责的部门，不得隐瞒不报、谎报或者拖延不报，不得故意破坏事故现场、毁灭有关证据。

负有安全生产监督管理职责的部门接到事故报告后，应当立即按照国家有关规定上报事故情况。负有安全生产监督管理职责的部门和有关地方人民政府对事故情况不得隐瞒不报、谎报或者拖延不报。

2. 生产安全事故报告责任

《安全生产法》和《生产安全事故报告和调查处理条例》都明确规定了事故报告责任，下列人员和单位负有事故报告的责任：

（1）事故现场有关人员。

（2）事故发生单位的主要负责人。

（3）安全生产监督管理部门。

（4）负有安全生产监督管理职责的有关部门。

（5）有关地方人民政府。

事故单位负责人既有向县级以上人民政府安全生产监督管理部门报告的责任，又有向负有安全生产监督管理职责的有关部门报告的责任，即事故报告是两条线，实行双报告制。

3. 生产安全事故报告程序和时限

根据《生产安全事故报告和调查处理条例》的有关规定，事故现场有关人员、事故单位负责人和有关部门应当按照下列程序和时间要求报告事故：

（1）事故发生后，事故现场有关人员应当立即向本单位负责人报告；情况紧急时，事故现场有关人员可以直接向事故发生地县级以上人民政府安全生产监督管理部门和负有安全生产监督管理职责的有关部门报告。

（2）单位负责人接到事故报告后，应当于1小时内向事故发生地县级以上人民政府安全生产监督管理部门和负有安全生产监督管理职责的有关部门报告。

（3）安全生产监督管理部门和负有安全生产监督管理职责的有关部门接到事故报告后，应当按照事故的级别逐级上报事故情况，并报告同级人民政府，通知公安机关、劳动保障行政部门、工会和人民检察院，且每级上报的时间不得超过2小时。

1）特别重大事故、重大事故逐级上报至国务院安全生产监督管理部门和负有安全生产监督管理职责的有关部门。

2）较大事故逐级上报至省、自治区、直辖市人民政府安全生产监督管理部门和负有安全生产监督管理职责的有关部门。

3）一般事故上报至设区的市级人民政府安全生产监督管理部门和负有安全生产监督管理职责的有关部门。

（4）国务院安全生产监督管理部门和负有安全生产监督管理职责的有关部门以及省级人民政府接到发生特别重大事故、重大事故的报告后，应当立即报告国务院。

必要时，安全生产监督管理部门和负有安全生产监督管理职责的有关部门可以越级上报事故情况。

4. 事故报告的内容

根据《生产安全事故报告和调查处理条例》的有关规定，事故报告的内容应当包括事故发生单位概况、事故发生的时间、地点、简要经过和事故现场情况，事故已经造成或者可能造成的伤亡人数和初步估计的直接经济损失，以及已经采取的措施等。事故报告后出现新情况的，还应当及时补报。

（1）事故发生单位概况。事故发生单位概况应当包括单位的全称、所处地理位置、所有制形式和隶属关系、生产经营范围和规模、持有各类证照的情况、单位负责人的基本情况以及近期的生产经营状况等。对于不同行业的企业，报告的内容应该根据实际情况来确定，但是应当以全面、简洁为原则。

（2）事故发生的时间、地点以及事故现场情况。报告事故发生的时间应当具体，并尽量精确到分钟。报告事故发生的地点要准确，除事故发生的中心地点外，还应当报告事故所波及的区域。报告事故现场的情况应当全面，不仅应当报告现场的总体情况，还应当报告现场的人员伤亡情况、设备设施的毁损情况；不仅应当报告事故发生后的现场情况，还应当尽量报告事故发生前的现场情况。

（3）事故的简要经过。事故的简要经过是对事故全过程的简要叙述。核心要求在于"全"和"简"。"全"就是要全过程描述，"简"就是要简单明了。但是，描述要前后衔接、脉络清晰、因果相连。需要强调的是，由于事故的发生往往是在一瞬间，对事故经过的描述应当特别注意事故发生前作业场所有关人员和设备设施的一些细节，因为这些细节可能就是引发事故的重要原因。

（4）事故已经造成或者可能造成的伤亡人数（包括下落不明的人数）和初步估计的直接经济损失。对于人员伤亡情况的报告，应当遵守实事求是的原则，不做无根据的猜测，更不能隐瞒实际伤亡人数。在矿山事故中，往往出现多人被困井下的情况，对可能造成的伤亡人数，要根据事故单位当班记录，尽可能准确地报告。对直接经济损失的初步估算，主要指事故所导致的建筑物的毁损、生产设备设施和仪器仪表的损坏等。由于人员伤亡情况和经济损失情况直接影响事故等级的划分，并因此决定事故的调查处理等后续重大问题，在报告这方面情况时应当谨慎细致，力求准确。

（5）已经采取的措施。已经采取的措施主要是指事故现场有关人员、事故单位负责人、已经接到事故报告的安全生产管理部门为减少损失、防止事故扩大和便于事故调查所采取的应急救援和现场保护等具体措施。

（6）事故的补报。事故报告后出现新情况的，应当及时补报。自事故发生之日起30日内，事故造成的伤亡人数发生变化的，应当及时补报。道路交通事故、火灾事故自发生之日起7日内，事故造成的伤亡人数发生变化的，应当及时补报。

5. 事故现场调查

事故现场的调查主要包括事故现场保护、事故现场的处理和勘查、事故证据的收集整理三部分。

（1）事故现场保护。事故调查组的首要任务是进行事故现场的保护，因为事故现场的各种证据是判断事故原因以及确定事故责任的重要物质条件，需要尽量最大可能给予保护。

《生产安全事故报告和调查处理条例》第十六条规定：事故发生后，有关单位和人员应当妥善保护事故现场以及相关证据，任何人不得破坏事故现场、毁灭相关证据。这里明确了两个问题，一是保护事故现场以及相关证据是有关单位和人员的法定义务。所谓"有关单位和人员"是事故现场保护的义务主体，既包括在事故现场的事故发生单位及其有关人员，也包括在事故现场的有关地方人民政府安全生产监督管理部门、负有安全生产监督管理职责的有关部门、事故应急救援组织等单位及其有关人员，只要是在事故现场的单位和人员，都有妥善保护现场和相关证据的义务。二是禁止破坏事故现场、毁灭有关证据。不论是过失还是故意，有关单位和人员均不得破坏事故现场、毁灭相关证据。有上述行为的，将要承担相应的法律责任。事故现场保护要做到的工作包括几个方面：

1）核实事故情况，尽快上报事故情况。

2）确定保护区的范围，布置警戒线。

3）控制好事故肇事人。

4）尽量收集事故的相关信息以便事故调查组查阅。

事故现场的保护要方法得当。对露天事故现场的保护范围可以大一些，然后根据实际情况再调整；对生产车间事故现场的保护则主要是采取封锁入口，控制无关人员进出；对于事故破损部件、残留件等要求不能触动，以免破坏事故现场。

（2）事故现场的处理和勘查：

1）事故现场处理：当调查组进入现场或做模拟试验需要移动某些物体时，必须做好现场的标志，同时要采用照相或摄像，将可能被清除或践踏的痕迹记录下来，以保证现场勘察调查能获得完整的事故信息内容。调查组进入事故现场进行调查的过程中，在事故调查分析没有形成结论以前，要注意保护事故现场，不得破坏与事故有关的物体、痕迹、状态等。

2）现场勘察与证物收集：对损坏的物体、部件、碎片、残留物、致害物的位置等，均应贴上标签，注明时间、地点、管理者；所有物件应保持原样，不准冲洗擦拭；对健康有害的物品，应采取不损坏原始证据的安全保护措施。

3）事故现场摄影及要求：

①方位拍照。要能反映事故现场在周围环境中的位置。

②全面拍照。要能反映事故现场各部分之间的联系。

③中心拍照。反映事故现场中心情况。

④细目拍照。解释事故直接原因的痕迹物、致害物等。

⑤人体拍照。反映死亡者主要受伤和造成死亡的伤害部位。

4）事故图绘制。根据事故类别和规模以及调查工作的需要，绘出事故调查分析所必须了解的信息示意图，如建筑物平面图、剖面图，事故现场涉及范围图，设备或工具器具构造简图、流程图，受害者位置图，事故状态下人员位置及疏散图，破坏物立体图或展开图等。

5）证人材料搜集。尽快搜集证人口述材料，然后认真考证其真实性，听取单位领导和群众意见。

6）事故事实材料搜集：

①与事故鉴别、记录有关的材料。包括事故发生的单位、地点、时间、受害人和肇事者的姓名、性别、文化程度、职业、技术等级、本工种工龄、支付工资形式；受害者和肇事者的技术情况、接受安全教育情况；出事当天，受害者和肇事者什么时间开始工作、工作内容、工作量、作业程序、操作时的动作或位置；受害者和肇事者过去的故事记录。

②事故发生的有关事实材料。包括事故发生前设备、设施等的性能和质量状况；必要时对使用的材料进行物理性能或化学性能试验分析；有关涉及和工艺方面的技术文件、工作指令和规章制度方面的资料及执行情况；关于环境方面的情况，如照明、温度、湿度、通风、声响、色彩、道路、工作情况以及工作环境中的有毒有害物质取样分析记录；个人防护措施状况及个人防护用品的有效性、质量、使用范围；出事前受害者和肇事者的健康和精神状态；其他有可能与事故有关的细节或因素。

6. 事故原因分析

事故原因的调查分析包括事故直接原因和间接原因的调查分析。调查分析事故发生的直接原因就是分别对人和物的因素进行深入、细致的追踪，弄清在人和物方面所有的事故因素。明确它们的相互关系和所占的重要程度，从中确定事故发生的直接原因。

事故间接原因的调查就是调查分析导致人的不安全行为、物的不安全状态，以及人、物、环境的失调得以产生的原因，弄清为什么存在不安全行为和不安全状态，为什么没能在事故发生前采取措施，预防事故的发生。

导致事故发生的原因是多方面的，主要可以概况为以下三个方面的原因：

（1）劳动过程中设备、设施和环境等因素是导致事故的重要原因。这些因素主要包括：生产环境的优劣，生产设备的状态，生产工艺是否合理，原材料的毒害程度。这些是硬件方面的原因，属于比较直接的原因。

（2）安全生产管理方面的因素也是导致事故的主要原因。这里主要包括安全生产的规章制度是否完善，安全生产责任制是否落实，安全生产组织机构是否开展有效工作，安全生产经费是否到位，安全生产宣传教育工作的开展情况，安全防护装置的保养状况，安全警告标志和逃生通道是否齐全等。这些原因相对需要认真分析，属于更深入的原因。

（3）事故肇事人的状况也是导致事故的直接因素。这里主要包括其操作水平，熟练程度，经验是否丰富，精神状态是否良好，是否违章操作等。人的因素是事故原因中很主要的因素，需要重点分析，这是事故发生发展的关键原因。

对事故进行分析有很多方法，目的都是找到导致事故发生的原因。首先从专项技术的角度来分别探讨事故的技术原因，然后从事故统计的高度探讨宏观的事故统计分析法，最后通过安全系统分析法的介绍从全局的角度全面分析事故的发生发展过程。

7. 确定事故责任

查找事故原因的目的是确定事故责任。事故调查分析不仅要明确事故的原因，要更重要的是要确定事故责任，落实防范措施，确保不再出现同类事故。这是加强安全生产的重要手段。目前，事故性质分为责任事故、非责任事故和人为破坏事故。

（1）责任事故是指由于工作不到位导致的事故，是一种可以预防的事故，责任事故需要处理相应的责任人。

（2）非责任事故是指由于一些不可抗拒的力量而导致的事故。这些事故的原因主要是由于人类对自然的认识水平有限，需要在今后的工作中更加注意预防工作，防止同类事故的再次发生。

（3）人为破坏事故是指有人预先恶意地对机器设备以及其他因素进行破坏，导致其他人在不知情的状况下发生了事故。这类事故一般都属于刑事案件，相关责任人要受到法律的制裁。

事故责任人的责任主要包括直接责任人、领导责任人和间接责任人三种：

（1）直接责任人是指由于当事人与重大事故及其损失有直接因果关系，是对事故发生以及导致一系列后果起决定性作用的人员。

（2）领导责任人是指当事人的行为虽然没有直接导致事故发生，但由于其领导监管不力而导致事故所应承担的责任。

（3）间接责任人是指当事人与事故的发生具有间接的关系，需要承担相应的责任。

事故责任的确定是整个事故调查分析中最难的环节，因为责任确定的过程就是将事故原因分解给不同人员的过程。这个问题说起来很简单，但对于事故调查组成员来说，事故的责任人必须受到处罚，所以事故调查组就要公正地对待所有涉及事故的人员，公平、公正、科学、合理地确定相应的责任。凡因下述原因造成事故，应首先追究领导者的责任：

（1）没有按规定对工人进行安全教育和技术培训，或未经相关考试合格就上岗操作的。

（2）缺乏安全技术操作规程或制度与规程不健全的。

（3）设备严重失修或超负载运转。

（4）安全措施、安全信号、安全标志、安全用具、个人防护用品缺乏或有缺陷的。

（5）对事故熟视无睹，不认真采取措施或挪用安全技术措施经费，致使重复发生同类事故的。

（6）对现场工作缺乏检查或指导错误的。

特大安全事故肇事单位和个人的刑事处罚、行政处罚和民事责任，依照有关法律、法规和规章的规定执行。

第三章 工伤事故预防

第一节 电气事故预防

一、电气事故的种类

电气事故是由失去控制的电能作用于人体或电气系统内能量传递发生故障而导致的人身伤亡和设备的损坏。电气事故可分为触电事故、静电事故、雷电灾害、射频辐射危害和电路故障5类。

1. 触电事故

触电事故是由电流的能量造成的，是电流对人体的伤害。电流对人体的伤害可以分为电击和电伤。

（1）电击。按照发生电击时电气设备的状态，电击分为直接接触电击和间接接触电击。直接接触电击是触及正常状态下带电的带电体（如误触接线端子）发生的电击，也称为正常状态下的电击；间接接触电击是触及正常状态下不带电，而在故障状态下意外带电的带电体（如触及漏电设备的外壳）发生的电击，也称为故障状态下的电击。

按照人体触及带电体的方式和电流流过人体的途径，电击可分为单线电击、两线电击和跨步电压电击。单线电击是人体站在导电性地面或接地导体上，人体某一部位触及一相导体由接触电压造成的电击；两线电击是不接地状态的人体某两个部位同时触及两相导体由接触电压造成的电击；跨步电压电击是人体进入地面带电的区域时，两脚之间承受的跨步电压造成的电击。

（2）电伤。按照电流转换成作用于人体的能量的不同形式，电伤分为电弧烧伤、电流灼伤、皮肤金属化、电烙印、机械性损伤、电光眼等伤害。

电弧烧伤是由弧光放电造成的烧伤，是最危险的电伤，分为直接电弧烧伤和间接电弧烧伤。前者是带电体与人体之间发生电弧，有电流流过人体的烧伤；后者是电弧发生在人体附近对人体的烧伤，包含熔化了的炽热金属溅出造成的烫伤。电弧温度高达8 000℃，可造成大面积、大深度的烧伤，甚至烧焦、烧毁四肢及其他部位。高压电弧和低压电弧都能造成严重烧伤，高压电弧的烧伤更为严重。

2. 静电事故

静电是指生产工艺过程中或工作人员操作过程中，由于某些材料的相对运动、接触与分离等原因而积累起来的相对静止的正电荷和负电荷。这些电荷周围的场中储存的能量不大，不会直接使人致命。但是，静电电压可能高达数万乃至数十万伏，可能在现场发生放电，产生静电火花。在火灾和爆炸危险场所，静电火花是一种十分危险的因素。

3. 雷电灾害

雷电是大气放电，是由大自然的力量分离和积累的电荷，也是在局部范围内暂时失去平衡的正电荷和负电荷。雷电放电具有电流大、电压高等特点，其能量释放出来可能产生极大的破坏力。雷击除可能毁坏设施和设备外，还可能直接伤及人、畜，或引起火灾和爆炸。

4. 射频辐射危害

射频辐射危害即电磁场伤害。人体在高频电磁场作用下吸收辐射能量，会使人的中枢神经系统、心血管系统等部件受到不同程度的伤害。射频辐射危害还表现为感应放电。

5. 电路故障

电路故障是由电能传递、分配、转换失去控制造成的。断线、短路、接地、漏电、误合闸、误掉闸、电气设备或电气元件损坏等都属于电路故障。电气故障可能影响到人身安全。

二、触电事故的发生规律

1. 错误操作和违章作业造成的触电事故多

其主要原因是安全教育不够、安全制度不严和安全措施不完善，一些人缺乏足够的安全意识。

2. 中青年工人、非专业电工触电事故多

其原因是这些人是主要操作者，经常接触电气设备。而且，这些人经验不足，比较缺乏用电安全知识，其中有的人责任心还不够强，以致触电事故多。

3. 低压设备触电事故多

其主要原因是低压设备远远多于高压设备，与之接触的人比与高压设备接触的人多得多，而且多数是比较缺乏电气安全知识的非电气专业人员。

4. 移动式设备和临时性设备触电事故多

其主要原因是这些设备是在人的紧握之下运行的，不但接触电阻小，而且一旦触电就难以摆脱电源。同时，这些设备需要经常移动，工作条件差，设备和电源线都容易发生故障或损坏。

5. 电气连接部位触电事故多

很多触电事故发生在接线端子、缠接接头、压接接头、焊接接头、电缆头、灯座、插头、插座等电气连接部位，主要是由于这些连接部位机械牢固性较差、接触电阻较大、绝缘强度较低，容易出现故障。

6. 6—9月触电事故多

主要原因是这段时间天气炎热、人体衣单而多汗，触电危险性较大。而且，这段时

间多雨、潮湿，地面导电性增强、电气设备的绝缘电阻降低，容易构成电流回路。其次，这段时间农村是农忙季节，农村用电量增加，触电事故增多。

7. 具有环境特点

腐蚀、潮湿、高温、粉尘、混乱、多移动式设备、多金属设备环境及露天分散作业环境中的触电事故多。例如，化工、冶金、矿业、建筑、机械等行业容易存在这些不安全因素，乃至触电事故较多。

三、触电事故预防

1. 防止接触带电部件

防止人体与带电部件的直接接触，从而防止电击，采用绝缘、屏护和安全间距是最为常见的安全措施。

（1）绝缘。即用不导电的绝缘材料把带电体封闭起来，这是防止直接触电的基本保护措施。但要注意绝缘材料的绝缘性能与设备的电压、载流量、周围环境、运行条件相符合。

（2）屏护。即采用遮拦、栅栏、护罩、护盖、箱闸等把带电体同外界隔离开来。此种屏护用于电气设备、不便于绝缘或绝缘不足以保证安全的场合，是防止人体接触带电体的重要措施。

（3）安全间距。为防止人体触及或接近带电体，防止车辆等物体碰撞或过分接近带电体，在带电体与带电体、带电体与地面、带电体与其他设备和设施之间，皆应保持一定的安全距离。安全间距的大小与电压高低、设备类型、安装方式等因素有关。

2. 防止电气设备漏电伤人

保护接地和保护接零是防止间接触电的基本技术措施。

（1）保护接地。即将正常运行的电气设备不带电的金属部分和大地紧密连接起来。其原理是通过接地把漏电设备的对地电压限制在安全范围内，防止触电事故。保护接地适用于中性点不接地的电网中，电压高于1千伏的高压电网中的电气装置外壳，也应采取保护接地。

（2）保护接零。在380/220伏三相四线制供电系统中，把用电设备在正常情况下不带电的金属外壳与电网中的零线紧密连接起来。其原理是在设备漏电时，电流经过设备的外壳和零线形成单相短路，短路电流烧断熔丝或使低压断路器跳闸，从而切断电源，消除触电危险，适用于电网中性点接地的低压系统中。

3. 采用安全电压

根据生产和作业场所的特点，采用相应等级的安全电压，是防止发生触电伤亡事故的根本性措施。根据现行国家标准《特低电压（ELV）限值》（GB/T 3805—2008），电压限值的规定是针对正常和故障两种状态的。限值和低于限值的电压在规定条件下对人体不构成危险，即安全的电压限值。标准中给出了正常操作中可能被人体触及的部件，要求各专业标准应考虑更低的标准。

4. 漏电保护装置

漏电保护装置，又称触电保护器，在低压电网中发生电气设备及线路漏电或触电时，它可以立即发出报警信号并迅速自动切断电源，从而保护人身安全。漏电保护装置按动作原理可分为电压型、零序电流型、泄漏电流型和中性点型4类，其中电压型和零序电流型应用较为广泛。

5. 合理使用防护用具

在电气作业中，合理匹配和使用绝缘防护用具，对防止触电事故、保障操作人员在生产过程中的安全健康具有重要意义。绝缘防护用具可分为两类：一类是基本安全防护用具，如绝缘棒、绝缘钳、高压验电笔等；另一类是辅助安全防护用具，如绝缘手套、绝缘（靴）鞋、橡皮垫、绝缘台等。

6. 安全用电组织措施

防止触电事故，技术措施十分重要，组织管理措施也必不可少，其中包括制定安全用电措施计划和规章制度，进行安全用电检查、教育和培训，组织事故分析，建立安全资料档案等。

四、手持电动工具安全使用常识

（1）辨认铭牌，检查工具或设备的性能是否与使用条件相适应。

（2）检查其防护罩、防护盖、手柄防护装置等有无损伤、变形或松动，不得任意拆除机械防护装置。

（3）检查电源开关是否失灵、是否破损、是否牢固、接线有无松动。

（4）检查设备的转动部分是否灵活。

（5）电源线应采用橡皮绝缘软电缆：单相用三芯电缆、三相用四芯电缆；电缆不得有破损或龟裂，中间不得有接头；电源线与设备之间的防止拉脱的紧固装置应保持完好。设备的软电缆及其插头不得任意接长、拆除或调换。

（6）Ⅰ类设备应有良好的接零（或接地）措施。使用Ⅰ类手持电动工具应配用绝缘用具或采取电气隔离及其他安全措施。

（7）绝缘电阻合格，带电部分与可触及导体之间的绝缘电阻Ⅰ类设备不低于2兆欧、Ⅱ类设备不低于7兆欧。长期未使用的设备，在使用前必须测量绝缘电阻。

（8）根据需要装设漏电保护装置或采取电气隔离措施。

（9）非专职人员不得擅自拆卸和修理手持电动工具。Ⅱ类和Ⅲ类手持电动工具修理后不得降低原设计确定的安全技术指标。

（10）用毕及时切断电源，并妥善保管。

（11）作业人员使用手持电动工具时，应穿绝缘鞋，戴绝缘手套，操作时握其手柄，不得利用电缆提拉。

（12）手持电动工具应配备装有专用的电源开关和漏电保护器的开关箱，严禁一台开关接2台以上的设备，其电源开关应采用双刀控制。

五、安全用电常识

总结安全用电经验和以往事故教训，从业人员必须掌握一些安全用电常识。

（1）电气操作属特种作业，操作人员必须经培训合格，持证上岗。

（2）不得随便乱动车间内的电气设备。如电气设备出了故障，应请电工修理，不得擅自修理，更不得带故障运行。

（3）经常接触和使用的配电箱、配电板、刀开关、按钮、插座、插销以及导线等，必须保持完好、安全，不得有破损或使带电部分裸露。

（4）在操作刀开关、电磁启动器时，必须将盖盖好。

（5）电气设备的外壳应按有关安全规程进行防护性接地或接零。

（6）使用手电钻、电砂轮等手用电动工具时，必须安设漏电保护器，同时工具的金属外壳应防护接地或接零；操作时应戴好绝缘手套和站在绝缘板上；不得将重物压在导线上，以防止轧破导线发生触电。

（7）使用的行灯要有良好的绝缘手柄和金属护罩。

（8）在进行电气作业时，要严格遵守安全操作规程，遇到不清楚或不懂的事情，切不可不懂装懂，盲目乱动。

（9）一般来说，应禁止使用临时线。必须使用时，应经过安技部门批准，并采取安全防范措施，要按规定时间拆除。

（10）进行容易产生静电火灾、爆炸事故的操作时（如使用汽油洗涤零件、擦拭金属板材等）必须有良好的接地装置，及时消除聚集的静电。

（11）移动某些非固定安装的电气设备，如电风扇、照明灯、电焊机等，必须先切断电源。

（12）在雷雨天，不可走进高压电杆、铁塔、避雷针的接地导线 20 米以内，以免发生跨步电压触电。

（13）发生电气火灾时，应立即切断电源，用黄沙、二氧化碳等灭火器材灭火。切不可用水或泡沫灭火器灭火，因为它们有导电的危险。

【案例】

事故经过：

某日，湖北省某制造厂生产调度室安排动力外线班拆除停用的一条动力线，动力外线班班长王某带着徒工张某一同执行任务。来到要拆除动力线的地点后，班长王某骑跨在天窗端墙沿上，解横担上的第二根动力线时，随着身体移动，其头部进入上方 10 千伏高压线区间，突然发生电击，将王某击倒。王某因未系安全带，从 12 米高的窗沿上坠落地面。事故发生后，工厂急忙将王某送往医院抢救，但是因其颅内出血，经抢救无效死亡。

事故教训：

事故发生后，在对事故现场的勘查中发现，要拆除的动力线距 10 千伏高压线只有 0.7 米，小于有关规程规定的 1.2 米的安全距离。造成这起事故的直接原因：一是王某在作业时麻痹大意,没有断开上方10千伏高压电;二是王某在高处作业时未按规定系安全带,由此造成坠落死亡。造成事故的间接原因:一是动力线在架设时不合理,距离高压线过近;二是工厂安全教育存在问题,职工的安全意识和遵章守纪意识差,严重违章冒险作业;三是王某在作业时,下方监护人员是一名上班才2个月的学徒工,不具备工作监护资格。正是由于麻痹大意以及一系列的违章造成了这起事故。

第二节 机械事故预防

一、机械事故的种类

1. 机械设备的零部件做旋转运动时造成的伤害

机械设备是由许多零、部件构成的。其中有的零、部件是固定不动的,有的零、部件则需要运动,而最多、最广泛的运动形式是旋转运动。例如,机械设备中的齿轮、带轮、滑轮、卡盘、轴、光杠、丝杠、联轴器等零、部件都是做旋转运动的。旋转运动造成人员伤害的主要形式是绞伤和物体打击伤。

2. 机械设备的零、部件做直线运动时造成的伤害

例如,锻锤、冲床、剪板机的施压部件,牛头刨床的滑枕,龙门刨床的工作台及桥式起重机大车机构、小车机构和升降机构等都是做直线运动的。做直线运动的零、部件造成的伤害主要有压伤、砸伤、挤伤。

3. 刀具造成的伤害

例如,车床上的车刀、铣床上的铣刀、钻床上的钻头、磨床上的砂轮、锯床上的锯条等都是加工零件用的刀具。刀具在加工零件时造成的伤害主要有烫伤、刺伤、割伤。

4. 被加工零件造成的伤害

机械设备在对零件进行加工的过程中,有可能对人身造成伤害。这类伤害事故主要如下:

(1)被加工零件固定不牢而被甩出打伤人,例如,车床卡盘装夹工件时夹不牢,在旋转时就会将工件甩出伤人。

(2)被加工零件在吊运和装卸过程中可能砸伤操作者。特别是笨重的大零件,更需要加倍注意。因为当它们吊不牢、放不稳时,就会坠下或者倾倒,将人的手、脚、胳膊、腿甚至整个人砸倒、压倒而造成重伤或死亡。

5. 电气系统造成的伤害

工厂里使用的机械设备,其动力绝大多数是电能,因此每台机械设备都有自己的电气系统,主要包括电动机、配电箱、开关、按钮、局部照明灯以及接零(地)装置、馈电导线等。电气系统对人的伤害主要是电击。

6. 手用工具造成的伤害

在机械设备上操作时,有时候需要使用某些手用工具,如锤子、扁铲、锉刀等。使

用这些手用工具造成的伤害有以下几种情况：

（1）锤子的锤头有卷边或毛刺。当用锤子敲打时，卷边或毛刺可能被击掉飞出打伤人，特别是飞入眼睛内，可能造成失明。另外，锤子的手柄一定要安装牢固，否则，也可能飞出伤人。

（2）錾子的头部有卷边或毛刺，使用时卷边、毛刺会飞出伤人。錾子的刃部必须保持锋利，使用时前方不准站人，以免錾出的铁渣、铁屑飞出伤人。

（3）使用没有木柄的锉刀会刺伤手心或手腕。锉工件时禁止使用嘴吹锉屑，以防锉屑进入眼睛。

（4）手锯的锯条过紧或过松，使用时用力过大，往返用力不均匀，都会造成锯条折断伤人。锯割快结束时，应用手扶持住被锯下的部分，以免被锯下的部分掉下来砸伤人。

7. 其他伤害

机械设备除了能造成上述伤害外，还可能造成其他伤害。例如，有的机械设备在使用时伴随有强光、高温，还有的会放出化学能、辐射能以及尘毒危害物质等，这些对人体都可能造成伤害。

二、产生机械事故的原因

机械都是人设计、制造、安装的，在使用中是由人操作、维护和管理的，因此造成机械事故最根本的原因最终可以追溯到人。造成机械事故的原因可分为直接原因和间接原因。

1. 直接原因

（1）机械的不安全状态

1）防护、保险、信号等装置缺乏或有缺陷

①无防护，如无防护罩、无安全保险装置、无报警装置、无安全标志、无护栏或护栏损坏、设备电气未接地、绝缘不良、噪声大、无限位装置等。

②防护不当，如防护罩未在适当位置、防护装置调整不当、安全距离不够、电气装置带电部分裸露等。

2）设备、设施、工具、附件有缺陷

①设计不当，结构不符合安全要求，如制动装置有缺陷，安全间距不够，工件上有锋利的毛刺、毛边，设备上有锋利的倒棱等。

②强度不够，如机械强度不够、绝缘强度不够、起吊重物的绳索不符合安全要求等。

③设备在非正常状态下运行，如设备带"病"运转、超负荷运转等。

④维修、调整不良，如设备失修或保养不当、设备失灵、未加润滑油等。

3）个人防护用品、用具（如防护服、手套、护目镜及面罩、呼吸器官护具、安全带、安全帽、安全鞋等）缺失或有缺陷

①无个人防护用品、用具。

②所用防护用品、用具不符合安全要求。

4）生产场地环境不良

①照明光线不良，包括照度不足、作业场所烟雾或烟尘弥漫、视物不清、光线过强、有眩光等。

②通风不良，如无通风、通风系统效率低等。

③作业场所狭窄。

④作业场地杂乱，如工具、制品、材料堆放不安全。

5）操作工序设计或配置不安全，交叉作业过多。

6）交通线路的配置不安全。

7）地面滑，如地面有油或其他液体、有冰雪或易滑物（如圆柱形管子、料头、滚珠等）。

8）储存方法不安全，堆放过高、不稳。

（2）操作者的不安全行为。这些不安全行为可能是有意或无意的。

1）操作错误忽视安全，忽视警告，包括未经许可开动、关停、移动机器；开动、关停机器时未给信号；开关未锁紧，造成意外转动；忘记关闭设备；忽视警告标志、警告信号，操作错误（如按错按钮、阀门、扳手、把柄的操作方向相反）；供料或送料速度过快，机械超速运转；冲压机作业时手伸进冲模；违章驾驶机动车；工件、刀具装夹不牢；用压缩空气吹铁屑等。

2）安全装置失效，包括拆除了安全装置、安全装置失去作用、调整不当而造成安全装置失效。

3）使用不安全设备，包括临时使用不牢固的设施，如工作梯；使用无安全装置的设备；拉临时线不符合安全要求等。

4）用手代替工具操作，包括用手代替手动工具；用手清理铁屑；不用夹具固定，用手拿工件进行机械加工等。

5）物体（成品、半成品或材料、工具、切屑和生产用品等）存放不当。

6）攀、坐不安全位置（如平台护栏、起重机吊钩等）。

7）机械运转时加油、修理、检查、调整、焊接或清扫。

8）在必须使用个人防护用品、用具的作业或场合中忽视其使用，如未佩戴各种个人防护用品等。

9）穿戴不安全装束，包括在有旋转零部件的设备旁作业时穿着过于肥大、宽松的服装；操纵带有旋转零部件的设备时戴手套；穿高跟鞋、凉鞋或拖鞋进入车间等。

10）无意或为排除故障而接近危险部位，如在无防护罩的两个相对运动零部件之间清理卡住物时，可能发生挤伤、夹断、切断、压碎或人的肢体被卷进等严重的伤害。

2. 间接原因

几乎所有事故的间接原因都与人的错误有关。间接原因包括以下几点：

（1）技术和设计上的缺陷，即工业构件、建筑物（如室内照明、通风）、机械设备、仪器仪表、工艺过程、操作方法、维修与检验等的设计和材料使用等方面存在的问题。

（2）教育培训不够、未经培训上岗、业务素质低、缺乏安全知识和自我保护能力、不懂安全操作技术、操作技能不熟练、作业时注意力不集中、工作态度不负责、受外界影响而情绪波动、不遵守操作规程等，都是事故的间接原因。

（3）管理缺陷

1）劳动制度不合理。

2）规章制度执行不严，有章不循。

3）对现场工作缺乏检查或指导错误。

4）无安全操作规程或安全操作规程不完善。

5）缺乏监督。

（4）对安全工作不重视。组织机构不健全，没有建立或落实安全生产责任制，没有或不认真实施事故防范措施，对事故隐患调查、整改不力。另外，还有一条关键因素是企业领导不重视。

【案例】

事故经过：

某日，四川省某市某木器厂木工李某用平板刨床加工木板，木板尺寸为300毫米×25毫米×3 800毫米。李某进行推送作业，另有一人接拉木板。在快刨到木板端头时，遇到节疤，木板开始抖动，李某的右手因而脱离木板直接按到了刨刀上，因这台刨床的刨刀没有安全防护装置，瞬间李某的4个手指被刨掉。其实在一年前，该厂为了解决这台刨床无安全防护装置这一隐患，专门购置了一套防护装置，但装上用了一段时间后，操作人员嫌麻烦，就给拆除了，因此发生了这样的事故。

事故原因：

这起事故是由人的不安全行为——违章作业、机械的不安全状态——失去了应有的安全防护装置、安全管理不到位等因素共同导致的。

事故教训：

安全意识差是造成伤害事故的思想根源。应该让操作人员牢记：所有的安全装置都是为了保护操作者的生命安全和健康而设置的。机械装置的危险区就像一只吃人的"老虎"，而安全装置则是关"老虎"的"铁笼"，如果拆除了设备的安全装置，那么这只"老虎"就会随时伤害人们的身体。

三、机械设备的安全要求

1. 机械设备的基本安全要求

（1）机械设备的布局要合理，应便于操作人员装卸工件、加工时观察和清除杂物，同时也应便于维修人员的检查和维修。

（2）机械设备零部件的强度、刚度应符合安全要求，安装应牢固，不得经常发生故障。

（3）根据有关安全要求，机械设备必须装设合理、可靠、不影响操作的安全装置。例如：

1）对于做旋转运动的零部件，应装设防护罩或防护挡板、防护栏杆等安全防护装置，以防发生绞伤。

2）对于超压、超载、超温度、超时、超行程等能发生危险事故的零部件，应装设保险装置，如超负荷限制器、行程限制器、安全阀、温度继电器、时间继电器等，以便当危险情况发生时，由于保险装置的作用而排除险情，防止事故的发生。

3）对于某些动作需要对人们进行警告或提醒注意时，应安装信号装置或警告牌等，如电铃、扬声器、蜂鸣器等声音信号，各种灯光信号，各种警告标志牌等，都属于这类安全装置。

4）对于某些动作顺序不能颠倒的零部件，应装设联锁装置，即某一动作必须在前一个动作完成之后才能进行，否则就不可能动作。这样就可防止因动作顺序错误而发生事故。

（4）每台机械设备应根据其性能、操作顺序等制定出安全操作规程和检查、润滑、维护等制度，以便操作者遵守。

2. 机械设备电气装置的电气安全要求

（1）供电的导线必须正确安装，不得有任何破损或裸露的地方。

（2）电动机绝缘应良好，其接线板应有盖板防护，以防直接接触。

（3）开关、按钮等应完好无损，其带电部分不得裸露在外。

（4）应有良好的接地或接零装置，连接的导线要牢固，不得有断开的地方。

（5）局部照明灯应使用 36 伏的电压，禁止使用 110 伏或 220 伏电压。

3. 机械设备的操纵手柄和脚踏开关等安全要求

（1）重要的手柄应有可靠的定位及锁紧装置。同轴手柄应有明显的长短差别。

（2）手轮在机动时能与转轴脱开，以防随轴转动而打伤操作者。

（3）脚踏开关应有防护罩或藏入床身的凹入部分内，以免掉下的零部件落到开关上，误启动机械设备而伤人。

4. 机械设备作业现场的要求

机械设备的作业现场要有良好的环境，即照度要适宜，湿度与温度要适中，噪声和振动要小，零件、工具、夹具等要摆放整齐。因为这样能促使操作者心情舒畅，专心无误地工作。

四、机械事故的预防

要保证机械设备不发生工伤事故，不仅机械设备本身要符合安全要求，而且更重要的是要求操作者严格遵守安全操作规程。机械设备的安全操作规程因其种类不同而内容各异，但其基本安全守则主要包括以下几点：

（1）必须正确穿戴个人防护用品。该穿戴的必须穿戴，不该穿戴的就一定不要穿戴。例如，机械加工时要求女工戴工作帽，如果不戴就可能将头发绞进去；同时要求不得戴手套，如果戴了，机械的旋转部分就可能将手套绞进去，进而将手绞伤。

（2）操作前，要对机械设备进行安全检查，而且要空车运转一下，确认正常后，方可投入运行。

（3）机械设备在运行中也要按规定进行安全检查。特别是检查紧固的物件是否由于振动而松动，以便重新紧固。

（4）机械设备严禁带故障运行，千万不能凑合使用，以防出事故。

（5）机械设备的安全装置必须按要求正确调整和使用，不准将其拆掉不用。

（6）机械设备使用的刀具、工具、夹具以及加工的零件等一定要装夹牢固，不得松动。

（7）机械设备在运转时严禁用手调整；也不得用手测量零件或进行润滑、清扫杂物等工作。如必须进行，应先关停机械设备。

（8）机械设备运转时，操作者不得离开工作岗位，以防发生问题时无人处置。

（9）工作结束后，应关闭开关。把刀具和工件从工作位置退出，并清理好工作场地，将零件、工具、夹具等摆放整齐，打扫好机械设备的卫生。

【案例】

事故经过：

某日，河北省某机械厂机加工车间在生产过程中，14时上班后不久，钳工黄某在操作摇臂钻床加工汽车发动机缸体平衡轴孔时，由于急于完成任务，贪快赶工时，竟然违章操作，不停车装夹工件。至15时25分左右，黄某在装夹工件时，由于思想情绪波动，注意力不够集中，插定销的左手的衣袖被转速为200转/分钟的钻头绞住，而且越绞越往上，直绞到颈部，黄某大声呼喊。工段长陆某听见叫喊声，马上跑过来切断钻床电源，接着该车间职工何某、魏某等3人急忙跑过来，用手反转主轴把钻头卸下，同时将黄某解救下来，并立即将其送往附近医院，经初步诊断后立即用车送往市中心医院抢救。由于伤势严重，黄某最终抢救无效死亡。

事故原因：

1. 造成这起事故的直接原因

黄某在操作摇臂钻床时，违反机械安全操作规程中关于机床工的一般安全操作规程规定——调整机床速度、行程、装夹工件和刀具以及擦拭机床时都要停车进行，结果被钻头绞住衣袖以致扭伤左上肢及颈部，造成颈椎骨折，经医院抢救无效死亡。

2. 造成事故的间接原因

工厂、车间对职工的关心不够，安全教育不力，监督检查不到位；车间领导对职工的思想问题没有做到"落叶知秋"的洞察，因而工人违章、带着思想情绪上岗问题没有得到及时制止和解决，最终酿成事故。

事故教训：

黄某40多岁，在钳工岗位工作了4年，平时工作还算可以，但性格内向，不善与人沟通。发生事故的前一天，黄某因家庭经济问题与爱人吵架，爱人一赌气，就携女儿回乡下去了（距工厂仅9千米）。由于家庭不和睦，加之黄某性格内向，背着沉重的思想包袱上班，整天闷闷不乐，只埋头干活。刚好当天是星期六，工厂又发了工资，黄某将工资领到手，一心想快点干完活好回家看望老婆和孩子，所以在工作中赶进度，贪快，操作摇臂钻床违章装夹工件不停车，以致发生事故。

事故启示：

工作中一定要情绪稳定，不能因个人的烦心事、琐碎事影响注意力，否则极易发生事故。"安全工作如绣花，一针一线不能差。"这个血的教训告诉我们，在生产劳动过程中除注意力要高度集中（即精心操作）外，还要严格遵守安全操作规程，否则"不是初一，就是十五"，事故迟早会找上门的。

防范措施：

事故之后，事故单位采取如下防范措施：

一是把安全教育引入情感教育，使广大职工认识到"要我安全"是爱护，"我要安全"是觉悟。自觉遵守安全生产法规和操作规程。通过"安全百日无事故"劳动竞赛活动，建立全员、全过程、全方位的安全生产责任制，并形成一个人人讲安全，事事注意安全的氛围。

二是进行班组安全员的培训，提高班组安全员的素质，调动班组安全员的主观能动积极性，发挥他们的安全把关作用。定期按工种进行安全技术培训，提高操作者的安全技术素质。

三是进一步强化班组现场安全管理，开展班组"三查"（即班前查、班中查、班后查）制度及执行"个人保班组、班组保车间、车间保全厂"的"三保"制度，及时发现和消除安全隐患。

第三节　焊接切割事故预防

一、焊接切割事故的种类

1. 火灾、爆炸

（1）气焊、气割所使用的乙炔是易燃、易爆气体，一些所用设备、器具（如乙炔发生器等）本身受高压时就有较大危险，另有一些高温焊渣飞溅，容器内残留汽油，在焊接工地存放可燃、易燃物品，种种原因都造成了易发生火灾的重大危险性。

（2）电石遇水、遇撞击或抵触性物质都易发生化学反应或爆炸，如果电石桶包装不严、电石中混有有害杂质、积存的电石粉没有及时清扫和处理、仓库通风不良等，也可能引起火灾或爆炸。

（3）在焊、割过程中经常会遇到回火，回火也能造成乙炔发生器发生剧烈爆炸，存在着很大的火灾危险性。

（4）电焊时会产生电弧，电弧的热传导、热扩散也具有火灾危险性。

（5）在焊接中，如不了解内部结构，盲目焊接，易发生意外事故。对于大型油罐、煤气罐等进行焊、割时若处理不当，也会因不小心而引起燃烧和爆炸。对于临时进行焊接、切割的现场没有进行认真清理，也可能引起火灾。另外在稻草、软木等易燃物旁，一些焊接电路乱接或者是焊接后的火种未熄灭，都潜伏着极大的火灾危险。

2. 触电

在焊接过程中，电焊机的软线长期在地上拖拉，致使绝缘可能损坏，容易发生触电事故，甚至导致高处坠落等二次事故。

3. 烫伤

焊接过程中，火花四溅，如果防护用品穿戴不当，则会发生烫伤事故。

4. 弧光导致的眼病

在焊接过程中，如果未戴焊接护目镜、面罩或佩戴不当，焊接弧光的紫外线、红外线、可见光过度照射会导致眼睛患急性角膜炎，称为电光性眼炎，严重时能导致失明。

5. 粉尘

在焊接过程中会产生粉尘和有毒、有害气体，直接影响着焊工的身体健康，引起尘肺病、血液疾病、慢性中毒、皮肤病等职业病。

二、焊割工艺安全

1. 焊炬和割炬的安全操作事项

（1）按照工件厚薄，选用一定大小的焊炬、割炬，然后按焊炬、割炬的喷嘴大小确定氧气和乙炔的压力与流量。

（2）喷嘴与金属板不能相碰。

（3）喷嘴堵塞时，应将喷嘴拆下，用捅针从内向外捅开。

（4）注意垫圈和各环节的阀门等是否漏气。

（5）使用前应将皮管内的空气排出，然后分别开启氧气和乙炔阀门，畅通后才能点火试焊。

（6）焊炬、割炬的各部分不得沾染油脂。

（7）如焊炬、割炬喷嘴的温度超过400℃，应用水冷却。

（8）点火时应先开启乙炔阀门，点着后再开启氧气阀门。这样做的目的是放出乙炔—空气的混合气体，便于点火和检查乙炔是否畅通。

（9）乙炔阀门和氧气阀门如有漏气现象，应及时修理。

（10）使用前，在乙炔管道上应装置回火防止器。

（11）离开工作岗位时，禁止把燃着的焊炬放在操作台上。

（12）交接班或停止焊接时，应关闭氧气和回火防止器阀门。

（13）胶管要专用，乙炔管和氧气管不能对调使用。胶管要有标记以便区别，乙炔胶管是红色，氧气胶管耐压强度高，一般都是蓝色的。

（14）发现胶管冻结时，应用温水或蒸汽解冻，禁止用火烤，更不允许用氧气吹乙炔管道。

（15）氧气、乙炔用的胶管不要随便乱放，管口不要贴住地面，以免进入泥土和杂质发生堵塞。

2. 焊割作业中回火现象的防止

所谓回火，是指可燃混合气体在焊炬、割炬内燃烧，并以很快的燃烧速度向可燃气体导管里蔓延扩散的一种现象，其结果可以引起气焊和气割设备燃烧、爆炸。

为防止回火，在操作过程中应做到：焊（割）炬不要过分接近熔融金属，焊（割）嘴不能过热，焊（割）嘴不能被金属熔渣等杂物堵塞，焊（割）炬阀门必须严密，以防氧气倒回乙炔管道，乙炔发生器阀门不能开得太小；如果发生回火，要立即关闭乙炔发生器和氧气阀门，并将胶管从乙炔发生器或乙炔气瓶上拔下；如乙炔气瓶内部已燃烧（白漆皮变黄、起泡），要用自来水冲浇，以降温灭火。

三、特殊焊接作业安全事项

1. 焊补旧容器的安全事项

焊补储存过汽油、煤油、松香、烧碱、硫黄、甲苯、香蕉水、酒精等物质的容器，以及冻结或封闭的管段或停用很久的乙炔发生器桶体等，必须根据具体情况，严格注意下列9点安全事项：

（1）被焊物必须经过反复清洗。

（2）将被焊物所有的孔盖打开。

（3）乙炔管道、回火防止器如果安装在坑道里面、加盖的明沟下或者地坑的井沟内，由于这些部位都有滞留乙炔—空气混合气的可能性，所以在动火作业前一定要切断气源，探明有无易燃、易爆混合气存在。

（4）作业中还必须考虑到操作工人的行动有无障碍，必须有人监护。

（5）若当班动火未能完工，下次或次日再动火时必须从头重新探明，并采取安全措施。

（6）探查有无易爆混合气体存在时，探查人员应有所警惕和隐蔽，确定无危险时再开始焊补。

（7）操作人员严禁站在动火容器的两端。

（8）焊补完成后，在很热的情况下也不能马虎大意。如果急着把易燃物装进去，就有着火爆炸的危险。

（9）为了保证安全，可以把被焊容器灌满水或充满氮气后再点火焊补。

2. 高处或室内焊接、切割作业安全事项

（1）高处焊、割的安全要求。高处焊、割时除必须严格遵守高处作业安全操作规程和注意人身安全外，还必须防止火花落下或飞溅，风力很大时应停止高处作业。如果高处焊、割作业下方有易燃、可燃物时，应移开或者用水喷淋。如有可燃气体管道，应用湿麻袋、石棉板等隔热材料覆盖。禁止用盛装过易燃、易爆物质的容器作为登高垫脚物。焊接设备应远离动火点，并有专人看管。如在楼上作业，应防止火星沿一些孔洞和裂缝

落到下面，落下的熔融热金属要妥善处理。

电焊机与高处焊补作业点的距离要大于 10 米，电焊机应有专人看管，以备紧急时立即拉闸断电。

（2）室内焊、割的安全要求。在密室内作业时，必须将作业场所的内外情况调查清楚，乙炔发生器、氧气瓶、电焊机均不准放在动火焊、割的室内。进行焊、割作业时，作业场所必须干燥，要严格检查绝缘防护装备是否符合安全要求，并禁止把氧气通入室内用于调节作业场所的空气。凡在易燃、易爆车间动火焊补，或者采用带压不置换动火法，或在容器管道裂缝大、气体泄漏量大的室内焊补时，必须分析动火点周围不同部位滞留的可燃物含量，确保安全可靠时才能施焊。

在焊接时应打开门窗自然通风，必要时采用机械通风，以降低可燃气体的浓度，防止形成可燃性混合气体。

四、气焊（割）与电焊安全事项

1. 气焊过程中发生事故的应急措施

气焊过程中发生事故时应采取如下应急措施：

（1）当焊炬、割炬的混合室内发出"嗡嗡"声时，立即关闭焊炬、割炬上的乙炔—氧气阀门，稍停后，开启氧气阀门，将混合室（枪内）的烟灰吹掉，恢复正常后再使用。

（2）乙炔胶管燃烧或爆炸时，应立即关闭乙炔气瓶或乙炔发生器的总阀门或回火防止器上的输出阀门，切断乙炔的供给。

（3）乙炔气瓶的减压器燃烧或爆炸时，应立即关闭乙炔气瓶的总阀门。

（4）氧气胶管燃烧或爆炸时，应立即关闭氧气瓶总阀门，同时，把氧气胶管从氧气减压器上取下。

（5）换电石时，乙炔发气室若发生着火爆炸事故，应采取如下处理方法：

中压乙炔发生器的发气室着火，应立即用二氧化碳灭火器灭火，或者将加料口盖紧，以隔绝空气，这样火焰就会熄灭。

横向加料式乙炔发生器的发气室着火爆炸且把加料口对面或上方的卸压膜冲破时，最好用二氧化碳灭火器灭火。如不具备条件，则要尽量使电石与水脱离接触，以停止产气或把电石篮取出，使电石尽快脱离发气室，这样火焰很快就能熄灭。

（6）加料时在发气室中发生的着火爆炸事故常常是由于电石含磷过多，遇水着火，或者因电石篮碰撞等产生的火花引起的。

事故发生后，应立即使电石与水脱离接触，以停止产气。如果发气室已与大气连通，最好用二氧化碳灭火器灭火，然后再打开加料口压盖，取出电石篮。无此类灭火器材又无法隔绝空气时，要等火熄灭或者火苗很小时，操作人员站在加料口的侧面慢慢地松动加料口压盖螺钉，随后再设法把电石篮取出。

（7）当发现发气室的温度过高时，应立即使电石与水脱离接触，以停止产气，并采取必要的措施使温度降下来，等温度降下来后才能打开加料口压盖；否则，空气从加料口进入，遇高温就会发生燃烧或爆炸事故。

（8）如喷嘴堵塞又忘记关闭乙炔—氧气阀门，或因其他缘故使氧气倒入乙炔皮管和发生器内时，都应立即关闭氧气阀门，并设法把乙炔胶管和乙炔发生器内的乙炔—氧气混合气体放净，然后才能点火；否则，会发生爆炸事故。

（9）对于浮桶式乙炔发生器，如因浮桶漏气等原因在漏气处着火时，严禁拔浮桶，也不要堵漏气处，一般的处理办法是将浮桶蹾倒。

2. 乙炔发生器使用的安全事项

（1）操作人员必须经过培训，熟练地掌握乙炔发生器的操作规程、安全技术规程和防火知识，并经考试合格，取得安全操作合格证后方可独立操作。

（2）禁止在超负荷或超过最高工作压力和供水不足的条件下使用乙炔发生器。

（3）乙炔发生器的安放位置与明火、散发火花点以及高压电源线的距离应保持在5米以上。

（4）乙炔发生器和回火防止器在冬季使用时如发生冻结，只允许用热水或蒸汽加热解冻，禁止用明火或者烧红的烙铁加热，更不准用容易产生火花的金属物体敲击。

（5）乙炔着火，宜采用干黄沙、二氧化碳灭火器或干粉灭火器灭火，禁止用水、泡沫灭火器或四氯化碳灭火剂灭火。

（6）接于乙炔管路的焊（割）炬或一台乙炔发生器要配置2把以上焊（割）炬时，每把焊（割）炬都必须配置一个回火防止器，禁止共同使用一个回火防止器。使用时要检查，保证安全可靠。

（7）使用乙炔气时，当管路中压力下降过低时，应及时关闭焊（割）炬，严禁用氧气抽吸乙炔气，以免因负压导致乙炔发生器发生爆炸事故。

（8）乙炔发生器所使用的电石尺寸应符合标准，严禁将尺寸小于2毫米及大于80毫米的电石装入料斗。排水式（移动式）乙炔发生器使用的电石尺寸应在25～80毫米范围之内；滴水式乙炔发生器和大型投入式乙炔发生器使用的电石尺寸应在8～80毫米范围之内。

（9）乙炔发生器每次装电石后，使用前应将发生器内留存的混合气体（乙炔与空气）排出，使用时，装足规定的水量，及时排出发气室积存的灰渣。

3. 乙炔气瓶在使用、运输和储存过程中的安全事项

乙炔气瓶在使用、运输和储存过程中应注意以下安全事项：

（1）乙炔气瓶在使用时应防止瓶内的活性炭下沉，禁止敲击、碰撞和剧烈震动。另外，要防止受高温影响，防止漏气，防止丙酮渗漏，防止接触有害杂质等。

（2）乙炔气瓶在运输时应严禁拖动、滚动，用小车运送时，要做到轻装轻卸。乙炔气瓶必须直放装车，严禁横向装运，并严禁暴晒、遇明火，禁止和互相抵触的物质混放。还要严禁与氧气瓶、氯气瓶以及可燃、易燃物品同车运输。

（3）乙炔气瓶不准储存在地下室或半地下室等比较密闭的场所，不准与氧气瓶、氯气瓶等同库储存。储存量不得超过5瓶；超过5瓶时，应采用不燃材料或难燃材料将其隔

成单独的储存间；超过 20 瓶时，应建造乙炔气瓶仓库，在仓库的醒目地方应设置警示标志。

4. 氧气瓶使用的安全事项

（1）氧气瓶不得与其他气瓶混放，不准将氧气瓶内的气体全部用光。在高温天气要防止暴晒，防止用明火烘烤。氧气瓶与焊炬、割炬、炉子等之间的距离应不小于 5 米，与暖气管、暖气片应保持不小于 1 米的安全距离。氧气瓶不准沾染油脂，在使用时可垂直或卧放，但均要扣牢。氧气瓶使用后要关紧阀门，拆下氧气减压表，严防氧气用完后因既没有关闭阀门又未拆下减压表而造成乙炔倒灌入氧气瓶内。

（2）氧气瓶的阀门严禁加润滑油，严禁用户私自调换防爆片，运输、储存中必须戴安全帽并定期检查。

（3）安装氧气减压器之前要略微打开氧气瓶阀门吹除污物，氧气瓶阀喷嘴不能朝向人体方向。在开启氧气瓶阀门前，先要检查调节螺钉是否松开，对于满瓶的氧气瓶阀门不能开得太大，以防止氧气进入高压室时产生压缩热，引燃阀内的橡胶垫圈。减压器与氧气瓶阀处的接头螺钉要旋合 6 牙以上，并用扳手紧固。氧气减压器外表涂蓝色，乙炔减压器外表涂白色，两种减压器严禁相互换用。减压器内外均不准沾染油脂，调节螺钉不准加润滑油。

5. 电弧焊作业安全事项

为防止电弧焊作业过程中发生伤害事故，应注意以下几点：

（1）为了防止发生触电事故，电弧焊所用的工具必须安全绝缘，所用设备必须有良好的接地装置，工人应穿绝缘胶鞋，戴绝缘手套。如要照明，应该使用 36 伏的安全照明灯。

（2）为了防止焊接过程中发生火灾，电弧焊现场附近不能有易燃、易爆物品，如电弧焊和气焊在同一地点进行，则电弧焊设备和气焊设备、电缆和气焊胶管都应分开放置，相互间最好有 5 米以上的安全距离。

（3）为了防止电弧焊作业中的辐射伤人，操作工人都必须戴防护面罩、穿防护服。

（4）电焊机空载电压应为 60～90 伏。

（5）电弧焊设备应使用带保险装置的刀开关，并应装在密闭箱中。

（6）焊机使用前必须仔细检查其一次、二次导线绝缘是否完整，接线是否良好。

（7）焊接设备与电源网路接通后，人体不应接触带电部分。

（8）在室内或露天现场施焊时，必须在周围设挡光屏，以防弧光伤害工作人员的眼睛。

（9）焊工必须配备有合适滤光板的面罩、干燥的帆布工作服、手套、橡胶绝缘鞋和白光焊接防护眼镜等安全用具。

（10）焊接绝缘软线的长度不得小于 5 米，施焊时软线不得搭在身上，地线不得踩在脚下。

（11）严禁在起吊部件的过程中边吊边焊。

（12）施焊完毕应及时切断刀开关。

五、对焊工的安全要求

1. 焊工应遵守的"十不焊、割"的规定

"十不焊、割"的规定如下：

（1）焊工未经安全技术培训考试合格，领取操作资格证，不能焊、割。

（2）在重点要害部门和重要场所未采取措施，未经单位有关领导、车间、安全、保卫部门批准和办理动火证手续，不能焊、割。

（3）在容器内工作，没有12伏低压照明、通风不良及无人在场监护，不能焊、割。

（4）未经领导同意，在车间、部门擅自拿来的物件，在不了解其使用情况和构造的情况下，不能焊、割。

（5）盛装过易燃、易爆气体（固体）的容器管道，未经用碱水等彻底清洗和处理消除火灾爆炸危险的，不能焊、割。

（6）用可燃材料充作保温层或隔热、隔音设备，未采取切实可靠的安全措施，不能焊、割。

（7）有压力的管道或密闭容器，如空气压缩机、高压气瓶、高压管道、带气锅炉等，不能焊、割。

（8）焊接场所附近有易燃物品，未清除或未采取安全措施，不能焊、割。

（9）在禁火区内（防爆车间、危险品仓库附近）未采取严格隔离等安全措施，不能焊、割。

（10）在一定距离内，有与焊、割明火操作相抵触的工种作业（如汽油擦洗、喷漆、灌装汽油等工种，这些工种作业时会排出大量易燃气体），不能焊、割。

2. 焊接作业的个人防护措施

焊接作业的个人防护措施主要是对头、面、眼睛、耳、呼吸道、手、身躯等方面的人身防护，主要有防尘、防毒、防噪声、防高温辐射、防放射性辐射、防机械外伤和脏污等。从事焊接作业时，操作人员除应穿戴一般防护用品（如工作服、手套、眼镜、口罩等）外，针对特殊作业场合，还应佩戴空气呼吸器（用于密闭容器和不易解决通风问题的特殊作业场所的焊接作业），防止烟尘危害。

对于剧毒场所紧急情况下的抢修焊接作业，应佩戴隔绝式氧气呼吸器，防止急性中毒事故的发生。

为保护焊工眼睛不受弧光伤害，焊接时必须使用镶有特殊防护镜片的面罩，并按照焊接电流的不同选用不同型号的滤光镜片。同时，也要考虑焊工视力情况和焊接作业环境的亮度。

为防止焊工的皮肤受电弧的伤害，焊工宜穿浅色或白色帆布工作服。同时，工作服袖口应扎紧，扣好领口，皮肤不要外露。

对于焊接辅助工和焊接地点附近的其他工作人员，工作时要注意相互配合，辅助工要戴颜色深浅适中的滤光镜。在多人作业或交叉作业场所从事电焊作业，要采取保护措

施，设防护遮板，以防止电弧光刺伤焊工及其他作业人员的眼睛。

此外，接触钍钨棒后应以流动水和肥皂洗手，并注意经常清洗工作服及手套等，戴隔音耳罩或防声耳塞，防护噪声危害，这些都是有效的个人防护措施。

3. 焊、割工作完成后应进行的安全工作

一些焊、割作业中的火灾爆炸事故往往发生在工程的收尾阶段，或在焊、割作业结束后。因此，应做好焊、割作业后的安全工作。

（1）坚持工程后期阶段的防火防爆措施。在焊、割作业已经结束或安全设施已经撤离后，若发现某一部位还需要进行一些微小工作量的焊、割作业时，绝不能麻痹大意，要坚持焊、割工作安全措施不落实绝不动火焊、割的原则。

（2）对各种设备、容器进行焊接后，要及时检查焊接质量是否达到要求，对漏焊、假焊等缺陷应立即修补好。

（3）焊、割作业结束后，必须及时彻底清理现场，清除遗留下来的火种，关闭电源、气源，把焊炬、割炬安放在安全的地方。

（4）焊、割作业场所往往会留下不容易被发现的火种，因此，除了作业后要认真进行检查外，下班时要主动向保卫人员或下一班人员交代，以便加强巡逻检查。

（5）焊工所穿的衣服下班后也要彻底检查，看是否有阴燃的情况，有一些火灾往往是由焊工穿过的衣服挂在更衣室内，经几小时阴燃后引起的。

【案例】

事故经过：

某日，某船舶修理厂的船坞内，一艘由股份合作企业建造的钢质渔船正在修理。整个船体被条石和枕木高高垫起，距离地面约0.8米。船的甲板上放着2台非常破旧的交流弧焊机，由同一个刀开关供电。2台焊机的电源接线桩均已损坏，电源线直接接入焊机内部线圈的出线端；2台焊机的输出电缆均多处破损，2条接地回线接在船舷的同一点。焊机及船体无其他接地或接零措施。在船尾部立着一根镀锌钢管和一根发锈的40毫米×4毫米的角钢，一端靠在船体上，另一端插入地面，用于支撑准备对船体进行除锈、涂漆作业时使用的踏板。焊接现场距离变压器20米。

7时30分，无证焊工许某像往常一样利用其中一台焊机在甲板上对船体进行焊接作业，股东之一的李某在船尾准备除锈作业，当他的手握住靠在船尾的角钢时，当即触电，后退几步后，倒在甲板上，经现场抢救无效而死亡。在此前，也有人在触及角钢时有电麻感，但都被认为是感应电而忽视。

事故原因：

经现场勘察和测试分析，认为这完全是一起电焊机空载电压引起的触电事故。我国标准规定，交流电焊机的空载电压不得超过85伏，直流电焊机不得超过90伏，不属于高电压。但是，焊机输出电源存在特殊性，它与普通照明、动力用电源有本质区别，焊机输出电源的电压与输出电流之间存在一个陡降的外特性关系，即在焊接引弧时，输出的电压即空载电压较高，而电流较小；当电弧燃烧稳定时，输出电压会迅速降低，而电流

急剧增大。因此，只要空载电压存在，且能形成回路，就会出现强大电流。也就是说，在焊接过程中一旦触击空载电压，就很容易致人死亡。

事故教训：

在电焊时要注意以下事项：

（1）严格按照焊机的安全操作规程正确使用焊机。焊前应检查焊机和工具是否完好，如焊钳和电缆绝缘、焊机外壳接地情况、各接线是否牢固可靠等。接线应请专业电工进行。焊工应持证上岗。

（2）在焊机上尽量安装及使用空载自动断电保护装置，这样既可避免空载电压触电危险，又可节省空载电耗。

（3）按规定采取保护接地或接零措施。在与大地隔离或接地不良的焊件上焊接时，应注意防止在焊件与大地之间形成"脚—脚"或"手—脚"的跨步电压触电。

（4）当利用系统管道、厂房的金属构架、轨道或其他金属物搭接作为焊接接地回线时，首先要检查焊机二次线圈或上述接地回线系统等是否接地良好；否则，行人触及接地回线系统就有可能造成触电事故。

（5）在通电的情况下，不得将焊钳夹在腋下而去搬弄焊件或将焊接电缆绕挂在脖颈上；在移动焊接电缆或接地回线时，手不要捏在导线的裸露部位；更换焊条或用手捏住焊件进行点焊固定时，一定要戴好电焊专用手套。否则，空载电压极易通过人体而形成回路。

（6）尽量避免在潮湿的地方和雨雪天气进行焊接作业；否则，应特别加强个体防护。在这种环境下作业，焊工严禁穿带有铁钉的皮鞋或布鞋，其他环境也不宜；否则易受潮导电。必要时垫木板、橡胶垫等进行隔离。

第四节 火灾爆炸及危险化学品事故预防

一、物质的燃烧

燃烧，就是平常所说的"着火"。一旦失去对燃烧的控制，就会发生火灾，造成危害。要研究防火，需先了解燃烧。所以，为了认识火灾，预防火灾，还必须先了解物质燃烧的有关知识。

1. 燃烧的定义

燃烧是可燃物与氧化剂作用发生的放热反应，通常伴有火焰、发光和（或）发烟的现象。放热、发光、生成新物质是燃烧现象的3个主要特征。

2. 燃烧必须具备的条件

任何物质的燃烧，必须具备以下3个条件：

（1）可燃物。一般来说，凡是能在空气、氧气或其他氧化剂中发生燃烧反应的物质都称为可燃物，否则称不燃物。可燃物既可以是单质，如碳、硫、磷、氢、钠、铁等，也可以是化合物或混合物，如乙醇、甲烷、木材、煤炭、棉花、纸、汽油等。没有可燃物，燃烧是不可能进行的。

(2) 点火源。点火源是指具有一定能量、能够引起可燃物质燃烧的能源，有时也称着火源。点火源的种类很多，具体如下：

1) 生产性明火，如用于气焊的氧—乙炔焰、电焊火花，加热炉、锅炉中油、煤的燃烧火焰等。

2) 非生产性明火，如烟头火、油灯火、炉灶火等。

3) 电火花，如短路火花、静电放电火花等电气设备运行中产生的火花。

4) 冲击与摩擦火花，如砂轮、铁器摩擦产生的火花等。

5) 聚集的日光。

由于可燃性物质的不同，着火时所需的温度和热量也各不相同。如木材，一般加热到 350℃时着火，而煤炭一般在 400℃时才开始燃烧。

(3) 氧化剂。凡是能和可燃物发生反应并引起燃烧的物质，称为氧化剂（传统说法叫"助燃剂"）。如空气（氧）、氯酸钾、过氧化物等，都是助燃剂。可燃物质的燃烧，必须源源不断地供给助燃物，否则就不可能维持燃烧。

以上 3 个条件是物质进行燃烧必须具备的，缺一不可的。不仅如此，它们之间还要有一定的数量比例关系，例如，可燃性气体在空气中的数量不多时，燃烧就不一定发生。此外，它们之间还要相互结合、相互作用，否则也不可能发生燃烧。

3. 燃烧产物

燃烧产物的成分是由可燃物的组成及燃烧条件所决定的。

无机可燃物多数为单质，其燃烧产物的组成较为简单，主要是它的氧化物，如氧化钠、氧化钙、二氧化碳、二氧化硫等。

有机可燃物的主要组成为碳（C）、氢（H）、氧（O）、硫（S）、磷（P）和氮（N）。其中碳、氢、磷、硫在完全燃烧时生成二氧化碳（CO_2）、水（H_2O）、二氧化硫（SO_2）和五氧化二磷（P_2O_5）；氧（作为氧化剂）在燃烧过程中消耗掉了；氮在一般情况下不参与反应而呈游离状态（N_2）析出。在特定条件下，氮也能被氧化生成一氧化氮（NO）和二氧化氮（NO_2），或与一些燃烧中间产物生成氰化氢（HCN）等。如果因氧气不足或温度较低而发生不完全燃烧，就不仅会产生上述完全燃烧产物，同时还会生成一氧化碳（CO）、酮类、醛类、醇类、酚类、醚类等。例如，木材完全燃烧时产生二氧化碳、水蒸气和灰分；而在不完全燃烧时，除上述产物以外，还有一氧化碳、甲醇、丙酮、乙醛、醋酸以及其他干馏产物。

下面介绍几种主要的燃烧产物：

(1) 二氧化碳（CO_2）。二氧化碳是炭完全燃烧的产物。它是无色、无臭气体，相对密度为 1.52。当其在空气中的浓度为 3%～4%时，对人体健康有害；在空气中浓度为 7%～10%时，可使人昏迷不醒，以致窒息死亡。

(2) 一氧化碳（CO）。一氧化碳是炭不完全燃烧的产物。它是无色、无臭、剧毒可燃气体，相对密度为 0.97。空气中含一氧化碳 12%～74%时，能形成爆炸性混合气体，遇火会发生爆炸。空气中一氧化碳浓度为 0.5 毫升/升时，能使人中毒；一氧化碳的毒性较大，浓度达 2~3 毫升/升时，可使人致死。一氧化碳能从血液的氧血红素里取代氧而与血红素结合形成一氧化碳血红素，从而使人感到严重缺氧。

（3）二氧化硫（SO_2）。二氧化硫是可燃物（主要是煤和石油）中的硫燃烧生成的产物。它无色但有刺激性臭味，密度是空气的 2.26 倍，易溶于水，易液化。二氧化硫有毒，是大气污染中危害较大的一种气体。所谓"酸雨"，主要是由二氧化硫溶于空气里的水中形成的。二氧化硫严重伤害植物，刺激人的眼睛和呼吸道，腐蚀金属和建筑物，损害织物。在工矿企业的空气中，二氧化硫允许含量不得超过 0.02 毫升/升。

（4）氮的氧化物。在特定条件下，氮与氧反应生成一氧化氮（NO）和二氧化氮（NO_2）。一氧化氮为无色气体，二氧化氮为棕红色气体，具有难闻气味且有毒。

（5）烟灰。不完全燃烧产物，由悬浮在空气中未燃尽的细炭粒及分解产物构成。烟灰颜色随不同的可燃物而异。如木材燃烧的烟灰呈灰黑色，石油类物质燃烧的烟灰呈黑色等。这一点可用来判断燃烧物的类别。

（6）烟雾。由悬浮在空气中的微小液滴形成，包括水滴及不完全燃烧产物，如醛类、酮类等的液滴。

以上所述为一般燃料的燃烧产物。危险化学品的燃烧产物随物质种类和燃烧条件不同有很大差异。有些危险化学品燃烧时会分解出剧毒气体，扑救这类物品造成的火灾时，要遵守特殊的安全规定。

二、物质的爆炸

在企业中，爆炸事故也是一种严重的灾害，它不仅可以破坏工厂的设施和设备，而且会带来严重的人员伤亡。特别是由于爆炸的发生，不像火灾那样，根本没有初期灭火或疏散等机会。因此，要预防爆炸，就必须了解有关爆炸的基础知识。

1. 爆炸的定义

所谓爆炸，是大量能量（物理能量或化学能量）在瞬间迅速释放或急剧转化成机械、光、热等能量形态的现象。但爆炸的本质，则是"压力的急剧上升"。这种压力的上升，有的是由于物理因素引起的，有的则是由于化学反应或物理、化学综合反应引起的。

爆炸能产生很大的破坏作用。如果是在容器中或在管道内发生，则可以将容器或管道炸开，发出爆炸声，喷出爆炸生成的气体。如果是在建筑物内发生，则可使屋顶飞出，建筑物倒塌。另外，爆炸时，由于热膨胀产生气浪的冲击动力和很高的温度，一方面造成破坏，另一方面还有可能点燃可燃物而引起火灾。

2. 爆炸的种类

根据上述爆炸的本质和现象，爆炸可区分为物理性爆炸和化学性爆炸两大类。在工厂里，物理性爆炸，一般有高压气体的爆炸和锅炉的爆炸等；而化学性爆炸，包括可燃性气体与空气混合物的爆炸、粉尘的爆炸、气体分解的爆炸、混合危险物品引起的爆炸、爆炸性化合物的爆炸等。现将其情况分别论述如下：

（1）可燃性气体、蒸气与空气混合物的爆炸。企业发生的爆炸事故，较为普遍的是可燃气体、蒸气与空气相混合后遇到火源而产生的爆炸。可燃气体，主要有氢、乙炔、天然气、煤气、液化石油气等；可燃蒸气，主要有汽油、苯、酒精、乙醚等可燃性液体产生的蒸气。这些气体和蒸气与空气混合达到一定浓度时，在点火源的作用下会发生爆炸。这种可燃物质在空气中形成爆炸混合物的最低浓度叫作爆炸下限，最高浓度叫作爆炸上限。浓度在爆炸上限和爆炸下限之间，都能发生爆炸，这个浓度范围叫该物质的爆炸极限。如一氧化碳的爆炸极限是 12.5％～74.5％。当一氧化碳在空气中的浓度小于12.5％时，用火去点，这种混合物不燃烧也不爆炸；当一氧化碳在空气浓度达到 12.5％时，混合物遇点火源能轻度爆燃；当空气中的一氧化碳浓度稍高于 29.5％时，接触火源会发生威力很大的爆炸；当一氧化碳浓度达到 74.5％时，爆炸现象与浓度为 12.5％时差不多；浓度超过 74.5％时，遇火源则不燃烧、不爆炸。

（2）粉尘爆炸。在企业的生产过程中，有些工艺会产生可燃性固体粉尘或者可燃液体的雾状飞沫。当它们分散在空气中或助燃性气体中，如果达到一定浓度，遇到火源，就会发生粉尘爆炸。如镁、钛、铝、锌、塑料、木材、麻、煤等粉尘，又如油压设备在高压下喷出机械油之后，由于空气中含有大量油雾，也能引起爆炸。

粉尘混合物也和易燃易爆气体、蒸气与空气混合物一样，也有爆炸极限。当粉尘混合物达到爆炸下限时，所含粉尘已经相当多。至于爆炸上限，在大多数场合都不会达到，所以没有实际意义。粉尘的爆炸极限一般指下限，通常以克/立方米表示。

（3）爆炸性化合物的爆炸。这类爆炸性化合物主要是指各种炸药。一般企业比较少用，但有的也用，如雷管、TNT、硝化甘油、苦味酸等。这类爆炸性化合物一定要按照专门的规定运输、使用、保管，否则极易发生爆炸。

（4）锅炉的爆炸。锅炉是企业用来产生高温高压水蒸气的动力设备，它的功能是把锅炉内的水加热到 100℃以上，使其成为高温高压水蒸气。锅炉是高压容器，存在着破裂的危险。如容器本身腐蚀、疲劳裂纹、烧损或者过热等原因，内部压力升高，从而引起锅炉发生爆炸。锅炉爆炸时，高温高压下的水突然降到正常的大气压，从而迅速蒸发为水蒸气，这时其体积急剧膨胀，具有很大的爆炸威力。这种爆炸类似于炸药或者混合性气体发生的爆炸，具有很大的破坏力，可以破坏设备、厂房或造成人员伤亡。

三、防火、防爆的基本措施

1. 防火、防爆的技术措施

（1）防止形成燃爆的介质。这可以用通风的办法来降低燃爆物质的浓度，使它达不到爆炸极限；也可以用不燃或难燃物质来代替易燃物质。例如，用水质清洗剂来代替汽油清洗零件，这样既可以防止火灾、爆炸，还可以防止汽油中毒。另外，也可采用限制可燃物的使用量和存放量的措施使其达不到燃烧、爆炸的危险限度。

（2）防止产生着火源，使火灾、爆炸不具备发生的条件。应严格控制以下 8 种着火源，即冲击摩擦、明火、高温表面、自燃发热、绝热压缩、电火花、静电火花、光热射线等。

（3）安装防火、防爆安全装置，如阻火器、防爆片、防爆窗、阻火闸门以及安全阀等。

2. 防火、防爆的组织管理措施

（1）加强对防火、防爆工作的管理。

（2）开展经常性防火、防爆安全教育和安全大检查，提高人们的警惕性，及时发现和整改不安全的隐患。

（3）建立健全防火、防爆制度。

（4）厂区内、厂房内的一切出入和通往消防设施的通道，不得占用和堵塞。

（5）各单位应建立志愿消防组织，并配备有针对性强和足够数量的消防器材。

（6）加强值班制度，严格进行巡回检查。

3. 生产工人应遵守的防火、防爆守则

（1）应具有一定的防火、防爆知识，并严格贯彻执行防火、防爆规章制度，禁止违章作业。

（2）应在指定的安全地点吸烟，严禁在工作现场和厂区内吸烟和乱扔烟头。

（3）使用、运输、储存易燃易爆气体、液体和粉尘时，一定要严格遵守安全操作规程。

（4）在工作现场禁止随便动用明火。确需使用时，必须报请主管部门批准，并做好安全防范工作。

（5）对于使用的电气设施，如发现绝缘破损、严重老化、大量超负荷以及不符合防火、防爆要求时，应停止使用，并报告领导给予解决。不得带故障运行，防止发生火灾、爆炸事故。

（6）应学会使用一般的灭火工具和器材。对于车间内配备的防火防爆工具、器材等，应加以爱护，不得随便挪用。

四、火灾扑救

1. 常见的火险隐患

常见的火险隐患包括以下几个方面：

（1）生产工艺流程不合理，超温、超压以及配比浓度接近爆炸浓度极限而无可靠的安全保证措施，随时有可能达到爆炸危险界限，易造成着火或爆炸的。

（2）易燃易爆物品的生产设备与生产工艺条件不相适应，安全装置或附件没有安装，或虽安装但失灵的。

（3）易燃易爆设备和容器检修前，未经严格的清洗和测试，检修方法和工具选用不当等，不符合设备动火检修的有关程序和要求，易造成着火或爆炸的。

（4）设备有跑、冒、滴、漏现象，不能及时检修而带"病"作业，有造成火灾危险的，或散发可燃气体场所通风不良的。

（5）易燃易爆危险品的生产和使用的厂址，储存和销售的库址位置不合理，一旦发

生火灾，严重影响并殃及近邻企业和附近居民安全的。

（6）易燃易爆物品的运输、储存和包装方法不符合防火安全要求，性质抵触和灭火方法不同的危险品混装、混储，以及销售和使用不符合防火要求的。

（7）对引火源管理不严，在禁火区域无"严禁烟火"醒目标志，或虽有标志但执行不严格，仍有乱动火的迹象或抽烟现象的，或在用火作业场所有易燃物尚未清除，明火源或其他热源靠近可燃结构或其他可燃物等有引起火灾危险的。

（8）电气设备、线路、开关的安装不符合防火安全要求，严重超负荷、线路老化、保险装置失去保险作用的。

（9）建筑物的耐火等级、建筑结构与生产的火灾危险性质不相适应，建筑物的防火间距、防火分区、安全疏散及通风采暖等不符合防火规范要求。

（10）场所应安装自动灭火、自动报警装置，或应备置其他灭火器材，但未安装或未备置，或虽有但量不足或失去功能的。

（11）其他有关容易引起火灾的问题。

2. 灭火的基本原理和方法

一切灭火方法都是为了破坏已经产生的燃烧条件，只要失去其中任何一个条件，燃烧就会停止。但由于在灭火时，燃烧已经开始，控制火源已经没有意义，主要是消除前两个条件，即可燃物和氧化剂。

根据物质燃烧原理及灭火的实践经验，灭火的基本方法：减小空气中氧含量的窒息灭火法；降低燃烧物质温度的冷却灭火法；隔离与火源相近可燃物质的隔离灭火法；消除燃烧过程中自由基的化学抑制灭火法。

上述4种基本灭火方法所采取的具体灭火措施是多种多样的。在灭火中，应根据可燃物的性质、燃烧特点、火灾大小、火场的具体条件以及消防技术装备的性能等实际情况，选择一种或几种灭火方法。一般来说，几种灭火法综合运用效果较好。

3. 常用灭火器的类型和使用方法

灭火器是扑灭初起火灾的重要工具，是最常用的灭火器材，它具有灭火速度快、轻便灵活、实用性强等特点，因而应用范围非常广。通常用于扑灭初起火灾的灭火器类型较多，使用时必须针对火灾燃烧物质的性质；否则会适得其反，有时不但灭不了火，还会发生爆炸，所以必须熟练地掌握使用灭火器的一些基本知识。

（1）火灾的分类。根据《建筑灭火器配置设计规范》（GB 50140—2005），灭火器扑救可燃物质火灾划分为以下几种类型：

1）A类火灾：固体物质火灾，如木材、棉、毛、麻、纸张等燃烧的火灾。

2）B类火灾：液体火灾或可熔化固体物质火灾，如汽油、煤油、柴油、甲醇、乙醚、丙酮等燃烧的火灾。

3）C类火灾：气体火灾，如煤气、天然气、甲烷、丙烷、乙炔、氢气等燃烧的火灾。

4）D类火灾：金属火灾，如钾、钠、镁、钛、锆、锂、铝镁合金等燃烧的火灾。

5）E类火灾：带电火灾，物体带电燃烧的火灾。

（2）常用灭火器。正确使用灭火器是保证及时迅速扑灭初起火灾的关键。灭火器的种类很多，主要有清水灭火器、酸碱灭火器、泡沫灭火器、二氧化碳灭火器和干粉灭火器等。下面介绍几种最常用的灭火器使用方法及适用范围。

1）二氧化碳灭火器。二氧化碳灭火器充装液态二氧化碳，利用汽化了的二氧化碳灭火。

①适用范围。主要用于扑救贵重设备、仪器仪表、档案资料、600 伏电压以下的电气设备及油类等初起火灾。用于扑救棉麻、化纤织物时，要注意防止复燃。

②使用方法。手提灭火器提把或把灭火器放在距离起火点 5 米处，拔下保险销，一只手握住喇叭形喷筒根部手柄，不要用手直接握喷筒式金属管，以防冻伤，把喷筒对准火焰，另一只手压下压把，二氧化碳喷射出来。当扑救流动液体火灾时，应使用二氧化碳射流由近而远向火焰喷射。如果燃烧面积较大，操作者可左右摆动喷筒，直至把火扑灭。灭火过程中灭火器应保持直立状态。注意：使用二氧化碳灭火器时，要避免逆风使用，以免影响灭火效果。

2）干粉灭火器。干粉灭火器是用二氧化碳气体作动力喷射干粉的灭火器材。目前，我国主要生产碳酸氢钠干粉灭火器及磷酸铵盐干粉灭火器。由于碳酸氢钠干粉只适用于扑救 B、C 类火灾，所以碳酸氢钠干粉灭火器又称为 BC 干粉灭火器；磷酸铵盐干粉适用于扑救 A、B、C 类火灾，所以磷酸铵盐干粉灭火器又称为 ABC 干粉灭火器。

①适用范围。主要用来扑救石油及其产品、有机溶剂等易燃液体、可燃气体和电气设备的初起火灾。

②使用方法。手提灭火器把，在距离起火点 3～5 米，将灭火器放下，在室外使用时注意占据上风方向，使用前先将灭火器上下颠倒几次，使筒内干粉松动，拔下保险销，一只手握住喷嘴，使其对准火焰根部；另一只手用力按下压把，干粉便会从喷嘴喷射出来。左右喷射，不能上下喷射，灭火过程中应保持灭火器直立状态，不能横卧或颠倒使用。

3）泡沫灭火器：

①适用范围。泡沫灭火器适宜扑灭油类及一般物质的初起火灾。

②使用方法。使用时，用手握住灭火器的提环，平稳、快捷地提往火场，不要横扛、横拿。灭火时，一手握住提环；另一手握住筒身的底边，将灭火器颠倒过来，喷嘴对准火源，用力摇晃几下，即可灭火。

使用灭火器时应注意：第一，不要将灭火器的盖与底对着人体，防止盖、底弹出伤人；第二，不要与水同时喷射在一起，以免影响灭火效果；第三，扑灭电气火灾时，尽量先切断电源，防止人员触电。

五、危险化学品安全事项

1. 危险化学品火灾的紧急处理措施

危险化学品火灾情况紧急处理措施有

（1）先控制，后消灭。针对危险化学品火灾的火势发展蔓延快和燃烧面积大的特点，积极采取"统一指挥、以快制快，堵截火势、防止蔓延，重点突破，排除险情，分块包围、速战速决"的灭火战术。

（2）扑救人员应占领上风或侧风位置，以免遭受有毒有害气体的侵害。

（3）进行火情侦察、火灾扑救、火场疏散的人员应有针对性地采取自我防护措施，如佩戴防护面具，穿戴专用防护服等。

（4）应迅速查明燃烧范围、燃烧物品及其周围物品的品名和主要危险特性、火势蔓延的主要途径。

（5）正确选择最合适的灭火剂和灭火方法。火势较大时，应先堵截火势，防止蔓延，控制燃烧范围，然后逐步扑灭。

（6）对有可能发生爆炸、爆裂、喷溅等特别危险需紧急撤退的情况，应按照统一的撤退信号和撤退方法及时撤退（撤退信号应格外醒目，能使现场所有人员都看到或听到，并应经常演练）。

（7）火灾扑灭后，起火单位应当保护现场，接受事故调查，协助公安消防监督部门和上级安全管理部门调查火灾原因，核定火灾损失，查明火灾责任。未经公安监督部门和上级安全监督管理部门的同意，不得擅自清理火灾现场。

2. 有毒有害气体泄漏的处置措施

（1）设置警戒区。泄漏现场的警戒区边界浓度应设在可燃气体爆炸下限的 30%，其范围之内为警戒区。如果是液化气体泄漏，要按气体扩散范围划定警戒区域，警戒范围按液化石油气爆炸浓度下限的 1/2，即 0.75% 确定。因气态石油气密度比空气大，测试仪应布置在贴近地表处。因气体扩散受泄漏量、风力等条件的影响时刻在变化，警戒范围要根据测得的数值随时调整。

（2）消除引火源。在警戒区内，严禁任何火源存在和带入，必须果断地熄灭可燃物料泄漏扩散危险区的一切火种，中断加热热源；对于该区域内的电气设备，保持其原来状态，不要开或关，及时切断该区域的总电源；进入警戒区的人员，严禁穿钉鞋和化纤衣服；操作各种消防器材、工具、手电、手抬泵、车辆等，严防打出火花；堵漏时应采用不发火器材工具；消防车不准驶入警戒区域内，在警戒区域内停留的车辆不准再发动行驶。根据现场情况，动员现场周围特别是下风方向的居民和单位职工迅速消除火源。

（3）关阀断料。管道发生泄漏，泄漏点处在阀门以后且阀门尚未损坏，可采取关闭输送物料管道阀门，断绝物料源的措施，制止泄漏。关闭管道阀门时，必须设喷雾水枪掩护。

（4）堵漏封口。管道、阀门或容器壁发生泄漏，且泄漏点处在阀门前或阀门损坏，不能关阀止漏时，可使用各种针对性的堵漏器具和方法封堵泄漏口。

如遇到有毒气体泄漏，首先应该做到查明毒害，并做好防护。处置有毒气体（蒸气）泄漏事故时，首先要查明现场毒性气体（蒸气）的性质、泄漏点、泄漏量、扩散范围等。根据毒气的危害性质、扩散范围，设置危险警戒区。必须做好个人安全防护，如佩戴空气呼吸器，着防毒衣或防化服等。从现场的上风和侧风方向进入现场危险区救人和处置险情。同时，应尽快通知周围可能受影响的人员疏散并报警。

【案例】

某日，山西省某热电厂供水车间在生产中，安排4名民工清理排水井内的沉积物，由于民工缺乏安全知识，冒险蛮干，导致1人中毒死亡，1人受伤。

事故经过：

当日15时，山西省某热电厂供水车间在生产中，安排民工马某、任某等4人清理排水井内的沉积物。清理工作开始后，马某在井内清理，任某在井口用桶吊运，任某吊上第一桶沉积物并将其倒在马路边，在返回井口时，发现马某倒在井内，任某立即召集另外2人，由任某下井救人，其余2人用绳子往上拉。任某在救人过程中，也晕了过去，井上2人将任某拉上来后立即报告车间领导。车间领导赶到现场，安排将任某送往医院抢救，同时想方设法用弯钩将马某拉上来送往医院，但是由于马某中毒严重，经抢救无效，于17时20分死亡。

事故原因：

1. 造成事故的直接原因

排水井内沉积的有机物质由于腐烂变质，产生甲烷、硫化氢、一氧化碳、二氧化碳等有毒有害气体，井内长期通风不良，氧气含量不足，聚集的有毒有害气体浓度过高。从事清理作业的4位民工，缺乏基本安全知识，违章冒险蛮干，对井内可能存在有毒有害气体认识不足。

2. 造成事故的间接原因

一是在安全管理方面，对职工的安全教育不够，作业前未对清理人员进行安全技术措施交底；二是作业之前未对井内气体成分进行检测，也没有为作业民工发放个人防护用具（氧气呼吸器具或防毒器具）。

防范措施：

事故之后，热电厂供水车间痛定思痛，采取如下措施预防事故：

一是加强安全教育，提高职工安全意识和安全技术水平，增强自我防护能力。

二是完善井下及其他危险作业安全管理制度，特别是在井下作业之前，必须对井内有毒有害气体进行检测。

三是进行井下等各种危险作业时，要佩戴好个人防护用品，并加强监护。

第五节　起重事故预防

一、起重机械的种类

起重机械大体上分为四类：

1. 轻、小型起重设备

此类起重设备包括千斤顶、绞车、滑车、环链手拉葫芦等。相对轻便、操作简单、结构紧凑是此类起重设备的特点。

2. 桥式起重机

此类起重设备包括通用桥式起重机、堆垛桥式起重机、冶金桥式起重机、龙门起重机、装卸桥等。此类起重机械的特点是通过各种取物装置将重物在一定的高度内由起升机构实现垂直升降；由大、小车在一定的空间范围内实现水平移动。

3. 臂架式起重机

此类起重设备包括运行臂架式旋转起重机（塔式起重机、汽车起重机、门座起重机、履带起重机、铁路起重机、浮式起重机等）、固定臂架式起重机（悬臂起重机、桅杆起重机）、壁行起重机等。此类起重机械的特点和桥式起重机相似，只不过它的水平移动多数是通过臂架旋转实现的。

4. 升降机

此类起重设备包括电梯、升降机、升船机等，特点是通过导轨实现人员或重物的升降。

二、起重事故的主要类型

起重事故的主要类型有以下几种：

1. 坠落事故

在作业中，人、吊具、吊载的重物从空中坠落所造成的人身伤亡或设备损坏事故。

2. 触电事故

从事起重作业或其他作业的人员，因违章操作或其他原因遭受的电气伤害事故。

3. 挤伤事故

作业人员被挤压在两个物体之间造成的挤伤、压伤、击伤等人身伤亡事故。

4. 机毁事故

起重机机体因为失去整体稳定性而发生倾覆翻倒，造成起重机机体严重损坏以及人员伤亡事故。

5. 其他事故

除上述事故类型之外的其他事故包括因误操作、起重机之间的相互碰撞、安全装置失效、野蛮操作、突发事件、偶然事件等引起的事故。

三、起重事故的主要原因

1. 挤压碰撞人

挤压碰撞人是指作业人员被运行中的起重机械挤压碰撞。它是起重机械作业中常见的伤亡事故，其危险性大，后果严重，往往会导致人员死亡。

起重机械作业中挤压碰撞人主要有四种情况：

（1）吊物（具）在起重机械运行过程中摇摆挤压碰撞人。发生此种情况的原因：一是司机操作不当，运行中机构速度变化过快，使吊物（具）产生较大惯性；二是指挥有误，吊运路线不合理，致使吊物（具）在剧烈摆动中挤压碰撞人。

（2）吊物（具）摆放不稳发生倾倒碰砸人。发生此种情况的原因：一是吊物（具）放置方式不当，对重大吊物（具）放置不稳或没有采取必要的安全防护措施；二是吊运作业现场管理不善，致使吊物（具）突然倾倒碰砸人。

（3）在指挥或检修流动式起重机作业中被挤压碰撞，即作业人员在起重机械运行机构与回转机构之间，受到运行（回转）中的起重机械的挤压碰撞。发生此种情况的原因：一是指挥作业人员站位不当（如站在回转臂架与机体之间）；二是检修作业中没有采取必要的安全防护措施，致使司机在贸然启动起重机回转机构时挤压碰撞人。

（4）在巡检或维修桥式起重机作业中被挤压碰撞，即作业人员在起重机械与建（构）筑物之间（如站在桥式起重机大车运行轨道上或站在巡检人行通道上），受到运行中的起重机械的挤压碰撞。此种情况大部分发生在桥式起重机检修作业中，发生的原因：一是巡检人员或维修作业人员与司机缺乏相互联系；二是检修作业中没有采取必要的安全防护措施（如将起重机固定在大车运行区间的锚定装置），致使在司机贸然启动起重机时挤压碰撞人。

2. 触电（电击）

触电（电击）是指起重机械作业中作业人员触及带电体而发生触电（电击）。起重机械作业大部分处在有电的作业环境，触电（电击）也是起重机械作业中常见的伤亡事故。

起重机械作业中作业人员触电（电击）主要有四种情况：

（1）司机碰触滑触线。当起重机械司机室设置在滑触线同侧，司机在上下起重机时碰触滑触线而触电。发生此种情况的原因：一是司机室位置设置不合理，一般不应与滑触线同侧；二是起重机在靠近滑触线端侧没有设置防护板（网），致使司机触电（电击）。

（2）起重机械在露天作业时触及高压输电线。即露天作业的流动式起重机在高压输电线下或塔式起重机在高压输电线旁侧，在伸臂、变幅或回转过程中触及高压输电线，使起重机械带电，致使作业人员触电（电击）。发生此种情况的原因：一是起重机械在高压电线下（旁侧）作业没有采取必要的安全防护措施（如加装屏护隔离）；二是指挥不当，操作有误，致使起重机械触电带电，导致作业人员触电（电击）。

（3）电气设施漏电。发生此种情况的原因：一是起重机械电气设施维修不及时，发生漏电；二是司机室没有设置安全防护绝缘垫板，致使司机因设施漏电而触电（电击）。

（4）起升钢丝绳碰触滑触线。即由于歪拉斜吊或吊运过程中吊物（具）剧烈摆动使起升钢丝绳碰触滑触线，致使作业人员触电。发生此种情况的原因：一是吊运方法不当，歪拉斜吊，违反安全规程；二是起重机械靠近触线端侧没有设置滑触线防护板，致使起升钢丝绳碰触滑触线而带电，导致作业人员触电（电击）。

3. 高处坠落

高处坠落是指起重机械作业人员从起重机械上坠落。高处坠落主要发生在起重机械安装、维修作业时。

起重机械作业中作业人员发生高处坠落主要有三种情况：

（1）检修吊笼坠落。发生此情况的原因：一是检修吊笼设计结构不合理（如防护杆高度不够，材质选用不符合规定要求，设计强度不够等）；二是检修作业人员操作不当；三是检修作业人员没有采取必要的安全防护措施（如未系安全带），致使检修吊笼作业人员一起坠落。

（2）跨越起重机时坠落。发生此种情况的原因：一是检修作业人员没有采取必要的安全防护措施（如未系安全带、未挂安全绳、未架安全网等）；二是作业人员麻痹大意，违章作业，致使发生高处坠落。

（3）安装或拆卸可升降塔式起重机的塔身（节）作业中，塔身（节）连同作业人员坠落。发生此种情况的原因：一是塔身（节）设计结构不合理（拆装固定结构存有隐患）；二是拆装方法不当，作业人员与指挥配合有误，致使塔身（节）连同作业人员一起坠落。

4. 吊物（具）坠落砸人

吊物（具）坠落砸人是指吊物或吊具从高处坠落，砸向作业人员与其他人员。它是起重机械作业中最常见的伤亡事故，也是各类起重机械作业中普遍性的伤亡事故，其危险性极大，后果非常严重，往往导致人员死亡。

吊物（具）坠落砸人主要有四种情况：

（1）捆绑吊挂方法不当。发生此种情况的原因：一是打绑钢丝绳间夹角过大，无平衡梁，捆绑钢丝绳被拉断，致使吊物坠落砸人；二是吊运带棱角的吊物未加防护板，捆绑钢丝绳被磕断，致使吊物坠落砸人。

（2）吊具有缺陷。发生此种情况的原因：一是起升机构钢丝绳折断，致使吊物（具）坠落砸人；二是吊钩有缺陷（如吊钩变形、吊钩材质不符合要求折断、吊钩组件松脱等），致使吊物（具）坠落砸人。

（3）超负荷。发生此种情况的原因：一是作业人员对吊物的质量不清楚（如吊物部分被埋在地下，冻结地面上，地脚螺栓未松开等），盲目起吊，超负荷拉断吊索具，致使吊具坠落（甩动）砸人；二是歪拉斜吊导致超负荷而拉断吊具，致使吊物（具）坠落砸人。

（4）过（超）卷扬。发生此种情况的原因：一是没有安装上升极限位置限制器或限制器失灵，致使吊钩继续上升直至卷（拉）断起升钢丝绳，导致吊物（具）坠落砸人；二是起升机构的主接触器失灵（如主触头熔接、因机构故障或电磁铁的铁心剩磁过大使主触头释放动作迟缓），不能及时切断起升机构，直至卷（拉）断起升钢丝绳，导致吊物（具）坠落砸人。

5. 机体倾翻

机体倾翻是指在起重机械作业中整台起重机倾翻，它通常发生在从事露天作业的流动式起重机和塔式起重机中。

发生机体倾翻主要有三种情况：

（1）风荷作用。发生此种情况的原因：一是露天作业的起重机夹轨器失效；二是露天作业的起重机没有防风锚定装置或防风锚定装置不可靠，当大（台）风刮来时，起重机被刮倒。

（2）地面不平。发生此种情况的原因：一是吊运作业现场不符合要求（如地面基础松软，有斜坡、坑、沟等）；二是操作方法不当，指挥作业失误，致使机体倾翻。

（3）操作不当。发生此种情况的原因：一是吊运作业现场不合要求（如地面基础松软，有斜坡、坑、沟等）；二是支腿架设不合要求（如支腿垫板尺寸过小，高度过大，材质腐朽等）；三是操作不当，超负荷，致使机体倾翻。

四、起重伤害事故的预防

为预防起重伤害事故，必须做到以下几点：

（1）起重作业人员须经有资格的培训单位培训并考试合格，才能持证上岗。

（2）起重机械必须设有安全装置，如超载限制器、力矩限制器、极限位置限制器、过卷扬限制器、电气防护性接零装置、端部止挡、缓冲器、联锁装置、夹轨器和锚定装置、信号装置等。

（3）严格检验和修理起重机机件，如钢丝绳、链条、吊钩、吊环和滚筒等，报废的应立即更换。

（4）建立健全维护保养、定期检验、交接班制度和安全操作规程。

（5）起重机运行时，禁止任何人上、下，也不能在运行中检修。上、下起重机要走专用梯子。

（6）起重机的悬臂能够伸到的区域内不得站人；带电磁吸盘的起重机的工作范围内不得有人。

（7）吊运物品时，不得从有人的区域上空经过；吊物上不准站人；不能对吊挂着的物品进行加工。

（8）起吊的物品不能在空中长时间停留，特殊情况下应采取安全保护措施。

（9）起重机司机接班时，应对制动器、吊钩、钢丝绳和安全装置进行检查，发现异常时，应在操作前将故障排除。

（10）开车前必须先打铃或报警。操作中接近人时，也应给予持续铃声或报警。

（11）按指挥信号操作。对紧急停车信号，不论任何人发出，都应立即执行。

（12）确认起重机上无人时，才能闭合主电源进行操作。

（13）工作中突然断电，应将所有控制器手柄扳回零位；重新工作前，应检查起重机是否工作正常。

（14）轨道上露天作业的起重机，在工作结束时，应将起重机锚定；当风力大于6级时，一般应停止工作，并将起重机锚定；对于门座起重机等在沿海工作的起重机，当风力大于7级时，应停止工作，并将起重机锚定好。

（15）当司机维护保养时，应切断主电源，并挂上标志牌或加锁。如有未消除的故障，应通知接班的司机。

五、起重机司机的"十不吊"

"十不吊",是指起重机司机在工作中遇到以下 10 种情况时不能进行起吊作业:

（1）超载或被吊物重量不清。

（2）指挥信号不明确。

（3）捆绑、吊挂不牢或不平衡可能引起吊物滑动。

（4）被吊物上有人或浮置物。

（5）结构或零部件有影响安全工作的缺陷或损伤。

（6）遇有拉力不清的埋置物件。

（7）工作场地光线暗淡,无法看清场地、被吊物情况和指挥信号。

（8）歪拉斜吊重物。

（9）六级以上强风环境。

（10）棱刃物与钢丝绳直接接触无保护措施。

【案例】

事故经过:

某日 8 时 30 分,某冷轧厂准备车间轴承班班长张某召开班前会,对当天工作进行安排。当天的主要工作任务是安装机架,分 2 组进行,一组为李某、王某、刘某 3 人,负责安装 2 台机架;另一组为 4 人,负责安装 3 台机架。行车工张某配合 2 组进行吊装作业。

10 时 30 分,李明这一组第一台机架安装完毕,准备将机架吊离安装平台。李明打手势让张齐将行车开到安装平台上方来,刘伟和王新对机架进行兜吊捆绑,刘伟在机架靠近大门一侧挂钢丝绳,王新在刘伟对面挂钢丝绳,李明站在刘伟同侧进行指挥。王新挂好钢丝绳后询问刘伟进度,刘伟表示已完成。王新即开始指挥张齐起吊,指挥信号为打"口哨"。行车驾驶位置位于机架安装平台斜上方,行车工因看不见所吊机架,只能听信号起吊。张齐听到指挥信号后,即打铃警示并提升卷扬。刚一提升,张齐就看到王新快速后退并摔倒在地,便赶快停止提升。此时,王新这一侧的钢丝绳已脱落,而机架已被提升并被拉倒砸在王新身上。现场作业人员闻讯后,急忙用脱落的钢丝绳重新捆好机架,将机架迅速吊起,对王新进行急救,但是王新因伤势严重,经抢救无效死亡。

事故原因:

1. 造成事故的直接原因

（1）侥幸作业。在起重操作中,王新挂好钢丝绳后,未执行规范指挥信号和手势,而是打口哨指挥起吊,发现钢丝绳脱落后,没有及时给信号示意停吊和落绳,而是抱以侥幸心理,认为还未完全起吊,在未经确认的情况下就上前准备重新挂绳,这是严重的违章操作。

（2）操作不当。行车工张齐起吊机架时,未严格执行安全操作规程,不等钢丝绳绷紧后再起吊,也是造成事故的重要原因。

2. 造成事故的间接原因

（1）机架无起吊提升装置,不便于捆扎,以致在起吊过程中机架稍有摆动就发生脱绳，是导致机架倾翻的原因。

（2）无证上岗。王新的本岗位工龄不到1年，且无司索、指挥人员操作证。行车工张齐有操作证，但行车作业时间不足1年，经验不足，识险、避险及自我防护能力差。

（3）由于行车驾驶位置位于机架安装平台斜上方，行车工看不见所吊机架，只能听信号起吊。当发生机架脱绳后，行车工不能及时发现和处理，也是导致机架倾翻的原因。

（4）机架安装平台上安装工具杂乱，王新在后退的过程中脚绊到扳手上而摔倒，从而导致机架拉倒后砸在身上。

事故教训与防范措施：

这起事故的发生，与侥幸作业心理和违章操作有直接的关系。在起重操作中，王新挂好钢丝绳后，未执行规范指挥信号和手势，而是打口哨指挥起吊，发现钢丝绳脱落后，没及时给信号示意停吊和落绳，而是抱以侥幸心理，认为机架还没有完全起吊，在未经确认的情况下就上前准备重新挂绳，属于严重的违章操作行为。如果王新发现钢丝绳脱落后及时指挥停吊，然后重新挂绳，这起事故就有可能避免。

事故之后需要采取的措施：

（1）企业应建立和健全起重机械安全管理岗位责任制，起重机械司机、指挥作业人员、起重司索人员安全操作规程等。

（2）起重作业人员，包括起重机司机、指挥作业人员、起重司索人员等，必须进行安全技术培训，并经考核做到持证上岗作业。

（3）狠抓现场管理。在起重作业前，要明确分工、落实责任和"互联保"制度。设专人指挥，强调行车工和信号工必须严格执行起重作业"十不吊"的安全规定。地面指挥及司索人员必须远离吊载，站在安全位置，吊物下面及其附近不准站人。采用正确的捆绑方法，如该机架应采用背扣法捆绑，这样可锁住机架，在其游摆时不会发生滑脱事故。

（4）加强培训教育，定期组织作业人员进行安全操作规程的学习，每位员工必须牢记本岗位的安全操作规程，在工作中严格执行相关规定。坚持开展反违章纠查和事故反思教育，增强员工的安全意识，提高员工预防事故的安全技术素质和判断处理事故的能力。

第六节　厂内运输事故预防

一、厂内运输常见事故类型

1. 车辆伤害
车辆伤害包括撞车、翻车、挤压和碾轧等。

2. 物体打击
物体打击包括搬运、装卸和堆垛时物体的打击。

3. 高处坠落
高处坠落包括人员或人员连同物品从车上掉下来。

4. 火灾、爆炸

厂内运输火灾、爆炸是指由于人为的原因发生火灾并引起油箱等可燃物急剧燃烧爆炸，或装载易燃易爆物品，因运输不当发生火灾爆炸。

二、厂内运输事故的原因

车辆伤害事故的原因是多方面的，但主要是涉及人（驾驶员、行人、装卸工）、车（机动车与非机动车）、道路环境这 3 个综合因素。在这三者中，人是最为重要的。据有关资料分析，一般情况下，驾驶员违章操作、疏忽大意、操作技术等方面的错误行为是造成事故的主要原因，负直接责任的占 70% 以上。厂内机动车事故的主要原因如下：

1. 违章驾车

指事故的当事人，由于思想方面的原因而导致的错误操作行为，不按有关规定行驶，扰乱正常的企业内搬运秩序，致使事故发生。如酒后驾车、疲劳驾车、非驾驶员驾车、超速行驶、争道抢行、违章超车、违章装载等原因造成的车辆伤害事故。

2. 疏忽大意

指当事人由于心理或生理方面的原因，没有及时、正确地观察和判断道路情况，而造成失误。如情绪急躁、精神分散、心理烦乱、身体不适等，都可能造成注意力下降、反应迟钝，表现出瞭望观察不周、遇到情况采取措施不及时或不当；也有的只凭主观想象判断情况，或过高地估计自己的经验技术，过分自信，引起操作失误导致事故。

3. 车况不良

车辆有缺陷和故障，从而在运行过程中导致了伤亡事故的发生。例如，车辆的刹车装置失灵，关键时候刹不住车；再如，车辆的转向装置有故障，转向时冲到路外或转不了弯；还有的车辆的灯光信号不能正确地指示，向右转却指示不出来或指示为向左转等。

4. 道路环境不良

（1）道路条件差，如厂区道路和厂房内、库房内通道狭窄、曲折，车辆通行困难。

（2）视线不良，如由于厂区内建筑物较多，特别是车间、仓库之间的通道狭窄且交叉和弯道较频繁，致使驾驶员在驾车行驶中的视距、视野大大受限。

（3）因风、雪、雨、雾等自然环境的变化，使驾驶员视线、视距、视野以及听觉力受到影响，往往造成判断情况不及时；再加上雨水、积雪、冰冻等自然条件下，路面太滑，这些也是造成事故的因素。

5. 管理不良因素

（1）管理规章制度或操作规程不健全。

（2）车辆安全行驶制度不落实。

（3）无证驾车。

（4）交通信号、标志、设施缺陷等。

三、厂内机动车在运输过程中应遵守的安全规定

（1）驾驶员必须有经公安部门考核合格后发给的驾驶证。

（2）厂区内行车速度不得超过 15 千米/小时，天气恶劣时不得超过 10 千米/小时，倒车及出入厂区、厂房时不得超过 5 千米/小时，不得在平行铁路装卸线钢轨外侧 2 米以内行驶。

（3）装载货物时不得超载，而且货物的高度、宽度和长度应符合相关规定。对于较大和易滚动的货物，应用绳索拴牢。对于超出车厢的货物，应备有托架。

（4）装载超过规定的不可拆解货物时，必须经过企业交通安全管理部门的批准，派专人押运，按指定的线路、时间和要求行驶。

（5）装运炽热货物及易燃、易爆、剧毒等危险货物时，应遵守国家标准《工业企业厂内铁路、道路运输安全规程》（GB 4387—2008）的规定。

（6）装卸时，汽车与堆放货物之间的距离一般不得小于 1 米，与滚动物品的距离不得小于 2 米。装卸货物的同时，驾驶室内不得有人，不准将货物经过驾驶室的上方装卸。

（7）多辆车同时进行装卸时，前后车的间距应不小于 2 米，横向两车栏板的间距不得小于 1.5 米，车身后栏板与建筑物的间距不得小于 0.5 米。

（8）倒车时，驾驶员应先查明情况，确认安全后，方可倒车。必要时，应有人在车后进行指挥。

（9）随车人员应坐在安全可靠的指定部位。严禁坐在车厢侧板上或驾驶室顶上，也不得站在踏板上，手脚不得伸出车厢外。严禁扒车和跳车。

四、蓄电池车运输安全要求

（1）电瓶车司机经过体检合格后，由正式驾驶员带领辅导实习 3～6 个月，经过考试合格后，由安全主管部门发给合格证，才可独立驾驶。非驾驶员和无证者一律不准驾驶。

（2）出车前必须详细检查刹车、方向盘、扬声器、轮胎等部件是否良好。

（3）司机严禁酒后开车，行车时严禁吸烟，思想要集中，不准与他人谈笑打闹。

（4）坐式电瓶车驾驶室内只允许坐 2 人，车厢内只能乘坐随车人员 1 人，拖挂车上禁止乘人。

（5）电瓶车只准在厂区及规定区域内行驶，凡需驶出规定区时，必须经公安部门同意。

（6）厂区行驶速度最高不得超过 10 千米/小时。在转弯、狭窄路、交叉口、出入车间的大门、行人拥挤等地方，行驶速度最高不超过 5 千米/小时。

（7）装载物件时，宽度方向不得超过车底盘两侧各 0.2 米，长度方向不得超过车长 0.5 米，高度不得超过离地面 2 米。不得超载。

（8）装载的物件必须放置平稳，必要时用绳索捆牢。危险物品要包装严密、牢固，不得与其他物件混装，并且要低速行驶，不准使用拖挂车拉运危险品。

（9）电瓶车严禁进入易燃、易爆场所。

（10）行车前应先查看前方及周围有无行人和障碍物，鸣笛后再开车。在转弯时应减速、鸣笛、开方向灯或打手势。

（11）发生事故应立即停车，抢救伤员，保护现场，报告有关主管部门，以便调查处理。

（12）工作完毕，应做好检查、保养工作，并将电瓶车驾驶到规定地点，挂上低速挡，拉好刹车，上锁，拔出钥匙。

五、汽车、铲车运输安全要求

在工厂或施工现场，大量的运输工作都是由汽车来完成的。因此，厂区道路上行驶最多的车辆是汽车，发生运输事故最多的也是汽车。为此，对于汽车及汽车式铲车的运输，必须严格遵守以下安全事项：

（1）汽车驾驶员必须符合国家颁发的有关文件规定和技术要求，持有相应的驾驶证件，熟悉车辆性能，方可独立驾驶。

（2）驾驶车辆时必须携带驾驶证、行车证等证件，不得驾驶与证件规定不相符的车辆，不准将车辆交给不熟悉该车性能和无驾驶证的人员驾驶。

（3）驾驶新类型车辆，必须先经过专门训练，熟悉车辆各部分的结构、性能、用途，做到会驾驶、会保养、会排除简单故障。对技术难度较大的车辆，在考试合格后，方可单独驾驶。

（4）学员必须在取得交通部门的学习证后，在教练员的指导下，在指定的路线上学习驾驶。

（5）驾驶人员必须执行调度的命令，根据任务单出车，并对车辆的正确运行、安全生产、完成定额指标负有直接责任。

（6）驾驶人员必须严格遵守国家颁发的交通安全法令和规章制度，服从交通管理人员的指挥、监察，积极维护交通秩序，保障人员生命财产的安全。

（7）驾驶车辆时必须集中精神，不准闲谈、吃食、吸烟，不准做与驾驶无关的事情。

（8）车辆不准超载运行，如遇特殊情况需超载时，应经车辆主管部门批准。

（9）车辆不准带"病"运行，在行驶中发现有异响、发热等异常情况，应停车查明原因，待故障排除后方可继续行驶。返回后，应及时报告有关部门并做好相应的记录。

（10）油料着火时不得浇水，应用灭火剂、沙土、湿麻袋等物扑救。

（11）电线着火时应立即关闭电闸，拆除一根蓄电池电线，以切断电源。

（12）汽车在厂内的行驶速度，必须严格遵守下列规定：

1）在厂区道路上行驶，不得超过 20 千米/小时。

2）出入厂区大门及倒车速度，不得超过 5 千米/小时。

3）在车间内及出入车间大门的速度，不得超过 3 千米/小时。

4）在转弯处或视线不良处，应减速行驶。

（13）汽车在厂内装卸货物时，必须严格遵守下列安全要求：

1）根据本车负荷吨位装载，不允许超载。

2）装载货物的高度不允许超过 3.5 米（从地面算起）。

3）装载零散货物的高度，不要超过两侧厢板，必要时可将两侧厢板加高，以防货物掉下砸伤人员。

4）装载较大或易滚动的货物，应用绳索绑紧拴牢。

5）装载的大件、重件应放在车体中央，小件、轻件应放在两侧，以免行车转弯或急刹车时造成事故。

6）装载长大物件超过车体时，应备有托架或加挂拖车。

7）汽车在装卸货物时，特别是使用起重机械装卸货物时，不允许同时检查和修理汽车，无关人员也不得进入装卸作业区。

8）汽车装卸货物时，汽车与堆放货物之间的距离一般不得小于 2 米；与滚动货物的距离则不得小于 3 米，以保证货物坠落、滚动时人员有足够的距离退出。

（14）汽车装载货物，如果随车人员同行，则应坐在指定的安全地点，严禁坐在车厢侧板上或驾驶室顶上，也不得站在车门踏板上，同时严禁在行车时跳上跳下。

（15）铲车在行驶中，无论是空载还是重载，其车铲距地面不得少于 0.3 米，但也不得高于 0.5 米。

（16）铲车在铲货物时，应先将货物垫起，然后起铲。货物放置要平稳，不得偏重和偏高。起铲后，还应将货物向后倾斜 10°～15°，增加稳定性。

（17）铲车应根据其倾斜角度确定其载重量，不得超负荷使用。

（18）铲车在铲货物时，无关人员不得靠近。特别是当货物升起时，其下方严禁有人站立和通过，以防货物坠落砸人。

（19）严禁任何人站在车铲上或车铲的货物上随车行驶，也不得站在铲车车门上随车行驶。

六、人力车和自行车运输安全要求

工厂内除了采用各种机动车辆运输外，有时还采用手推车、三轮车等人力车进行运输。此外，许多职工还骑自行车在厂区道路上行驶。因此，必须注意如下安全事项：

（1）手推车的结构要坚固可靠，车体下部应装有停放叉架，以使装卸时保持车体平衡，防止车辕翘起打伤人员；无支架的手推车，在装卸货物时，要有人扶住车把，保持车体平衡。

（2）三轮车的结构应牢固可靠，必须装设刹车机构和车铃；传动的链条需装设防护罩。三轮车装载货物时不得超载、超重或偏重，应放置平稳；行驶速度不得过快，更不允许与机动车辆抢道。

（3）自行车一定要有车铃、刹车、链条防护罩等安全装置。

（4）在厂区道路上骑自行车，严禁带人、双撒把或骑车速度过快，更不得尾随机动车辆或与机动车辆抢道。

（5）在厂房内严禁骑自行车。

【案例】

事故经过：

某厂机加工车间刚入厂的车工陈某，在午间休息时间，到与其同时入厂的电瓶车司机周某的电瓶车驾驶室内，一边与周某闲聊，一边随便用手、脚乱动开关。由于电瓶车总电源没有断开，无意中将电瓶车开动，并向前行驶，不幸将前方2名工人撞挤到墙上，各挤断一条腿骨，造成重伤。

事故原因：

（1）并非司机的车工陈某擅自操作他人的车，且在对车的情况不熟悉的情况下乱动开关，是造成这起事故的直接原因。

（2）电瓶车司机周某在午间车辆停驶时，未将总电源开关断开，且未阻止陈某在自己的车上乱动开关的行为，是造成这起事故的间接原因。

事故教训：

（1）工作中不应违反规定擅自操作他人使用的设备。

（2）设备使用人对他人随便操作自己使用的设备的行为应予以阻止。

第七节　建筑施工事故预防

一、高处作业事故预防

1. 高处作业和特殊高处作业

凡在坠落高度基准面2米以上（含2米），有可能坠落的高处进行的作业均称为高处作业。

特殊高处作业包括：

（1）在阵风风力六级（风速为10.8米/秒）以上的情况下进行的高处作业，称为强风高处作业。

（2）在高温或低温环境下进行的高处作业，称异温高处作业。

（3）降雪时进行的高处作业，称为雪天高处作业。

（4）降雨时进行的高处作业，称为雨天高处作业。

（5）室外完全采用人工照明时进行的高处作业，称为夜间高处作业。

（6）在接近或接触带电体时进行的高处作业，称带电高处作业。

（7）在无立足点或无牢靠立足点的条件下进行的高处作业，称为悬空高处作业。

（8）对突然发生的各种灾害事故进行抢救的高处作业，称为抢救高处作业。

2. 高处作业事故的防范对策

（1）体弱、年老人员以及有恐高症者，不能从事高处作业。

（2）遇到六级以上强风、大雾、雷雨等恶劣气候，露天场所不能登高；夜间登高要有足够的照明。

（3）作业前应检查登高用具是否安全可靠。不得借用设备构筑物、支架、管道、绳索等非登高设施作为登高工具。

（4）高处作业必须与高压电线保持安全距离或采取相应的安全防护措施。

（5）在高处作业时，应戴好安全帽并系好帽带；要系好安全带，扣好安全绳；安全绳要高挂低用，切忌低挂高用。

（6）在高处不得扔物，大件工具需拴牢，防止掉落；地面监护人或指挥人应和登高者统一联络信号，下方应设围栏，禁止无关人员进入。如必须交叉作业，上下须设可靠隔离措施或警戒线。

（7）在石棉瓦上作业时，应用固定跳板或铺瓦梯；在屋面斜坡、坝顶、吊桥、框架边沿及设备顶上等立足不稳处作业时，应搭设脚手架、栏杆或安全网。

（8）高处预留孔、起吊孔的盖板或栏杆不得任意移动或拆除，禁止在孔洞附近堆物。如因检修必须移去时，应有防护措施，施工完毕后应及时复原。

（9）脚手架等登高设施必须牢固可靠，应有专人维护。使用前应认真检查。

（10）长梯、人字梯使用前要检查梯身有无缺陷，梯子下脚要有防滑措施；梯子的摆放角度要适当（不大于 $60°$ 且不小于 $45°$）；登梯时，下面要有人扶住，作业时人体的重心不能外倾；梯子不能放在不稳固的物体上；作业前，人字梯的中间要用绳子拴牢。

3. 洞口作业及防护措施

洞与孔边口旁的高处作业，包括施工现场及通道旁深度在 2 米及 2 米以上的桩孔、人孔、沟槽与管道、孔洞等边缘上的作业称为洞口作业。

施工现场因工程和工序需要而产生洞口，常见的有楼梯口、电梯井口、预留洞口、井架通道口，这就是常称的"四口"。"四口"作业应做好以下安全防护措施：

（1）楼板、层面和平台等处的洞口，根据具体情况采取设防护栏杆、加盖件、张设安全网或装栅门等措施。

1）边长为 25～50 厘米的洞口，用坚实的板盖盖住，盖板应能防止挪动移位，并有标识。

2）边长为 50～150 厘米的洞口，四周设防护栏杆，用密目式安全网围挡，必要时也可在底部横杆下沿设置严密固定的、高度不低于 20 厘米的踢脚板。

3）边长大于 150 厘米的洞口，除应根据上一条设置防护外，洞口处还应张设安全网。

（2）电梯井防护时应设置固定栅门，栅门的高度为 175 厘米，安装时离楼层面 5 厘米，上下必须固定，门栅网格的间距不应大于 15 厘米。同时电梯井内应每隔两层设一道安全网。

（3）高度不超过 10 米的墙面等处的洞口，要设置固定的栅门，其安装方法与电梯井一样。

二、建筑施工作业安全要求

1. 瓦工作业安全要求

（1）作业前应首先搭设好作业面，在作业面上操作的瓦工不能过于集中。为防止荷载过重及倒塌，堆放材料要分散且不能超高。

（2）砌砖使用的工具应放在稳妥的地方，斩砖应面向墙面，工作完毕应将脚手板和墙上的碎砖、灰浆清扫干净，防止掉落伤人。

（3）山墙砌完后应立即安装桁条或加临时支撑，防止倒塌。

（4）在屋面坡度大于 25°时，挂瓦必须使用移动板梯，板梯必须有牢固的挂钩，没有外架子时檐口应搭防护栏杆和防护立网。

（5）屋面上瓦应两坡同时进行，保持屋面受力均衡。屋面无望板时，应铺设通道，不准在桁条、瓦条上行走。

2. 抹灰工作业安全要求

（1）操作前检查架子和高凳是否牢固，且跨度应小于 2 米。在架上操作时，同一跨度内作业人员不应超过 2 人。

（2）室内抹灰使用的木凳、金属支架应平稳牢固，架子上堆放材料不得过于集中。

（3）不准在门窗、暖气件、洗脸池等器物上搭设脚手架。在阳台部位粉刷时，外侧必须挂设安全网，严禁踩踏脚手架的护栏和阳台拦板。

（4）进行机械喷灰喷涂时，应戴防护用品，压力表、安全阀门应灵敏可靠，管路摆放顺直，避免折弯。

（5）贴面使用预制件、大理石、瓷砖等，应边用边运。待灌浆凝固后方可拆除临时支撑。

（6）使用磨石机时，应戴绝缘手套、穿胶靴，电源线不得破皮漏电。

3. 木工作业安全要求

（1）木工支模拆模安全要求：

1）模板支撑不得使用腐朽、扭裂、劈裂的材料。顶撑要垂直，底端平整坚实，并加垫木。木楔要钉牢，并用横顺拉杆和剪刀撑拉牢。

2）采用桁架支模应严格检查，发现严重变形、螺栓松动等应及时修复。

3）禁止利用拉杆、支撑攀登上下。

4）支设 4 米以上的立柱模板时，四周必须有支撑。不足 4 米的，可使用马凳操作。

5）拆除模板应按顺序分段进行，严禁猛撬、硬砸或大面积撬落和拉倒。拆下的模板应及时运送到指定地点集中堆放，防止钉子扎脚。

6）拆除薄梁、吊车梁、桁架预制构件模板，应随拆随加顶撑支牢，防止构件倾倒。

（2）木工进行木构件安装时的安全操作规定：

1）按《建筑施工高处作业安全技术规范》（JGJ 80—2016）的规定，在坡度大于 1：2.2 的屋面上操作，防护栏杆应高 1.5 米，并架接安全网。

2）木屋架应在地面拼装。必须在上面拼装的应连续进行，中断时应设临时支撑。屋架就位后，应及时安装脊檩、拉杆或临时支撑。

3）在没有望板的屋面上安装石棉瓦，应在屋架下弦设安全网或有防滑条的脚手板操作。严禁在石棉瓦上行走。

4）安装 2 层楼以上外墙窗扇，外面如没安设脚手架或安全网的，应系挂好安全带。

5）不准直接在板条天棚或隔声板上行走及堆放材料。

6）钉户檐板，严禁在屋面上探身操作。

4. 钢筋工作业安全要求

（1）拉直钢筋时，卡头要卡牢，地锚要结实牢固，拉筋沿线 2 米区域内禁止行人，人工绞磨拉直，缓慢松懈，不得一次松开。

（2）展开盘圆钢筋时，要卡牢一头，防止回弹。

（3）人工断料和打锤要站成斜角，注意甩锤区域内的人和物体。切断小于 30 厘米的短钢筋，应用钳子夹牢，禁止用手把扶。

（4）在高处、深坑绑扎钢筋或安装骨架，或绑扎高层建筑的圈梁、挑檐、外墙、边柱钢筋，除应设置安全设施外，绑扎时还要系挂好安全带。

（5）绑扎立柱、墙体钢筋时，不得站在钢筋骨架上或攀登骨架上下。

5. 架子工作业安全要求

建筑登高架设作业包括的操作项目有建筑脚手架、提升设备、高空吊篮等的拆装，以及起重设备拆装。建筑登高架设作业应做好以下安全要求：

（1）建筑登高架设作业人员应熟知本作业的安全技术操作规程，严禁酒后作业和作业中玩笑戏闹，禁止赤脚，禁止穿硬底鞋、拖鞋和带钉鞋等，穿着要灵便。

（2）必须正确使用个人防护用品及熟知"三宝"（安全帽、安全网、安全带）的正确使用方法。

（3）架子工在高处作业时必须有工具袋，防止工具坠落伤人。

（4）架子工在高处作业时使用的材料、工具必须由绳索传递，严禁抛掷。

（5）架子工安全操作应遵守的"十二道关"包含以下内容：

1）人员关。有高血压、心脏病、癫痫病、晕高、视力不好等不适合做高处作业的人员，未取得特种作业上岗操作证的人员，均不得从事架子高空作业。

2）材质关。脚手架所需要用的材料、扣件等必须符合国家规定的要求，经过验收合格才能使用，不合格的绝不能使用。

3）尺寸关。必须按规定的立杆、横杆、剪刀撑、护身栏等间距尺寸搭设，上下接头要错开。

4）地基关。土壤必须夯实，立杆再插在底座上，下铺 5 厘米厚的跳板，并加绑扫地杆，要能排出雨水。高层脚手架基础要经过计算，采取加固措施。

5）防护关。作业层内侧脚手板与墙距离不得大于 15 厘米；外侧必须搭设 2 道护身栏和挡脚板，挡脚板绑扎牢固严密，或立挡安全网下口封牢。10 米以上的脚手架，应在操作层下一步架搭设一层脚手板，以保证安全。如因材料不足不能设安全层时，可在操作层下一步架铺设一层安全网，以防坠落。

6）铺板关。脚手板必须满铺、牢固，不得有空隙、探头板和飞跳板。要经常清除板上杂物，保持清洁平整。操作层有坡度的，脚手板必须和小横拉杆用铅丝绑牢。

7）稳定关。必须按规定设剪刀撑。必须使脚手架与楼层墙体拉接牢固，拉结点设置距离为垂直3.6米（4米以内），水平5.4米（6米以内）。

8）承重关。荷载不得超过规定，在脚手架上堆砖，只允许单行侧摆3层。

9）上下关。工人安全上下、安全行走必须走斜道和阶梯，严禁施工人员翻爬脚手架。

10）雷电关。脚手架高于周围避雷设施的必须安装避雷针，接地电阻不得大于10欧姆。在带电设备附近搭拆脚手架时应停电进行。或者遵守下列规定：严禁跨越35千伏及以上带电设备；1千伏及以下，水平和垂直距离不应小于4米；1～10千伏的，为6米。

11）挑别关。对特殊架子的挑梁、别杆是否符合规定，必须认真检查和把关。

12）检验关。架子搭好后必须经过有关人员检查验收合格才能上架操作。要加强使用过程中的检查，分层搭设、分层验收和分层使用，发现问题及时加固。大风、大雨、大雪后也要认真检查。

6. 施工现场机动车驾驶员安全要求

（1）"十慢"。所谓"十慢"是指起步慢、转弯慢、下坡慢、倒车慢、过桥慢、交会车慢、交叉路口慢、视线不良慢、雨雪路滑慢、挂有拖车慢。

（2）"十不准"。"十不准"是指不准超载、不准抢挡、不准高速行驶、不准酒后驾驶、开车时不准吃东西、开车不准与他人谈话、人货不准混装、视线不清不准倒车、不准非驾驶人员开车、行驶中不准跳上跳下。

（3）"十不开"。"十不开"是指车辆有"病"不开车、车门不关好不开车、人没坐稳不开车、货物没有装好不开车、跳脚板上站人不开车、翻斗不装好不开车、装运货物超高超长没有安全措施不开车、装运危险品违反安全标准不开车、"三证"（驾驶证、行驶证、年检合格证）不全不开车、学员没有教练带领不开车。

（4）"七好"。"七好"是指刹车好、灯光好、喇叭好、信号标志好、车辆保养好、规程规则遵守好、安全措施执行好。

【案例】

事故经过：

某日，北京市某工程项目进行脚手架搭设作业。作业中，作业人员宋某在脚手架上进行脚手板铺设作业。10时46分，塔吊将一摞脚手板吊运到脚手架上。宋某在摘除吊点的卡环过程中，身体失稳，由于当时宋某身上所佩戴的安全带没有进行挂挂，不慎从落差12米的脚手架上坠落到地面。现场人员急忙将宋某送往医院，但是因伤势严重，经抢救无效死亡。

事故原因：

1. 造成事故的直接原因

宋某违反了《北京市建筑工程施工安全操作规程》中高处作业必须佩戴安全带并与已搭好的立、横杆挂牢的规定，作为专业脚手架施工人员，在实际作业中，虽然佩戴了安全带，却没有将安全带挂挂，以至于当身体失稳发生坠落时安全带不能起到保护作用。

2. 造成事故的间接原因

(1) 施工单位没有严格履行对分包单位安全施工的监督管理、安全检查的职责，使分包单位现场安全管理不到位的情况和作业人员违章行为没有及时被发现和制止。

(2) 劳务分包单位没有履行安全职责，未将该单位作业人员安全教育落实到位，使作业人员安全意识淡薄，不能自觉遵守安全操作规程，导致违章作业。

事故教训：

这起事故的发生，主要是宋某的疏忽大意和违章行为造成的，身处高处作业，所佩戴的安全带却没有进行拴挂，结果不慎从落差12米的脚手架上坠落到地面。

对于施工作业人员的违章行为，必须严格规章制度，提高违章成本。治理建筑施工现场的违章行为需用严格的制度来约束。企业负责人要充分认识到其危害的严重性，要有决心通过一定的奖惩措施，通过大幅度地提高违章成本，通过抓典型树标兵等形式提高作业人员的安全生产意识。要使企业所有人都意识到，违章是得不偿失的，违章是必受到惩罚的，从制度上杜绝一部分人的侥幸心理。提高违章成本可以从经济层面上断绝部分项目经理、分包负责人的违章冒险意识。一些具有承包性质的项目经理、分包负责人"经济意识"太强，总爱算经济账，觉得安全投入耗费资金，喜欢冒险蛮干，只有加大违章的成本，大到使他们承担不起才行，以杜绝他们的冒险念头。同时辅以一定的管理、技术手段，例如，没有登高架设上岗证的人员严禁从事登高架设作业，未经现场安全人员同意不准擅自拆除安全防护设施，施工作业区设置规范畅通的安全通道，每天上班前对所有高处作业人员的劳动防护用品穿戴情况进行专项检查等，对于高处作业所佩戴的安全带不进行拴挂的行为严格处罚。通过这些措施，促进建筑施工的安全。

第八节 矿山事故预防

一、矿工安全须知

1. 矿工下井安全要求

(1) 煤矿是高危行业，矿工入井前要吃好、睡好、休息好，千万不能喝酒，以保持精力充沛。

(2) 明火和静电可导致瓦斯爆炸及火灾，不能穿化纤衣服和携带香烟及点火物品下井。

(3) 入井前要随身佩戴矿灯、安全帽，携带自救器，配备不齐或设备不完好不能入井工作。

(4) 携带锋利工具时，要套好护套，防止伤人。

(5) 通过班前会可了解工作地点的安全生产情况，明确安全注意事项，掌握防范措施，保证作业安全，因此要按时参加班前会。

(6) 自觉遵守《入井检身制度》，听从指挥，排队入井，接受检身。

2. 矿井下乘车与行走安全要求

(1) 上下井乘罐、乘车、乘皮带要听从指挥，不能嬉戏打闹、抢上抢下。

(2) 要按照定员乘罐、乘车，并关好罐笼门、车门，挂好防护链。不能在机车上或两车厢之间搭乘。

(3) 人货混装十分危险，不要乘坐已装物料的罐笼、矿车和皮带。

(4) 开车信号已发出和罐笼、人车没有停稳时，严禁上下。

(5) 运送火工品时，要听从管理人员安排，千万不能与上下班人员同时乘罐、乘车。

(6) 乘罐、乘车、乘皮带行驶途中，不能在罐内、车内躺卧和打瞌睡，不能将头、手脚和携带的工具伸到罐笼和车辆外面；不能在皮带上仰卧、打瞌睡和站立、行走，不能用手扶皮带侧帮。

(7) 乘坐"猴车"（无级绳绞车）时，不许触摸绳轮，做到稳上、稳下。

(8) 在巷道中行走时，要走人行道，不在轨道中间行走，不随意横穿电机车轨道、绞车道。携带长件工具时，要注意避免碰伤他人和触及架空线。当车辆接近时，要立即进入躲避硐室暂避。

(9) 在横穿大巷，通过弯道、交叉口时，要做到"一停、二看、三通过"；任何人都不能从立井和斜井的井底穿过；在兼作行人的斜巷内行走时，按照"行人不行车，行车不行人"的规定，不要与车辆同行。

(10) 钉有栅栏和挂有危险警告牌的地点十分危险，不能擅自进入；爆破作业经常伤人，不可强行通过爆破警戒线，进入爆破警戒区。

(11) 严禁扒车、跳车和乘坐矿车，严禁在刮板输送机上行走；在带式输送机巷道中，不能钻过或跨越输送带。

二、矿井下发生事故的应急措施

1. 井下火灾的应急对策

(1) 井下火灾后果十分严重，会造成重大人员伤亡和财产损失，还会引发瓦斯、煤尘爆炸，导致灾害进一步扩大。应十分注意矿井火灾的防范：一是不能在井下用灯泡取暖和使用电炉、明火；二是在没有得到批准的情况下，不得从事电、气焊作业；三是不能将剩油、废油随意泼洒，也不能将用过的棉纱、布头和纸张等易燃物品随意丢弃。

(2) 火灾发生初期是灭火的最好时机，因而应主动学会使用灭火器具，掌握灭火知识。在发生火灾时，若火势不大，可直接组织身边人员灭火；若火灾范围大或火势太猛，现场人员无力抢救、自身安全受到威胁时，应迅速戴好自救器撤离灾区或根据领导指示行事。

2. 矿井水灾的预防

(1) 矿井水灾事故是煤矿五大自然灾害之一，也会造成人员的重大伤亡。当观察到以下一种或几种征兆时，必须停止作业，判明情况，立即向领导或调度室报告，并从受水害威胁的区域撤出。水灾的征兆是：工作面变得潮湿，顶板滴水、淋水，岩石膨胀、底鼓，矿压增大，片帮冒顶，支架变形，有水叫声，煤层挂汗、挂红，工作面有害气体增加、有时带有臭鸡蛋味等。

（2）探水作业经常会发生意外，进行探水作业时，要预先开好躲避硐，加强支护，规定好联络信号和避灾路线，并经常检查瓦斯浓度。当钻进中遇到异常情况时，不要轻易移动或拔出钻杆、擅自放水，要及时向领导或调度室汇报，情况危急时，要立即撤出。

3. 矿井下发生事故的紧急避灾措施

（1）有效的自救和互救可减少事故伤亡，挽救自己和他人的生命，因而要主动学习和掌握矿井灾害预防知识和自救、互救知识，熟悉井下避灾路线。

（2）发生事故后，及时报警可增加获救的机会、赢得抢救的时间。在事故发生后，要充分利用附近的电话或派出人员迅速将事故情况向领导或调度室汇报。

（3）避灾过程中，要保持镇静、沉着应对，不要惊慌、不要乱喊乱跑；要遵守纪律，听从指挥，绝不可单独行动。

（4）紧急避灾撤离事故现场时，要迎着风流向进风井口撤离，并在沿途留下标记。

（5）无法安全撤离灾区时，要迅速进入预先构筑的躲避硐室或其他安全地点暂避，在硐室外留下明显标记，并不时敲打轨道或铁管发出求救信号。撤离路线被封堵时，不要冒险闯过火区或游过被水封堵的通道。

（6）抢救窒息或心跳呼吸骤停的伤员时，要先复苏，后搬运；抢救出血的伤员时，要先止血，后搬运；抢救骨折的伤员时，要先固定，后搬运。

（7）正确避灾，可避免或减少人员伤亡：遇到瓦斯、煤尘爆炸事故时，要迅速背向空气震动的方向、脸向下卧倒，并用湿毛巾捂住口鼻，以防止吸入大量有毒气体；与此同时，要迅速戴好自救器，选择顶板坚固、有水或离水较近的地方躲避。

遇到火灾事故时，要首先判明灾情和自己的实际处境，能灭（火）则灭，不能灭（火）则迅速撤离或躲避、开展自救或等待救援。

遇到水灾事故时，要尽量避开突水水头；难以避开时，要紧抓身边的牢固物体并深吸一口气，待水头过去后开展自救和互救。

遇到煤与瓦斯突出事故时，要迅速戴好隔离式自救器、进入压风自救装置或进入避难硐室。

第九节　道路交通事故预防

一、机动车道路通行安全规定

1. 在道路同方向画有2条以上机动车道的，左侧为快速车道，右侧为慢速车道。在快速车道行驶的机动车应当按照快速车道规定的速度行驶，未达到快速车道规定的行驶速度的，应当在慢速车道行驶。摩托车应当在最右侧车道行驶。有交通标志标明行驶速度的，按照标明的行驶速度行驶。慢速车道内的机动车超越前车时，可以借用快速车道行驶。在道路同方向划有2条以上机动车道的，变更车道的机动车不得影响相关车道内行驶的机动车的正常行驶。

2. 机动车在道路上行驶不得超过限速标志、标线标明的速度。在没有限速标志、标线的道路上，机动车不得超过下列最高行驶速度：

(1) 没有道路中心线的道路，城市道路为每小时 30 公里，公路为每小时 40 公里；

(2) 同方向只有 1 条机动车道的道路，城市道路为每小时 50 公里，公路为每小时 70 公里。

3. 机动车行驶中遇有下列情形之一的，最高行驶速度不得超过每小时 30 公里，其中拖拉机、电瓶车、轮式专用机械车不得超过每小时 15 公里：

(1) 进出非机动车道，通过铁路道口、急弯路、窄路、窄桥时；

(2) 掉头、转弯、下陡坡时；

(3) 遇雾、雨、雪、沙尘、冰雹，能见度在 50 米以内时；

(4) 在冰雪、泥泞的道路上行驶时；

(5) 牵引发生故障的机动车时。

4. 机动车超车时，应当提前开启左转向灯、变换使用远、近光灯或者鸣喇叭。在没有道路中心线或者同方向只有 1 条机动车道的道路上，前车遇后车发出超车信号时，在条件许可的情况下，应当降低速度、靠右让路。后车应当在确认有充足的安全距离后，从前车的左侧超越，在与被超车辆拉开必要的安全距离后，开启右转向灯，驶回原车道。

5. 在没有中心隔离设施或者没有中心线的道路上，机动车遇相对方向来车时应当遵守下列规定：

(1) 减速靠右行驶，并与其他车辆、行人保持必要的安全距离；

(2) 在有障碍的路段，无障碍的一方先行；但有障碍的一方已驶入障碍路段而无障碍的一方未驶入时，有障碍的一方先行；

(3) 在狭窄的坡路，上坡的一方先行；但下坡的一方已行至中途而上坡的一方未上坡时，下坡的一方先行；

(4) 在狭窄的山路，不靠山体的一方先行；

(5) 夜间会车应当在距相对方向来车 150 米以外改用近光灯，在窄路、窄桥与非机动车会车时应当使用近光灯。

6. 机动车在有禁止掉头或者禁止左转弯标志、标线的地点以及在铁路道口、人行横道、桥梁、急弯、陡坡、隧道或者容易发生危险的路段，不得掉头。机动车在没有禁止掉头或者没有禁止左转弯标志、标线的地点可以掉头，但不得妨碍正常行驶的其他车辆和行人的通行。

7. 机动车倒车时，应当察明车后情况，确认安全后倒车。不得在铁路道口、交叉路口、单行路、桥梁、急弯、陡坡或者隧道中倒车。

8. 机动车通过有交通信号灯控制的交叉路口，应当按照下列规定通行：

(1) 在划有导向车道的路口，按所需行进方向驶入导向车道；

(2) 准备进入环形路口的让已在路口内的机动车先行；

(3) 向左转弯时，靠路口中心点左侧转弯。转弯时开启转向灯，夜间行驶开启近光灯；

（4）遇放行信号时，依次通过；

（5）遇停止信号时，依次停在停止线以外。没有停止线的，停在路口以外；

（6）向右转弯遇有同车道前车正在等候放行信号时，依次停车等候；

（7）在没有方向指示信号灯的交叉路口，转弯的机动车让直行的车辆、行人先行。相对方向行驶的右转弯机动车让左转弯车辆先行。

9. 机动车通过没有交通信号灯控制也没有交通警察指挥的交叉路口，还应当遵守下列规定：

（1）有交通标志、标线控制的，让优先通行的一方先行；

（2）没有交通标志、标线控制的，在进入路口前停车瞭望，让右方道路的来车先行；

（3）转弯的机动车让直行的车辆先行；

（4）相对方向行驶的右转弯的机动车让左转弯的车辆先行。

10. 机动车遇有前方交叉路口交通阻塞时，应当依次停在路口以外等候，不得进入路口。机动车在遇有前方机动车停车排队等候或者缓慢行驶时，应当依次排队，不得从前方车辆两侧穿插或者超越行驶，不得在人行横道、网状线区域内停车等候。机动车在车道减少的路口、路段，遇有前方机动车停车排队等候或者缓慢行驶的，应当每车道一辆依次交替驶入车道减少后的路口、路段。

11. 机动车载物不得超过机动车行驶证上核定的载质量，装载长度、宽度不得超出车厢，并应当遵守下列规定：

（1）重型、中型载货汽车，半挂车载物，高度从地面起不得超过4米，载运集装箱的车辆不得超过4.2米；

（2）其他载货的机动车载物，高度从地面起不得超过2.5米；

（3）摩托车载物，高度从地面起不得超过1.5米，长度不得超出车身0.2米。两轮摩托车载物宽度左右各不得超出车把0.15米，三轮摩托车载物宽度不得超过车身。

载客汽车除车身外部的行李架和内置的行李箱外，不得载货。载客汽车行李架载货，从车顶起高度不得超过0.5米，从地面起高度不得超过4米。

12. 机动车载人应当遵守下列规定：

（1）公路载客汽车不得超过核定的载客人数，但按照规定免票的儿童除外，在载客人数已满的情况下，按照规定免票的儿童不得超过核定载客人数的10%；

（2）载货汽车车厢不得载客。在城市道路上，货运机动车在留有安全位置的情况下，车厢内可以附载临时作业人员1人至5人，载物高度超过车厢栏板时，货物上不得载人；

（3）摩托车后座不得乘坐未满12周岁的未成年人，轻便摩托车不得载人。

13. 机动车牵引挂车应当符合下列规定：

（1）载货汽车、半挂牵引车、拖拉机只允许牵引1辆挂车。挂车的灯光信号、制动、连接、安全防护等装置应当符合国家标准；

（2）小型载客汽车只允许牵引旅居挂车或者总质量700千克以下的挂车。挂车不得载人；

（3）载货汽车所牵引挂车的载质量不得超过载货汽车本身的载质量。

大型、中型载客汽车，低速载货汽车，三轮汽车以及其他机动车不得牵引挂车。

14. 机动车应当按照下列规定使用转向灯：

（1）向左转弯、向左变更车道、准备超车、驶离停车地点或者掉头时，应当提前开启左转向灯；

（2）向右转弯、向右变更车道、超车完毕驶回原车道、靠路边停车时，应当提前开启右转向灯。

15. 机动车在夜间没有路灯、照明不良或者遇有雾、雨、雪、沙尘、冰雹等低能见度情况下行驶时，应当开启前照灯、示廓灯和后位灯，但同方向行驶的后车与前车近距离行驶时，不得使用远光灯。机动车雾天行驶应当开启雾灯和危险报警闪光灯。

16. 机动车在夜间通过急弯、坡路、拱桥、人行横道或者没有交通信号灯控制的路口时，应当交替使用远近光灯示意。机动车驶近急弯、坡道顶端等影响安全视距的路段以及超车或者遇有紧急情况时，应当减速慢行，并鸣喇叭示意。

17. 机动车在道路上发生故障或者发生交通事故，妨碍交通又难以移动的，应当按照规定开启危险报警闪光灯并在车后 50 米至 100 米处设置警告标志，夜间还应当同时开启示廓灯和后位灯。

18. 牵引故障机动车应当遵守下列规定：

（1）被牵引的机动车除驾驶人外不得载人，不得拖带挂车；

（2）被牵引的机动车宽度不得大于牵引机动车的宽度；

（3）使用软连接牵引装置时，牵引车与被牵引车之间的距离应当大于 4 米小于 10 米；

（4）对制动失效的被牵引车，应当使用硬连接牵引装置牵引；

（5）牵引车和被牵引车均应当开启危险报警闪光灯。

汽车吊车和轮式专用机械车不得牵引车辆。摩托车不得牵引车辆或者被其他车辆牵引。转向或者照明、信号装置失效的故障机动车，应当使用专用清障车拖曳。

19. 驾驶机动车不得有下列行为：

（1）在车门、车厢没有关好时行车；

（2）在机动车驾驶室的前后窗范围内悬挂、放置妨碍驾驶人视线的物品；

（3）拨打接听手持电话、观看电视等妨碍安全驾驶的行为；

（4）下陡坡时熄火或者空挡滑行；

（5）向道路上抛撒物品；

（6）驾驶摩托车手离车把或者在车把上悬挂物品；

（7）连续驾驶机动车超过 4 小时未停车休息或者停车休息时间少于 20 分钟；

（8）在禁止鸣喇叭的区域或者路段鸣喇叭。

20. 机动车在道路上临时停车，应当遵守下列规定：

（1）在设有禁停标志、标线的路段，在机动车道与非机动车道、人行道之间设有隔离设施的路段以及人行横道、施工地段，不得停车；

（2）交叉路口、铁路道口、急弯路、宽度不足 4 米的窄路、桥梁、陡坡、隧道以及距离上述地点 50 米以内的路段，不得停车；

（3）公共汽车站、急救站、加油站、消防栓或者消防队（站）门前以及距离上述地点 30 米以内的路段，除使用上述设施的以外，不得停车；

（4）车辆停稳前不得开车门和上下人员，开关车门不得妨碍其他车辆和行人通行；

（5）路边停车应当紧靠道路右侧，机动车驾驶人不得离车，上下人员或者装卸物品后，立即驶离；

（6）城市公共汽车不得在站点以外的路段停车上下乘客。

21. 机动车行经漫水路或者漫水桥时，应当停车察明水情，确认安全后，低速通过。

22. 机动车载运超限物品行经铁路道口的，应当按照当地铁路部门指定的铁路道口、时间通过。机动车行经渡口，应当服从渡口管理人员指挥，按照指定地点依次待渡。机动车上下渡船时，应当低速慢行。

23. 在单位院内、居民居住区内，机动车应当低速行驶，避让行人；有限速标志的，按照限速标志行驶。

二、非机动车道路通行安全规定

1. 非机动车通过有交通信号灯控制的交叉路口，应当按照下列规定通行：

（1）转弯的非机动车让直行的车辆、行人优先通行；

（2）遇有前方路口交通阻塞时，不得进入路口；

（3）向左转弯时，靠路口中心点的右侧转弯；

（4）遇有停止信号时，应当依次停在路口停止线以外。没有停止线的，停在路口以外；

（5）向右转弯遇有同方向前车正在等候放行信号时，在本车道内能够转弯的，可以通行；不能转弯的，依次等候。

2. 非机动车通过没有交通信号灯控制也没有交通警察指挥的交叉路口，还应当遵守下列规定：

（1）有交通标志、标线控制的，让优先通行的一方先行；

（2）没有交通标志、标线控制的，在路口外慢行或者停车瞭望，让右方道路的来车先行；

（3）相对方向行驶的右转弯的非机动车让左转弯的车辆先行。

3. 驾驶自行车、电动自行车、三轮车在路段上横过机动车道，应当下车推行，有人行横道或者行人过街设施的，应当从人行横道或者行人过街设施通过；没有人行横道、没有行人过街设施或者不便使用行人过街设施的，在确认安全后直行通过。因非机动车道被占用无法在本车道内行驶的非机动车，可以在受阻的路段借用相邻的机动车道行驶，并在驶过被占用路段后迅速驶回非机动车道。机动车遇此情况应当减速让行。

4. 非机动车载物，应当遵守下列规定：

（1）自行车、电动自行车、残疾人机动轮椅车载物，高度从地面起不得超过 1.5 米，宽度左右各不得超出车把 0.15 米，长度前端不得超出车轮，后端不得超出车身 0.3 米；

（2）三轮车、人力车载物，高度从地面起不得超过 2 米，宽度左右各不得超出车身

0.2 米，长度不得超出车身 1 米；

（3）畜力车载物，高度从地面起不得超过 2.5 米，宽度左右各不得超出车身 0.2 米，长度前端不得超出车辕，后端不得超出车身 1 米。

5. 在道路上驾驶自行车、三轮车、电动自行车、残疾人机动轮椅车应当遵守下列规定：

（1）驾驶自行车、三轮车必须年满 12 周岁；

（2）驾驶电动自行车和残疾人机动轮椅车必须年满 16 周岁；

（3）不得醉酒驾驶；

（4）转弯前应当减速慢行，伸手示意，不得突然猛拐，超越前车时不得妨碍被超越的车辆行驶；

（5）不得牵引、攀扶车辆或者被其他车辆牵引，不得双手离把或者手中持物；

（6）不得扶身并行、互相追逐或者曲折竞驶；

（7）不得在道路上骑独轮自行车或者 2 人以上骑行的自行车；

（8）非下肢残疾的人不得驾驶残疾人机动轮椅车；

（9）自行车、三轮车不得加装动力装置；

（10）不得在道路上学习驾驶非机动车。

6. 在道路上驾驭畜力车应当年满 16 周岁，并遵守下列规定：

（1）不得醉酒驾驭；

（2）不得并行，驾驭人不得离开车辆；

（3）行经繁华路段、交叉路口、铁路道口、人行横道、急弯路、宽度不足 4 米的窄路或者窄桥、陡坡、隧道或者容易发生危险的路段，不得超车。驾驭两轮畜力车应当下车牵引牲畜；

（4）不得使用未经驯服的牲畜驾车，随车幼畜须拴系；

（5）停放车辆应当拉紧车闸，拴系牲畜。

三、行人和乘车人道路通行安全规定

1. 行人不得有下列行为：

（1）在道路上使用滑板、旱冰鞋等滑行工具；

（2）在车行道内坐卧、停留、嬉闹；

（3）追车、抛物击车等妨碍道路交通安全的行为。

2. 行人横过机动车道，应当从行人过街设施通过；没有行人过街设施的，应当从人行横道通过；没有人行横道的，应当观察来往车辆的情况，确认安全后直行通过，不得在车辆临近时突然加速横穿或者中途倒退、折返。

3. 行人列队在道路上通行，每横列不得超过 2 人，但在已经实行交通管制的路段不受限制。

4. 乘坐机动车应当遵守下列规定：

（1）不得在机动车道上拦乘机动车；

（2）在机动车道上不得从机动车左侧上下车；

（3）开关车门不得妨碍其他车辆和行人通行；

（4）机动车行驶中，不得干扰驾驶，不得将身体任何部分伸出车外，不得跳车；

（5）乘坐两轮摩托车应当正向骑坐。

四、道路交通事故人的责任划分

根据《道路交通安全法》及其相关法律法规的规定，交通事故责任分为：全部责任、主要责任、次要责任、同等责任四种。

1. 全部责任与无责任

在交通事故中，如果一方当事人负全责任，另一方当事人则无责任。负全部责任的情形主要有以下几种：

（1）根据《道路交通事故处理程序规定》（公安部令第 104 号）第四十六条第三款之规定：一方当事人故意造成道路交通事故的，负全部责任，他方无责任。

（2）根据《道路交通事故处理程序规定》第十九条第一款之规定：一方当事人的违章行为造成交通事故的，有违章行为的一方应当负全部责任，其他方不负交通事故责任。

（3）根据《道路交通安全实施条例》第九十二条规定：当事人逃逸或者故意破坏、伪造现场、毁灭证据，使交通事故责任无法认定的，应当负全部责任。

（4）根据《道路交通事故处理程序规定》第四十六条第三款之规定：各方均无导致道路交通事故的过错，属于交通意外事故的，各方均无责任。

2. 主要责任、次要责任与同等责任

一般而言，因两方当事人（或两方以上）有违章行为共同导致交通事故的，一方当事人在交通事故中所起的作用较大的，承担主要责任，但在交通事故中所起的作用较小的，是引发交通的事故的次要原因，承担次要责任。

一般而言，因两方（或两方）当事人在交通事故中均存在违章行为，且其行为对事故发生的作用以及过错的严重程度相当的，负同等责任。

根据《道路交通事故处理程序规定》第四十六条第二款之规定：因两方或者两方以上当事人的过错发生道路交通事故的，根据其行为对事故发生的作用以及过错的严重程度，分别承担主要责任、同等责任和次要责任。

第四章　职业病防治

第一节　职业病基础知识

一、职业病及其特点

1. 职业病概念

当职业性有害因素作用于人体的强度与时间超过一定限度时，人体不能代偿其所造成的功能性或器质性病变，从而出现相应的临床症状，影响劳动能力，产生职业性相关疾病。《中华人民共和国职业病防治法》（简称《职业病防治法》）中对职业病的概念做出了明确的定义，职业病是指企业、事业单位和个体经济组织等用人单位的劳动者在职业活动中，因接触粉尘、放射性物质和其他有毒、有害因素而引起的疾病。这就明确了职业病的病因指的是对从事职业活动的劳动者可能导致职业病的各种职业病危害因素。

职业病是一种人为的疾病。它的发生率与患病率的高低，直接反映疾病预防控制工作的水平。世界卫生组织对职业病的定义，除医学的含义外，还赋予立法意义，即由国家所规定的"法定职业病"。

法定职业病必须具备四个条件：①患者主体仅限于企业、事业单位和个体经济组织等用人单位的劳动者；②必须在从事职业活动的过程中产生；③必须因接触粉尘、放射性物质和其他有毒、有害物质等职业病危害因素引起；④必须列入国家规定的职业病范围。

在我国，依据《职业病防治法》，职业病的分类和目录由国务院卫生行政部门会同国务院安全生产监督管理部门、劳动保障行政部门制定、调整并公布，现行的《职业病分类和目录》（国卫疾控发〔2013〕48 号）中规定的职业病共 10 类 132 种。根据《工伤保险条例》十四条第四款的规定，患职业病的应当被认定为工伤。患职业病的工伤职工，在治疗和休息期间及在鉴定伤残等级或治疗无效死亡时，均应按工伤保险有关规定给予相应待遇。

2. 职业病的特点

国内外职业病防治医学专家对职业病存在的特点已达成如下共识：

（1）职业病的病因是明确的，即由于劳动者在职业活动过程中长期受到来自化学的、物理的、生物的职业病危害因素的侵害，或长期受不良的作业方法、恶劣的作业条件的影响。这些因素及影响对职业病的起因，直接或间接的、个别或共同地发生作用。如职业性苯中毒是劳动者在职业活动中接触苯引起的；尘肺（肺尘埃沉着病）是劳动者在职业活动中吸入相应的粉尘引起的。

（2）疾病发生与劳动条件密切相关。职业病的发生与生产环境中有害因素的数量或强度、作用时间、劳动强度及个人防护等因素密切相关，如急性中毒的发生，多由短期内大量吸入毒物引起；慢性职业中毒，则多由长期吸收较小量的毒物蓄积引起。

（3）所接触的病因大多是可以检测的，而且其浓度或强度需要达到一定的程度，才能使劳动者致病，一般接触职业病危害因素的浓度或强度与病因有直接关系。

（4）职业病不同于突发性事故或疾病，其病症要经过一个较长的逐渐形成期或潜伏期后才能显现，属于缓发性伤残。

（5）职业病具有群体性发病特征，在接触同样有害因素的人群中，多是同时或先后出现一批相同的职业病患者，很少出现仅有个别人发病的情况。

（6）由于职业病多表现为体内生理器官或生理功能的损伤，因而是只见"病症"，不见"伤口"。

（7）大多数职业病如能早期诊断，及时治疗，妥善处理，预后较好。但有的职业病如矽肺、煤土尘肺属于不可逆性损伤，很少有痊愈的可能。迄今为止所有治疗方法均无明显效果，只能对症处理，减缓进程，故发现越晚，疗效越差。

（8）除职业性传染病外，治疗个体无助于控制人群发病，必须有效"治疗"有害的工作环境。从病因上来说，职业病是完全可以预防的。发现病因，改善劳动条件，控制职业病危害因素，即可减少职业病的发生，故必须强调"预防为主"。

（9）在同一生产环境从事同一工种的人中，人体发生职业性损伤的概率和程度也有差别。

（10）职业病的范围日趋扩大。随着科学技术进步和国家经济实力的提高，越来越多的职业病将被发现，所以职业病分类和目录将被逐步调整。

二、职业病分类

随着经济的发展和科技的进步，各种新材料、新工艺、新技术的不断出现，产生职业病危害因素的种类越来越多，从而导致了职业病的范围越来越广，出现了一些过去未曾见过或很少见过的职业病。因此，国家对法定职业病的范围不断进行修订。1957年，原卫生部制定的《职业病范围和职业病患者处理办法的规定》规定14种法定职业病；1987年，原卫生部等四个部门发布《职业病范围和职业病患者处理办法的规定》（国卫防字〔1987〕60号）将职业病修订为9类99种；2002年根据《中华人民共和国职业病防治法》，原卫生部部务会讨论通过《职业病诊断与鉴定管理办法》将职业病修订为10类115种。目前，根据国家卫生计生委、国家安全监管总局、人力资源社会保障部和全国总工会2013年12月23日联合发布的《职业病分类和目录》（国卫疾控发〔2013〕48号），职业病分为10类132种，具体分类如下：

1. 职业性尘肺病及其他呼吸系统疾病（19种）

（1）尘肺病（13种）：矽肺、煤工尘肺、石墨尘肺、碳黑尘肺、石棉肺、滑石尘肺、水泥尘肺、云母尘肺、陶工尘肺、铝尘肺、电焊工尘肺、铸工尘肺以及根据《尘肺病诊断标准》和《尘肺病理诊断标准》可以诊断的其他尘肺病。

（2）其他呼吸系统疾病（6种）：过敏性肺炎、棉尘病、哮喘、金属及其化合物粉尘肺沉着病（锡、铁、锑、钡及其化合物等）、刺激性化学物所致慢性阻塞性肺疾病和硬金属肺病。

2. 职业性皮肤病（9种）

职业性皮肤病包括接触性皮炎、光接触性皮炎、电光性皮炎、黑变病、痤疮、溃疡、化学性皮肤灼伤、白斑以及根据《职业性皮肤病的诊断总则》可以诊断的其他职业性皮肤病。

3. 职业性眼病（3种）

职业性眼病包括化学性眼部灼伤、电光性眼炎、白内障（含放射性白内障、三硝基甲苯白内障）。

4. 职业性耳鼻喉口腔疾病（4种）

职业性耳鼻喉口腔疾病包括噪声聋、铬鼻病、牙酸蚀病和爆震聋。

5. 职业性化学中毒（60种）

职业性化学中毒包括铅及其化合物中毒（不包括四乙基铅），汞及其化合物中毒，锰及其化合物中毒，镉及其化合物中毒，铍病，铊及其化合物中毒，钡及其化合物中毒，钒及其化合物中毒，磷及其化合物中毒，砷及其化合物中毒，铀及其化合物中毒，砷化氢中毒，氯气中毒，二氧化硫中毒，光气中毒，氨中毒，偏二甲基肼中毒，氮氧化合物中毒，一氧化碳中毒，二硫化碳中毒，硫化氢中毒，磷化氢、磷化锌、磷化铝中毒，氟及其无机化合物中毒，氰及腈类化合物中毒，四乙基铅中毒，有机锡中毒，羰基镍中毒，苯中毒，甲苯中毒，二甲苯中毒，正己烷中毒，汽油中毒，一甲胺中毒，有机氟聚合物单体及其热裂解物中毒，二氯乙烷中毒，四氯化碳中毒，氯乙烯中毒，三氯乙烯中毒，氯丙烯中毒，氯丁二烯中毒，苯的氨基及硝基化合物（不包括三硝基甲苯）中毒，三硝基甲苯中毒，甲醇中毒，酚中毒，五氯酚（钠）中毒，甲醛中毒，硫酸二甲酯中毒，丙烯酰胺中毒，二甲基甲酰胺中毒，有机磷中毒，氨基甲酸酯类中毒，杀虫脒中毒，溴甲烷中毒，拟除虫菊酯类中毒，铟及其化合物中毒，溴丙烷中毒，碘甲烷中毒，氯乙酸中毒，环氧乙烷中毒，上述条目未提及的与职业有害因素接触之间存在直接因果联系的其他化学中毒。

6. 物理因素所致职业病（7种）

物理因素所致职业病包括中暑、减压病、高原病、航空病、手臂振动病、激光所致眼（角膜、晶状体、视网膜）损伤和冻伤。

7. 职业性放射性疾病（11种）

职业性放射性疾病包括外照射急性放射病、外照射亚急性放射病、外照射慢性放射病、内照射放射病、放射性皮肤疾病、放射性肿瘤（含矿工高氡暴露所致肺癌）、放射性骨损伤、放射性甲状腺疾病、放射性性腺疾病、放射复合伤以及根据《职业性放射性疾病诊断标准（总则）》可以诊断的其他放射性损伤。

8. 职业性传染病（5种）

职业性传染病包括炭疽、森林脑炎、布鲁氏菌病、艾滋病（限于医疗卫生人员及人民警察）和莱姆病。

9. 职业性肿瘤（11 种）

职业性肿瘤包括石棉所致肺癌、间皮瘤，联苯胺所致膀胱癌，苯所致白血病，氯甲醚、双氯甲醚所致肺癌，砷及其化合物所致肺癌、皮肤癌，氯乙烯所致肝血管肉瘤，焦炉逸散物所致肺癌，六价铬化合物所致肺癌，毛沸石所致肺癌、胸膜间皮瘤，煤焦油、煤焦油沥青、石油沥青所致皮肤癌和 β-萘胺所致膀胱癌。

10. 其他职业病（3 种）

其他职业病包括金属烟热，滑囊炎（限于井下工人），股静脉血栓综合征、股动脉闭塞症或淋巴管闭塞症（限于刮研作业人员）。

三、职业病危害因素的分类

1. 职业病危害因素的来源

职业性危害因素的来源主要有以下几种：

（1）生产工艺过程。职业病危害因素随着生产技术、机器设备、使用材料和工艺流程变化不同而变化，如与生产过程有关的原材料、工业毒物、粉尘、噪声、振动、高温、辐射及传染性因素等有关。

（2）劳动过程。职业病危害因素与生产工艺的劳动组织情况、生产设备布局、生产制度与作业人员体位和方式以及智能化的程度有关。

（3）作业环境。职业病危害因素与作业场所的环境有关，如室外不良气象条件以及室内由于厂房狭小、车间位置不合理、照明不良与通风不畅等因素的影响都会对作业人员产生影响。

2. 职业病危害因素分类

（1）职业病危害因素按其性质可分为以下几类：

1）环境因素：

①物理因素。不良的物理因素，或异常的气象条件如高温、低温、噪声、振动、高低气压、非电离辐射（可见光、紫外线、红外线、射频辐射、激光等）与电离辐射（如 X 射线、γ 射线）等。

②化学因素。生产过程中使用和接触到的原料、中间产品、成品及这些物质在生产过程中产生的废气、废水和废渣等都会对人体产生危害，也称为生产性毒物。生产性毒物以粉尘、烟尘、雾气、蒸气等固态、液态或气态的形态遍布于生产作业场所的不同地点和空间，接触毒物可对人产生刺激或使人产生过敏反应，还可能引起中毒。

③生物因素。生产过程中使用的原料、辅料及在作业环境中都可存在某些致病微生物和寄生虫，如炭疽杆菌、布鲁氏杆菌、森林脑炎病毒和螺旋体等。

2）与职业有关的其他因素。劳动组织和作息制度的不合理导致的工作紧张；个人生活习惯不良，如过度饮酒、缺乏锻炼；劳动负荷过重，长时间的单调作业、夜班作业，动作和体位的不合理等都会对人产生不良影响。

3）其他管理因素。社会经济因素，如国家的经济发展速度、国民的文化教育程度、生态环境、管理水平等因素都会对用人单位的安全、卫生的投入和管理带来影响。职业卫生法制的健全、职业卫生服务和管理系统化，对于控制职业病的发生和减少作业人员的职业伤害也是十分重要的因素。

（2）《职业病危害因素分类目录》中规定的分类。2015年，国家卫生计生委、国家安全监管总局、人力资源社会保障部和全国总工会联合发布的《职业病危害因素分类目录》（国卫疾控发〔2015〕92号）将职业病危害因素分为六大类，包括：粉尘类（矽尘等共52种）、化学因素类（铅及其化合物等共375种）、物理因素类（噪声等共15种）、放射因素类（密封放射源产生的电离辐射等共18种）、生物因素类（艾滋病病毒等共6种）、其他因素类（金属烟、井下不良作业条件、刮研作业共3种）。详细目录请查阅该目录。

四、导致职业病发生的主要条件

职业病的发生常与生产过程和作业环境有关，还受个体的特性差异的影响。在同一职业危害的作业环境中，由于个体特征的差异，各人所受的影响可能有所不同。这些个体特征包括性别、年龄、健康状态和营养状况等。人体受到环境中直接或间接有害因素危害时，不一定都会发生职业病。职业病的发病过程，还取决于下列三个主要条件：

1. 有害因素本身的性质

有害因素的理化性质和作用部位与发生职业病密切相关。如电磁辐射透入组织的深度和危害性，主要决定于其波长。生产性毒物的理化性质及其对组织的亲和性与毒性作用有直接关系，例如，汽油和二硫化碳具有明显的脂溶性，对神经组织有密切的亲和作用，因此首先损害神经系统。一般物理因素常在接触时有作用，脱离接触后体内不存在残留，而化学因素在脱离接触后，作用还会持续一段时间或继续存在。

2. 有害因素作用于人体的量

物理和化学因素对人的危害都与量有关（生物因素进入人体的量目前还无法准确估计），多大的量和浓度才能导致职业病的发生，是确诊的重要参考。一般作用剂量（D）是接触浓度/强度（C）与接触时间（T）的乘积，可表达为 $D=C \cdot T$。我国公布的《工作场所有害因素职业接触限值》（GBZ2—2007），就是指物理、化学有害因素在工作场所空气中的限量。但应该认识到，有些有害物质能在体内蓄积，少量和长期接触也可能引起职业性损害以致职业病发生。认真查询与某种因素的接触时间及接触方式，对职业病诊断具有重要价值。

3. 劳动者个体易感性

健康的人体对有害因素的防御能力是多方面的。某些物理因素停止接触后，被扰乱的生理功能可以逐步恢复。但是抵抗力和身体条件较差的人员对于进入体内的毒物，解毒和排毒功能下降，更易受到损害。

第二节 用人单位职业卫生管理与责任

一、职业病防治法及其特点

1. 职业病防治法及其立法情况

2001 年 10 月 27 日，第九届全国人民代表大会常务委员会第二十四次会议通过了《中华人民共和国职业病防治法》，2001 年 10 月 27 日中华人民共和国主席令第 60 号公布，自 2002 年 5 月 1 日起施行。2011 年 12 月 31 日，《全国人民代表大会常务委员会关于修改〈中华人民共和国职业病防治法〉的决定》由中华人民共和国第十一届全国人民代表大会常务委员会第二十四次会议通过，中华人民共和国主席令第 52 号予以公布，自公布之日起施行。2016 年 7 月 2 日，《全国人民代表大会常务委员会关于修改〈中华人民共和国节约能源法〉等六部法律的决定》由中华人民共和国第十二届全国人民代表大会常务委员会第二十一次会议通过，中华人民共和国主席令第 48 号予以公布。其中对《中华人民共和国职业病防治法》所做的修改，自公布之日起施行。

2. 职业病防治法的主要特点

《中华人民共和国职业病防治法》是全面预防、控制和消除职业病危害，防治职业病，保护劳动者健康及其相关权益的一部综合性大法。

新的《职业病防治法》对执法主体及相关职责，政府与用人单位的责任等作了调整，具有以下特点：

（1）执法主体的调整。执法主体由原来的县级以上地方人民政府卫生行政部门调整为：县级以上地方人民政府安全生产监督管理部门、卫生行政部门、劳动保障行政部门，统称职业卫生监督管理部门，依据各自职责，负责本行政区域内职业病防治的监督管理工作。并明确职责如下：

1）安全生产监督管理部门：承担对用人单位工作场所监管以及违反法律、法规的单位及个人作出行政处罚；职业病危害项目申报；建设项目职业病危害分类管理办法的制定以及对建设项目职业病危害预评价审查、职业病防护措施设计审核、组织建设项目职业病防护设施竣工验收；对职业卫生技术服务机构以及建设项目职业病危害预评价、职业病危害控制效果评价的资质认可；对职业卫生技术服务机构进行日常监管；组织并会同相关部门对职业病危害事故进行调查处理；监督用人单位为劳动者申请职业病诊断、鉴定所需的职业史、职业病危害接触史、工作场所职业病危害因素检测结果等相关资料；对劳动者在申请职业病诊断、鉴定中对职业史、职业病的危害接触史及劳资关系等有异议时进行判定。

2）卫生行政部门：承担制定职业病的分类目录、职业卫生及职业病诊断标准，开展重点职业病监测专项调查和职业健康风险评估；对本行政区域职业病情况进行统计，调查分析以及职业病统计报告调查工作；职业健康检查机构及职业病诊断机构的认定；职业病危害事故的医疗救治;组织职业病诊断鉴定;对用人单位及医疗机构未按规定报告职业病、疑似职业病以及承担职业健康检查、职业病诊断鉴定机构的违法行为进行处罚;对医疗机构放射性职业病危害控制进行监督管理。

3)劳动保障行政部门:承担对用人单位与劳动者劳资关系、工种、工作岗位的仲裁;会同卫生行政部门制定职业病伤残等级鉴定办法。

(2)强化了县级以上人民政府对职业病防治工作的职责。规定了县级以上地方人民政府统一负责、领导、组织、协调本行政区域的职业病防治工作,建立健全职业病防治工作体制,统一领导、指挥职业卫生突发事件应对工作,加强职业病防治能力建设和服务体系建设,完善、落实职业病防治工作责任制。

(3)进一步明确了工会对职业病防治监管的职能。规定工会组织依法对职业病防治工作进行监督,维护劳动者的合法权益。用人单位制定或者修改有关职业病防治规章制度,应当听取工会组织的意见。工会组织有权依法代表劳动者与用人单位签订劳动安全卫生专项集体合同。

(4)强化了用人单位履行职业病防治法的职责。规定用人单位的主要负责人对本单位的职业病防治工作全面负责。建立完善用人单位负责、行政机关监管、行业自律、职业参与和社会监督的机制。

(5)进一步方便了劳动者申请职业病诊断与鉴定。明确了劳动者可在用人单位所在地、本人户籍所在地或者经常居住地,向依法承担职业病诊断机构申请进行职业病诊断;在职业病诊断、鉴定过程中,用人单位不提供工作场所职业病危害因素检测结果等相关资料的,诊断鉴定机构也可结合劳动者的临床表现、辅助检查结果和劳动者的职业史、职业病危害接触史,并参考劳动者的自述及安监部门提供的日常监督检查等信息做出职业病诊断鉴定结论;职业病诊断、鉴定机构需要了解工作场所职业病危害因素情况时,可以对工作场所进行现场调查,也可以向安全生产监督管理部门提出,安全生产监督管理部门应当在10日内组织现场调查。用人单位不得拒绝、阻挠。劳动者对用人单位提供的工作场所职业病危害因素检测结果等资料有异议或因用人单位解散、破产无法提供相关资料的,诊断鉴定机构可提请安全生产监督管理部门进行调查,安全生产监督管理部门自接到申请之日起30日内应对存在异议资料或作业场所危害因素情况作出判定,有关部门应予配合;职业病诊断鉴定过程中,在确认劳动者职业史、工种、工作岗位或在岗时间有争议的可以向当地劳动人事争议仲裁机构申请仲裁,劳动人事争议仲裁委员会应当于受理之日起30日内做出裁决,劳动者对仲裁不服的,还可依法向人民法院提起诉讼。

(6)被诊断为职业病患者,其医疗及生活更有保障。劳动者被诊断患有职业病,但用人单位没有参加工伤保险的,其医疗和生活保障由该用人单位承担。用人单位已经不存在或无法确认劳动关系的职业病人,可以向地方人民政府民政部门申请医疗救治和生活等方面的求助。

(7)建设项目职业病危害预评价及职业病危害严重项目职业病防护设施设计将得到相关部门的严格把关。新《职业病防治法》明确了该项目除安全生产监督管理部门负责监管、审批外,同时还规定了对未开展职业病危害预评价的建设项目给予批准以及对未经职业病防护设施设计审查发放施工许可的有关部门直接负责的主管人员和其他直接负责人员，将由监察机关或上级机关依法给予记过直至开除的处分。这样就促使相关企业能认真负责以对存在职业病危害的新建、改建、扩建的项目能按要求开展职业病危害预评价，属职业病危害严重的建设项目，能进行职业病防护设施设计审查。

（8）加大了对用人单位某些违法行为的处罚力度。对未成立职业病防治机构、未建立相关职业卫生制度、未公布有关职业卫生规章制度、操作规程及职业病危害事故应急救援措施的、检测结果未予公布、未组织劳动者进行职业卫生培训以及未按规定报送首次使用化学材料的毒性鉴定资料的，从原来处 2 万元以下罚款提高到 10 万元以下的罚款；对未申报职业病危害项目、无专人负责职业病危害因素日常检测以致不能正常开展检测工作、签订或变更劳动合同未告知职业病危害真实情况、未按规定组织劳动者进行职业健康检查、未建立健康档案或未将体检结果告知劳动者的，从原来处 2 万元以上 5 万元以下罚款提高到 5 万元以上 10 万元以下的罚款；对用人单位违反规定已经对劳动者生命健康造成严重损害的，从原来处 10 万元以上 30 万元以下的罚款改为 10 万元以上 50 万元以下的罚款。

二、用人单位职业卫生管理责任

1. 建设项目职业病防护设施"三同时"

建设项目职业病防护设施"三同时"是指建设项目职业病防护设施必须与主体工程同时设计、同时施工、同时投入生产和使用。建设单位应当优先采用有利于保护劳动者健康的新技术、新工艺、新设备和新材料，职业病防护设施所需费用应当纳入建设项目工程预算。

建设单位对可能产生职业病危害的建设项目，应当依照《建设项目职业病防护设施"三同时"监督管理办法》（2017 年国家安全生产监督管理总局令第 90 号）进行职业病危害预评价、职业病防护设施设计、职业病危害控制效果评价及相应的评审，组织职业病防护设施验收，建立健全建设项目职业卫生管理制度与档案。建设项目职业病防护设施"三同时"工作可以与安全设施"三同时"工作一并进行。建设单位可以将建设项目职业病危害预评价和安全预评价、职业病防护设施设计和安全设施设计、职业病危害控制效果评价和安全验收评价合并出具报告或者设计，并对职业病防护设施与安全设施一并组织验收。

除国家保密的建设项目外，产生职业病危害的建设单位应当通过公告栏、网站等方式及时公布建设项目职业病危害预评价、职业病防护设施设计、职业病危害控制效果评价的承担单位、评价结论、评审时间及评审意见，以及职业病防护设施验收时间、验收方案和验收意见等信息，供本单位劳动者和安全生产监督管理部门查询。

2. 建设项目职业病危害评价

职业病危害评价是控制职业性有害因素，保护从业人员健康的重要措施，也是对建设项目实施作业场所卫生监督的重要依据。

依照法律法规的规定，对可能产生职业病危害的建设项目，建设单位应当在建设项目可行性论证阶段进行职业病危害预评价，编制预评价报告。建设项目职业病危害预评价报告应当符合职业病防治有关法律、法规、规章和标准的要求，并包括下列主要内容：

（1）建设项目概况，主要包括项目名称、建设地点、建设内容、工作制度、岗位设置及人员数量等。

（2）建设项目可能产生的职业病危害因素及其对工作场所、劳动者健康影响与危害程度的分析与评价。

（3）对建设项目拟采取的职业病防护设施和防护措施进行分析、评价，并提出对策与建议。

（4）评价结论，明确建设项目的职业病危害风险类别及拟采取的职业病防护设施和防护措施是否符合职业病防治有关法律、法规、规章和标准的要求。

建设单位进行职业病危害预评价时，对建设项目可能产生的职业病危害因素及其对工作场所、劳动者健康影响与危害程度的分析与评价，可以运用工程分析、类比调查等方法。其中，类比调查数据应当采用获得资质认可的职业卫生技术服务机构出具的、与建设项目规模和工艺类似的用人单位职业病危害因素检测结果。

职业病危害预评价报告编制完成后，属于职业病危害一般或者较重的建设项目，其建设单位主要负责人或其指定的负责人应当组织具有职业卫生相关专业背景的中级及中级以上专业技术职称人员或者具有职业卫生相关专业背景的注册安全工程师（以下统称职业卫生专业技术人员）对职业病危害预评价报告进行评审，并形成是否符合职业病防治有关法律、法规、规章和标准要求的评审意见；属于职业病危害严重的建设项目，其建设单位主要负责人或其指定的负责人应当组织外单位职业卫生专业技术人员参加评审工作，并形成评审意见。

建设单位应当按照评审意见对职业病危害预评价报告进行修改完善，并对最终的职业病危害预评价报告的真实性、客观性和合规性负责。职业病危害预评价工作过程应当形成书面报告备查。

3. 用人单位职业卫生培训

用人单位的主要负责人和职业卫生管理人员应当具备与本单位所从事的生产经营活动相适应的职业卫生知识和管理能力，并接受职业卫生培训。

用人单位主要负责人、职业卫生管理人员的职业卫生培训，应当包括下列主要内容：

（1）职业卫生相关法律、法规、规章和国家职业卫生标准。

（2）职业病危害预防和控制的基本知识。

（3）职业卫生管理相关知识。

（4）国家安全生产监督管理总局规定的其他内容。

用人单位应当对劳动者进行上岗前的职业卫生培训和在岗期间的定期职业卫生培训，普及职业卫生知识，督促劳动者遵守职业病防治的法律、法规、规章、国家职业卫生标准和操作规程。

用人单位应当对职业病危害严重的岗位的劳动者，进行专门的职业卫生培训，经培训合格后方可上岗作业。因变更工艺、技术、设备、材料，或者岗位调整导致劳动者接触的职业病危害因素发生变化的，用人单位应当重新对劳动者进行上岗前的职业卫生培训。

用人单位与劳动者订立劳动合同（含聘用合同，下同）时，应当将工作过程中可能产生的职业病危害及其后果、职业病防护措施和待遇等如实告知劳动者，并在劳动合同中写明，不得隐瞒或者欺骗。

劳动者在履行劳动合同期间因工作岗位或者工作内容变更，从事与所订立劳动合同中未告知的存在职业病危害的作业时，用人单位应当依照规定，向劳动者履行如实告知的义务，并协商变更原劳动合同相关条款。

用人单位违反规定的，劳动者有权拒绝从事存在职业病危害的作业，用人单位不得因此解除与劳动者所订立的劳动合同。

4. 用人单位职业卫生管理机构和人员配备

用人单位是职业危害防治的责任主体，其主要负责人对本单位作业场所的职业危害防治工作全面负责。

（1）职业病危害严重的用人单位，应当设置或者指定职业卫生管理机构或者组织，配备专职职业卫生管理人员。

其他存在职业病危害的用人单位，劳动者超过100人的，应当设置或者指定职业卫生管理机构或者组织，配备专职职业卫生管理人员；劳动者在100人以下的，应当配备专职或者兼职的职业卫生管理人员，负责本单位的职业病防治工作。

（2）用人单位的主要负责人和职业卫生管理人员应当具备与本单位所从事的生产经营活动相适应的职业卫生知识和管理能力，并接受安全生产监督管理部门组织的职业卫生培训。

（3）用人单位应当对从业人员进行上岗前的职业卫生培训和在岗期间的定期职业卫生培训，普及职业卫生知识，督促从业人员遵守职业危害防治的法律、法规、规章、国家标准、行业标准和操作规程。

用人单位应当对职业病防护设备、应急救援设施进行经常性的维护、检修和保养，定期检测其性能和效果，确保其处于正常状态，不得擅自拆除或者停止使用。存在职业病危害的用人单位，应当实施由专人负责的工作场所职业病危害因素日常监测，确保监测系统处于正常工作状态。

存在职业病危害的用人单位，应当委托具有相应资质的职业卫生技术服务机构，每年至少进行一次职业病危害因素检测。职业病危害严重的用人单位，除遵守上述规定外，应当委托具有相应资质的职业卫生技术服务机构，每3年至少进行一次职业病危害现状评价。

检测、评价结果应当存入本单位职业卫生档案，并向安全生产监督管理部门报告和劳动者公布。

5. 用人单位应当建立职业病防治制度和规程

存在职业病危害的用人单位应当制定职业病危害防治计划和实施方案，建立、健全下列职业卫生管理制度和操作规程：

（1）职业病危害防治责任制度。

（2）职业病危害警示与告知制度。

（3）职业病危害项目申报制度。

（4）职业病防治宣传教育培训制度。

（5）职业病防护设施维护检修制度。

（6）职业病个体防护用品管理制度。

（7）职业病危害监测及评价管理制度。

（8）建设项目职业病防护设施"三同时"管理制度。

（9）劳动者职业健康监护及其档案管理制度。

（10）职业病危害事故处置与报告制度。

（11）职业病危害应急救援与管理制度。

（12）岗位职业卫生操作规程。

（13）法律、法规、规章规定的其他职业病防治制度。

产生职业病危害的用人单位，应当在醒目位置设置公告栏，公布有关职业病防治的规章制度、操作规程、职业病危害事故应急救援措施和工作场所职业病危害因素检测结果。

存在或者产生职业病危害的工作场所、作业岗位、设备、设施，应当按照《工作场所职业病危害警示标识》（GBZ 158—2003）的规定，在醒目位置设置图形、警示线、警示语句等警示标识和中文警示说明。警示说明应当载明产生职业病危害的种类、后果、预防和应急处置措施等内容。

存在或产生高毒物品的作业岗位，应当按照《高毒物品作业岗位职业病危害告知规范》（GBZ/T 203—2007）的规定，在醒目位置设置高毒物品告知卡，告知卡应当载明高毒物品的名称、理化特性、健康危害、防护措施及应急处理等告知内容与警示标识。

三、职业危害项目申报

存在或者产生职业危害的生产经营单位（煤矿企业除外），应当按照国家有关法律、行政法规及《职业病危害项目申报办法》（2012 年，国家安全生产监督管理总局令第 48 号）的规定，及时、如实申报职业危害。煤矿企业作业场所职业危害项目申报的管理，由国家煤矿安全监察局规定。

作业场所职业病危害项目，是指存在职业病危害因素的项目。

1. 职业危害项目申报的主要内容

职业病危害因素按照《职业病危害因素分类目录》（国卫疾控发〔2015〕92 号）确定。用人单位申报职业危害项目时，应当提交《作业场所职业危害申报表》和下列有关文件、资料：

（1）用人单位的基本情况。

（2）工作场所职业病危害因素种类、分布情况以及接触人数。

（3）法律、法规和规章规定的其他文件、资料。

职业病危害项目申报同时采取电子数据和纸质文本两种方式。

用人单位应当首先通过"职业病危害项目申报系统"进行电子数据申报，同时将《职业病危害项目申报表》加盖公章并由本单位主要负责人签字后，按照规定，连同有关文件、资料一并上报所在地设区的市级、县级安全生产监督管理部门。

2. 用人单位职业危害项目申报的职责

职业病危害项目申报工作实行属地分级管理的原则。中央企业、省属企业及其所属用人单位的职业病危害项目，向其所在地设区的市级人民政府安全生产监督管理部门申报。其他用人单位的职业病危害项目，向其所在地县级人民政府安全生产监督管理部门申报。

用人单位有下列情形之一的，应当按照规定向原申报机关申报变更职业病危害项目内容：

（1）进行新建、改建、扩建、技术改造或者技术引进建设项目的，自建设项目竣工验收之日起30日内进行申报。

（2）因技术、工艺、设备或者材料等发生变化导致原申报的职业病危害因素及其相关内容发生重大变化的，自发生变化之日起15日内进行申报。

（3）用人单位工作场所、名称、法定代表人或者主要负责人发生变化的，自发生变化之日起15日内进行申报。

（4）经过职业病危害因素检测、评价，发现原申报内容发生变化的，自收到有关检测、评价结果之日起15日内进行申报。

用人单位终止生产经营活动的，应当自生产经营活动终止之日起15日内向原申报机关报告并办理注销手续。

用人单位未按照规定及时、如实地申报职业病危害项目的，责令限期改正，给予警告，可以并处5万元以上10万元以下的罚款。

用人单位有关事项发生重大变化，未按照规定申报变更职业病危害项目内容的，责令限期改正，可以并处5千元以上3万元以下的罚款。

受理申报的安全生产监督管理部门应当自收到申报文件、资料之日起5个工作日内，出具《职业病危害项目申报回执》。职业病危害项目申报不收取任何费用。

《职业病危害项目申报表》《职业病危害项目申报回执》的式样由国家安全生产监督管理总局规定。

四、从业人员的职业卫生权利与义务

1. 从业人员的职业卫生权利

根据《职业病防治法》和相关法律法规的规定，从业人员主要享有下列职业卫生保护权利：

（1）获得职业卫生教育。

（2）获得职业健康检查、职业病诊疗、康复等职业病防治服务。

（3）了解工作场所产生或者可能产生的职业病危害因素、危害后果和应当采取的职业病防护措施。

（4）要求用人单位提供符合防治职业病要求的职业病防护设施和个人使用的职业病防护用品，改善工作条件。

（5）对违反职业病防治法律、法规以及危及生命健康的行为提出批评、检举和控告。

（6）拒绝违章指挥和强令进行没有职业病防护措施的作业。

（7）参与用人单位职业卫生工作的民主管理，对职业病防治工作提出意见和建议。

用人单位应当保障劳动者行使权利，因劳动者依法行使正当权利而降低其工资、福利等待遇或者解除、终止与其订立的劳动合同的，其行为无效。

2. 从业人员的职业卫生义务

为了保护自身健康，劳动者在职业病防治中应当履行以下义务：

（1）认真接受用人单位的职业卫生培训，努力学习和掌握必要的职业卫生知识。

（2）遵守职业卫生法律、法规、制度和操作规程。

（3）正确使用与维护职业病危害防护设备及个人防护用品。

（4）及时报告事故隐患。

（5）积极配合上岗前、在岗期间和离岗时的职业健康检查。

（6）如实提供职业病诊断、鉴定所需的有关资料等。

五、《职业病防治法》及其主要内容

《职业病防治法》包括总则、前期预防、劳动过程中的防护与管理、职业病诊断与职业病病人保障、监督检查、法律责任、附则七个章节。《职业病防治法》是在我国建立和完善社会主义市场经济体制、我国经济关系、劳动关系发生深刻变化形势下制定的，它从法律规范的角度，维护了劳动者的健康权益，是促进我国经济可持续发展的一部非常好的法律。

（1）立法的宗旨。《职业病防治法》的立法宗旨是为了预防、控制和消除职业病危害，防治职业病，保护劳动者健康及其相关权益，促进经济发展。这充分体现了党和政府对广大劳动者身体健康的关怀，是"全心全意为人民服务"重要思想的具体体现。

（2）坚持预防为主、防治结合的方针。坚持预防为主、防治职业病关键在预防，不少职业病目前尚无有效根治手段，但是可以预防的，因此，控制职业病必须从源头抓起。本法规定的建设项目预评价制度、职业病危害项目申报制度、"三同时"审查制度。这些都是预防为主方针的具体体现，力求在把预防控制措施提前到建设项目的论证、设计、施工阶段、从根本上消除有害因素对劳动者的危害。

（3）明确了用人单位在职业病防治中的责任。用人单位应当为劳动者创造符合国家职业卫生标准和卫生要求的工作环境和条件，并采取措施保障劳动者获得职业卫生保护，应当建立健全职业病防治制度，对本单位产生的职业病危害承担责任，必须依法参加工伤社会保险。这些规定，明确了用人单位在防治职业病、保护劳动者健康方面的法定责任。

（4）职业卫生标准。《职业病防治法》规定有关防治职业病的国家职业卫生标准，由国务院卫生行政部门制定并公布，这有利于尽快建立和完善职业卫生标准体系，为实施职业病防治法提供技术保障。

（5）明确了劳动者享有的职业卫生保护权利。这些权利有：①获得职业卫生教育、培训；②职业性健康检查、职业病诊疗、康复等职业病防治服务；③了解工作场所产生或者可能产生的职业病危害因素、危害后果和应当采取的职业病防护措施；④要求用人单位提供符合防治职业病要求的职业病防护措施和个人使用的职业病防护用品，改善工作条件；⑤对违反职业病防治法律、法规以及危及生命健康的行为提出批评、检举和控告；⑥拒绝违章指挥和强令没有职业病防护设施作业；⑦参与用人单位职业卫生工作的民主管理，对职业病防治工作提出意见和建议。

（6）关于职业病的诊断、鉴定制度。职业病诊断是一项技术性和政策性都非常强的工作，本法规定职业病的诊断应当，由经省、自治区、直辖市人民政府卫生行政部门批准医疗卫生机构承担。省、自治区、直辖市人民政府卫生行政部门应当向社会公布本行政区域内承担职业病诊断的医疗卫生机构的名单。明确了劳动者可在用人单位所在地、本人户籍所在地或者经常居住地，向依法承担职业病诊断机构申请进行职业病诊断；在职业病诊断、鉴定过程中，用人单位不提供工作场所职业病危害因素检测结果等相关资料的，诊断鉴定机构也可结合劳动者的临床表现、辅助检查结果和劳动者的职业史、职业病危害接触史，并参考劳动者的自述及安监部门提供的日常监督检查等信息做出职业病诊断鉴定结论；职业病诊断、鉴定机构需要了解工作场所职业病危害因素情况时，可以对工作场所进行现场调查，也可以向安全生产监督管理部门提出，安全生产监督管理部门应当在十日内组织现场调查。用人单位不得拒绝、阻挠。劳动者对用人单位提供的工作场所职业病危害因素检测结果等资料有异议或因用人单位解散、破产无法提供相关资料的，诊断鉴定机构可提请安全生产监督管理部门进行调查，安全生产监督管理部门自接到申请之日起三十日内应对存在异议资料或作业场所危害因素情况做出判定，有关部门应予配合；职业病诊断鉴定过程中，在确认劳动者职业史、工种、工作岗位或在岗时间有争议的可以向当地劳动人事争议仲裁机构申请仲裁，劳动人事争议仲裁委员会应当于受理之日起三十日内做出裁决，劳动者对仲裁不服的，还可依法向人民法院提起诉讼。这些规定，有利于规范职业病诊断鉴定工作，确保职业病诊断鉴定工作公平、公正地进行。

（7）关于职业卫生监督制度。《职业病防治法》国务院安全生产监督管理部门、卫生行政部门、劳动保障行政部门依照本法和国务院确定的职责，负责全国职业病防治的监督管理工作。国务院有关部门在各自的职责范围内负责职业病防治的有关监督管理工作。县级以上地方人民政府安全生产监督管理部门、卫生行政部门、劳动保障行政部门依据各自职责，负责本行政区域内职业病防治的监督管理工作。县级以上地方人民政府有关部门在各自的职责范围内负责职业病防治的有关监督管理工作。县级以上人民政府安全生产监督管理部门、卫生行政部门、劳动保障行政部门应当加强沟通，密切配合，按照各自职责分工，依法行使职权，承担责任。国务院和县级以上地方人民政府应当制定职业病防治规划，将其纳入国民经济和社会发展计划，并组织实施。县级以上地方人民政府统一负责、领导、组织、协调本行政区域的职业病防治工作，建立健全职业病防治工作体制、机制，统一领导、指挥职业卫生突发事件应对工作；加强职业病防治能力建设和服务体系建设，完善、落实职业病防治工作责任制。

第三节　常见职业病危害因素防治

一、生产性粉尘危害防治

1. 生产性粉尘的概念

粉尘是指直径很小的固体颗粒，可以是自然环境中天然生成，也可以是生产或生活中人为因素生成。生产性粉尘是指在生产过程中形成的，并能长时间飘浮在空气中的固体颗粒，其粒径多为 0.1～10 微米。

生产性粉尘的产生不仅污染作业环境，还影响着作业人员的身心健康。根据粉尘的不同特性，对人的机体可引起多种损害，其中以呼吸系统损害最为明显，包括上呼吸道炎症、肺炎（如锰尘）、肺肉芽肿、肺癌（如石棉尘、砷尘）、尘肺以及其他职业性肺部疾病等。

2. 生产性粉尘的来源和分类

（1）来源。生产性粉尘的来源十分广泛，如矿山开采、隧道开凿、建筑、运输等；冶金工业中的原料准备、矿石粉碎、筛分、选矿、配料等；机械制造工业中原料破碎、配料、清砂等；耐火材料、玻璃、水泥、陶瓷等工业的原料加工、打磨、包装；皮毛、纺织工业的原料处理；化学工业中固体颗粒原料的加工处理、包装等过程。由于工艺的需要和防尘措施的不完善，上述生产领域均可产生大量粉尘、造成生产环境中粉尘浓度过高。

在各种不同生产场所，可以接触到不同性质的粉尘。如在采矿、开山采石、建筑施工、铸造、耐火材料及陶瓷等行业，主要接触的粉尘是石英的混合粉尘；石棉开采、加工制造石棉制品时接触的是石棉或含石棉的混合粉尘；焊接、金属加工及冶炼时接触金属及其化合物粉尘；农业、粮食加工、制糖工业、动物管理及纺织工业等，以接触植物或动物性有机粉尘为主。

（2）分类。生产性粉尘的分类方法有几种，根据生产性粉尘的性质，可将其分为以下三类：

1）无机粉尘。无机粉尘根据来源不同，又可分为：

①金属矿物粉尘，如铁、锡、铝、锑等金属及其化合物等。

②非金属矿物粉尘，如石英、石棉、滑石、煤等。

③人工合成无机粉尘，如水泥、玻璃纤维、金刚砂等。

2）有机粉尘。有机粉尘根据来源不同，又可分为：

①植物性粉尘，如木尘以及烟草、棉、麻、谷物、亚麻、甘蔗、茶粉尘等。

②动物性粉尘，如畜毛、羽毛、角粉、角质、骨、丝等。

③人工有机粉尘，如树脂、有机染料、合成纤维、合成橡胶等粉尘。

3）混合性粉尘。混合性粉尘是指上述各类粉尘的两种或多种混合存在。此种粉尘在生产中最常见，如清砂车间的粉尘含有金属和型砂粉尘。由于混合性粉尘的组成成分不同，其毒性和对人体的危害程度有很大的差异。

在防尘工作中，常根据粉尘的性质初步判定其对人体的危害程度。对混合性粉尘，查明其中所含成分，尤其是游离二氧化硅所占比例，对进一步确定其致病作用具有重要的意义。

3. 生产性粉尘的理化性质

粉尘对人体的危害程度与其理化性质有关，与其生物学作用及防尘措施等也有密切关系。在卫生学上，常用的粉尘理化性质包括粉尘的化学成分、分散度、溶解度、密度、形状、硬度、荷电性和爆炸性等。

（1）粉尘的化学成分。粉尘的化学成分、浓度和接触时间是直接决定粉尘对人体危害性质和严重程度的重要因素。根据粉尘化学性质不同，粉尘对人体可有致肺纤维化、中毒、过敏等作用，如游离二氧化硅粉尘的致肺纤维化作用。对于同一种粉尘，它的浓度越高，与其接触的时间越长，对人体危害越重。

（2）分散度。粉尘的分散度是表示粉尘颗粒大小的一个概念，它与粉尘在空气中呈浮游状态存在的持续时间（稳定程度）有密切关系。在生产环境中，由于通风、热源、机器转动以及人员走动等原因，使空气经常流动，从而使尘粒沉降变慢，延长其在空气中的浮游时间，被人吸入的机会就越多。直径小于5微米的粉尘对机体的危害性较大，也易于达到呼吸器官的深部。

（3）溶解度与密度。粉尘溶解度大小与对人危害程度的关系，因粉尘作用性质不同而异。主要呈化学毒副作用的粉尘，随溶解度的增加其危害作用增强；主要呈机械刺激作用的粉尘，随溶解度的增加其危害作用减弱。

粉尘颗粒密度的大小与其在空气中的稳定程度有关。尘粒大小相同，密度大者沉降速度快、稳定程度低。在通风除尘设计中，要考虑密度这一因素。

（4）形状与硬度。粉尘颗粒的形状多种多样。质量相同的尘粒因形状不同，在沉降时所受阻力也不同，因此，粉尘的形状能影响其稳定程度。

粉尘的硬度直接反映其造成机械伤害的程度或可能，坚硬并外形尖锐的尘粒可能引起呼吸道黏膜机械损伤，如某些纤维状粉尘（如玻璃纤维）。

（5）荷电性。高分散度的尘粒通常带有电荷，与作业环境的湿度和温度有关。尘粒带有相异电荷时，可促进凝集、加速沉降。粉尘的这一性质对选择除尘设备有重要意义。但是，从另一方面来说，荷电的尘粒在呼吸道可被阻留。

（6）爆炸性。高分散度的煤炭、糖、面粉、硫黄、铝、锌等粉尘具有爆炸性。发生爆炸的条件是高温（火焰、火花、放电）和粉尘在空气中达到足够的浓度。可能发生爆炸的粉尘最小浓度：各种煤尘为30～40克/立方米，淀粉、铝及硫黄为7克/立方米，糖为 10.3 克/立方米。

4. 粉尘危害的主要控制措施

（1）粉尘危害的三级防治原则。目前，粉尘对人造成的危害，特别是尘肺尚无根治性治疗办法，因此预防粉尘危害，加强对粉尘作业的劳动防护管理就变得十分重要。粉尘作业的劳动防护管理应采取三级预防原则：

1）一级预防即杜绝或减少粉尘对人体危害作用的机会。

2）二级预防也称次级预防，即在疾病尚能治疗时早期发现病人，早发现、早治疗、早脱离接尘作业。

3）三级预防是发病后期的预防，如防止疾病复发和伤残，促进身心健康和疾病的康复，最大限度恢复生活和劳动能力，延长患者生命。

（2）综合防降尘的"八字方针"。我国政府对粉尘控制工作一直给予高度重视，在防止粉尘危害、保护工人健康、预防尘肺发生方面做了大量的工作，取得了显著的成绩。存在粉尘危害的用人单位在控制危害、预防尘肺发生方面，结合国情做了不少行之有效的工作，取得了很丰富的经验。综合防尘和降尘措施可以概括为"革、水、密、风、护、管、教、查"八字方针，对控制粉尘危害具有指导意义。具体如下：

1）"革"，即工艺改革和技术革新，这是消除粉尘危害的根本途径。

2）"水"，即湿式作业，可防止粉尘飞扬，降低环境粉尘浓度。

3）"密"，将发尘源密闭，对产生粉尘的设备，尽可能在通风罩中密闭，并与排风结合，经除尘处理后再排入大气。

4）"风"，加强通风及抽风措施，常在密闭、半密闭发尘源的基础上，采用局部抽出式机械通风，将工作面的含尘空气抽出，并可同时采用局部送入式机械通风，将新鲜空气送入工作面。

5）"护"，即个人防护，是防、降尘措施的补充，特别是在技术措施未能达到的地方是必不可少的。

6）"管"，经常性地维修和管理工作。

7）"教"，加强宣传教育。

8）"查"，定期检查环境空气中粉尘浓度和接触者的定期体格检查。

（3）控制粉尘危害的主要技术措施。各行各业根据其粉尘的产生特点形成了各具特色的控制粉尘浓度的技术措施，防尘和降尘措施概括起来主要体现在以下几个方面：

1）改革工艺过程，革新生产设备。改革工艺过程，革新生产设备是消除粉尘危害的主要途径之一，如使用遥控操纵、计算机控制、隔室监控等措施避免劳动者接触粉尘；使用含石英低的原材料代替石英原料；寻找石棉的替代品等。

2）湿式作业。湿式作业是利用水来降尘，一些资料证明，凿岩工序不采取任何防尘措施，粉尘浓度可高达 1000 毫克/立方米以上。如果采用湿式作业，再结合适当的通风，粉尘浓度大大降低，直至达到国家卫生标准。湿式作业防尘的特点是防尘效果可靠，易于管理，投资较低。比如石粉厂的水磨石英和陶瓷厂、玻璃厂的原料水碾、湿法拌料、水力清砂、水爆清砂等。

3）通风除尘和抽风除尘。除尘和降尘的方法很多，既可使用除尘器，通风和负压吸尘等经济而简单的实用方法，降低作业场地的粉尘浓度，还可采用密闭与吸尘相结合的办法。凡是能产生粉尘的破碎、碾压、过筛、拌料、包装等工序，都应该安装密闭吸尘装置，把局部产生的粉尘，直接抽吸到降尘室后，经净化处理，然后再排到大气中去。有的工艺不能将发尘源全部密闭，可采用吸风罩抽气排尘。

除尘器种类繁多，根据除尘器除尘的主要机制，可将其分为机械式除尘器、过滤式除尘器、湿式除尘器、静电除尘器等。根据除尘过程中是否使用水或其他液体，可分为湿式除尘器和干式除尘器。近年来，为了提高除尘量，还出现了综合几种除尘机制的新型除尘器，如声凝集器、热凝集器、高梯度磁分离器等。

（4）个体防护措施

个体防护是对技术防尘措施的必要补救，在作业现场，防、降尘措施难以使粉尘浓度降至国家卫生标准所要求的水平时，如井下开采的盲端，必须使用个人防护用品。劳动者防尘防护用品包括防尘口罩、送风口罩、防尘眼镜、防尘安全帽、防尘服、防尘鞋等。

二、生产性毒物危害防治

1. 生产性毒物相关概念

（1）毒物。毒物是指在一定的条件下，以较小剂量作用于人体，即可引起人体生理功能改变或器质性损害，甚至危及生命的化学物质。

（2）生产性毒物。生产性毒物是指在生产中使用、接触的能使人体器官组织机能或形态发生异常改变而引起暂时性或永久性病理变化的物质。通常情况下，生产性毒物是指各种生产过程中产生或使用的有毒物质特别是化学性有毒物质，统称为生产性毒物或工业毒物。

（3）中毒。中毒是指机体受毒物作用后引起一定损害而出现的疾病状态。

（4）职业中毒。职业中毒是指劳动者在生产过程中过量接触生产性毒物引发的中毒。

（5）剂量。剂量是指给予机体的化学物的数量或与机体接触的数量。

（6）绝对致死量。绝对致死量是指能够造成人或动物死亡的最低剂量。

（7）半数致死量。半数致死量是指能杀死一半人或动物的有害物质、有毒物质或游离辐射的剂量。

（8）最大无作用剂量。最大无作用剂量是指在一定时间内，根据目前认识水平未能观察到任何对机体的损害作用的最高剂量。

（9）最小有作用剂量。最小有作用剂量是指能使某项灵敏的观察指标开始出现异常变化或使机体开始出现损害作用所需的最低剂量。

2. 生产性毒物的来源与存在形态

（1）生产性毒物的来源主要有以下几个方面：

1）生产原料，如生产颜料、蓄电池使用的氧化铅，生产合成纤维、燃料使用的苯等。

2）中间产品，如用苯和硝酸生产苯胺时，产生的硝基苯等。

3）成品，如农药厂生产的各种农药等。

4）辅助材料，如橡胶、印刷行业用作溶剂的苯和汽油等。

5）副产品及废弃物，如炼焦时产生的煤焦油、沥青，冶炼金属时产生的二氧化硫等。

6）夹杂物，如硫酸中混杂的砷等。

（2）生产性毒物可以气体、液体和固体形式存在于环境中，主要表现为以下几个方面：

1）气体。在常温、常压条件下，散发于空气中的无定形气体，如氯、溴、氨、一氧化碳和甲烷等。

2）蒸气。固体升华、液体蒸发时形成的蒸气，如水银蒸气和苯蒸气等。

3）雾。混悬于空气中的液体微粒，如喷洒农药和喷漆时所形成雾滴，镀铬和蓄电池充电时逸出的铬酸雾和硫酸雾等。

4）烟。直径小于0.1微米的悬浮于空气中的固体微粒，如熔铜时产生的氧化锌烟尘，熔镉时产生的氧化镉烟尘，电焊时产生的电焊烟尘等。

5）粉尘。能较长时间悬浮于空气中的固体微粒，直径大多数为0.1～10微米。固体物质的机械加工、粉碎、筛分、包装等可引起粉尘飞扬。

悬浮于空气中的粉尘、烟和雾等微粒，统称为气溶胶。了解生产性毒物的存在形态，有助于研究毒物进入机体的途径和发病原因，且便于采取有效的防护措施，以及选择车间空气中有害物采样方法。

3. 生产性毒物的主要危害

（1）生产性毒物进入人体的途径。生产性毒物进入人体的途径主要有三条：

1）呼吸道是最常见和主要的途径。凡是以气体、蒸气、粉尘、烟、雾形态存在的生产性毒物，在防护不当的情况下，均可经呼吸道侵入人体，而且人的整个呼吸道都能吸收毒物。

2）皮肤是某些毒物吸收进入人体的途径之一。毒物可通过无损伤皮肤的毛孔、皮脂腺、汗腺被吸收进入血液循环。能经皮肤进入血液的毒物有：能溶于脂肪及类脂质毒物，主要是芳香族的硝基、氨基化合物，金属有机铅化合物等；其次为苯、甲苯、二甲苯、氯化烃类，醇类也可以被皮肤吸收；能与皮肤中的脂酸根结合的物质，如汞及汞盐、砷的氧化物及盐类；具有腐蚀性的物质，如强酸、强碱、酚类及黄磷等。

3）消化道。在生产环境中，单纯从消化道吸收而引起中毒的机会比较少见。往往是由于手被毒物污染后，直接用污染的手拿食物吃，从而造成毒物随食物进入消化道。如手工包装敌百虫等农药时，可能引起毒物经消化道吸收。

（2）生产性毒物对人体的毒性作用。根据化学物质的毒性程度，可将其分为四种，分别是绝对毒性、相对毒性、有效毒性和急性毒作用。

毒物进入人体后，能够引起局部刺激和腐蚀作用，如强酸（硫酸、硝酸）、强碱（氢氧化钠、氢氧化钾）可直接腐蚀皮肤和黏膜。还有些有毒气体能够阻止氧的吸收、运输和利用，甚至导致受害者当场死亡，如一氧化碳吸入后很快与血红蛋白结合，影响血红蛋白运送氧气；刺激性气体和氯气吸入后可形成肺水肿，妨碍肺泡的气体交换功能，使其不能吸收氧气；惰性气体或毒性较小的气体如氮气、甲烷、二氧化碳，会由于在空气中降低氧分压而使人窒息。

毒物还能改变机体的免疫功能，干扰机体免疫系统，致使机体免疫力低下，使人体更容易患上其他相关的疾病。

很多毒物还可以将机体酶系统的活性受到抑制，从而发生日常人们所说的"三致"，即致癌、致畸、致突变。

（3）职业中毒及其分类。在工业生产环境中，由于生产性毒物引起的从业人员中毒称为职业中毒。职业中毒的局部作用表现为引起皮肤黏膜的刺激和腐蚀作用；职业中毒的全身作用表现为接触部位以外的器官损害如缺氧和麻醉等全身损伤，以及肝、肾、血液等损害。

职业中毒可分为急性、亚急性和慢性三种临床类型：急性中毒是指毒物一次或在短时间（几分钟至数小时）大量进入人体而引起的中毒；慢性中毒是指毒物长期少量进入人体而引起的中毒，如慢性铅中毒；亚急性中毒发病情况介于急性和慢性之间，接触浓度较高时，一般在一个月内发病，也称亚慢性中毒，如亚急性铅中毒。

（4）职业中毒的表现形式。生产性毒物侵害人体不同的系统或器官，由于受损系统或器官的不同，中毒者的表现也不同。

1）神经系统。例如，慢性铅中毒的早期表现为头晕、失眠、记忆力减退、情绪不稳定、乏力等症状；急性汽油中毒的临床表现则是哭笑异常、易怒等；一氧化碳中毒后遗症的表现为痴呆、严重记忆力减退等。

2）呼吸系统。例如，刺激性气体（氯气、氮氧化物、二氧化硫等）可引起咽炎、喉炎、气管炎、支气管炎等呼吸道病变，严重时可产生化学性肺炎、化学性肺水肿；汽油可引起胸闷、剧咳、咳痰、咯血等；氮氧化物、有机磷农药中毒可引起明显的呼吸困难、紫绀、剧咳；长期吸入砷和铬等可引起肺癌。

3）血液系统。例如，铅可引起低色素性贫血；苯、三硝基甲苯可抑制骨髓造血功能，引起白细胞、血小板减少，甚至造成再生障碍性贫血；苯的氨基和硝基化合物、亚硝酸盐可引起高铁血红蛋白血病。

4）消化系统。例如，经口进入人体的汞盐、三氧化二砷所致的急性中毒，可引起恶心、呕吐等症状；铅、汞中毒时，可见牙釉质脱落；慢性铅中毒时，经常出现脐周或全腹剧烈的持续性或阵发性绞痛等症状；工业毒物中许多亲肝毒物，如黄磷、砷、四氯化碳、氯仿、氯乙烯和三硝基甲苯及其他苯的氨基、硝基化合物等，均可引起急性或慢性肝损伤，其症状和体征与病毒性肝炎相似。

5）泌尿系统。例如，铅、汞、镉、砷及砷化物、四氯化碳、乙二醇、苯酚等均可引起肾损伤，但其致病机理各不相同；β-萘胺和联苯胺可诱发膀胱癌。

6）循环系统。例如，窒息性气体和刺激性气体中毒可导致心肌缺氧；有机溶剂、有机磷农药中毒可引起心律不齐；慢性二硫化碳中毒可诱发冠心病的发生。

7）生殖系统。工业毒物对生殖系统的毒性表现为对接触者本人生殖器官、内分泌系统、性周期和性行为、生育能力、妊娠结果、分娩过程等方面的影响，还可引起胎儿畸形、发育迟缓、功能缺陷、甚至死亡等。

8）皮肤。职业性皮肤病约占职业病总数的 40%～50%，其致病涉及因素很多，其中化学因素占 90% 以上，例如化学灼伤、接触性皮炎、职业性痤疮、皮肤肿瘤等。

9）眼部。腐蚀性强酸、强碱进入眼部可引起化学烧伤，常引起结膜、角膜的坏死、糜烂；三硝基甲苯、二硝基酚可引起白内障；甲醇可引起视神经炎、视网膜水肿、视神经萎缩，甚至失明等。

10）发热。吸入锌、铜等金属烟后，可引起发热，称"金属烟尘热"。吸入聚四氟乙烯的热解物可产生"聚合物烟尘热"。

4. 生产性毒物危害防治措施

生产过程的密闭化、自动化是解决毒物危害的根本途径。采用无毒、低毒物质代替有毒或高毒物质是从根本上解决毒物危害的首选办法。

常用的生产性毒物控制措施如下：

（1）密闭—通风排毒系统。该系统由密闭罩、通风管、净化装置和通风机构成。采用该系统必须注意以下两点：

1）整个系统必须注意安全、防火、防爆问题。

2）正确地选择气体的净化和回收利用方法，防止二次污染，防止污染环境。

（2）局部排气罩。就地密闭，就地排出，就地净化，是通风防毒工程的一个重要的技术准则。排气罩就是实施毒源控制，防止毒物扩散的具体技术装置。局部排气罩按其构造分为三种类型：

1）密闭罩。在工艺条件允许的情况下，尽可能将毒源密闭起来，然后通过通风管将含毒空气吸出，送往净化装置，净化后排放大气。

2）开口罩。在生产工艺操作不可能采取密闭罩排气时，可按生产设备和操作的特点，设计开口式罩排气。按结构形式，开口罩分为上口吸罩、侧吸罩和下吸罩。

3）通风橱。通风橱是密闭罩与侧吸罩相结合的一种特殊排气罩，可以将产生有害物的操作和设备完全放在通风橱内。通风橱上设有能开启的操作小门，以便于操作。为防止通风橱内机械设备的扰动、化学反应或热源的热压、室内横向气流的干扰等原因而引起的有害物逸出，必须对通风橱实行排气，使橱内形成负压状态，以防止有害物逸出。

（3）排出气体的净化。工业的无害化排放，是通风防毒工程必须遵守的重要准则。根据输送介质特性和生产工艺的不同，可采用不同的有害气体净化方法。有害气体净化方法大致分为洗涤法、吸附法、袋滤法、静电法、燃烧法和个体防护法。确定净化方案的原则是：①设计前必须确定有害物质的成分、含量和毒性等理化指标。②确定有害物质的净化目标和综合利用方向，应符合卫生标准和环境保护标准的规定。③净化设备的工艺特性，必须与有害介质的特性相一致。④落实防火、防爆的特殊要求。

1）洗涤法。洗涤法也称吸收法，是通过适当比例的液体吸收剂处理气体混合物，完成沉降、降温、聚凝、洗净、中和、吸收和脱水等物理化学反应，以实现气体的净化。洗涤法是一种常用的毒物净化方法，在工业上已经得到广泛的应用。它适用于净化一氧化碳、二氧化硫、氯化氢等气体、酸雾、沥青烟以及有机蒸气。如冶金行业的焦炉煤气、高炉煤气、转炉煤气、发生炉煤气净化，化工行业的工业气体净化，机电行业的苯及其衍生物等有机蒸气净化，电力行业的烟气脱硫净化等。

2）吸附法。吸附法是使有害气体与多孔性固体（吸附剂）接触，使有害物（吸附质）黏附在固体表面上（物理吸附）。当吸附质在气相中的浓度低于吸附剂上的吸附质平衡浓度时，或者有更容易被吸附的物质达到吸附表面时，原来的吸附质会从吸附剂表面上脱离而进入气相，实现有害气体的吸附分离。吸附剂达到饱和吸附状态时，可以解吸、再生，重新使用。

3）袋滤法。袋滤法是粉尘通过滤介质受阻，而将固体颗粒物分离出来的方法。在袋滤器内，粉尘将经过沉降、聚凝、过滤和清灰等物理过程，实现无害化排放。袋滤法是一种高效净化方法，主要适用工业气体的除尘净化，如以金属氧化物（三氧化二铁等）为代表的烟气净化。该方法还可以用作气体净化的前处理及物料回收装置。

4）静电法。静电法是粒子在电场作用下，带荷电后，粒子向沉淀极移动，带电粒子碰到集尘极即释放电子而呈中性状态附着在集尘板上，从而被捕捉下来，完成气体净化。静电法分为干式净化工艺和湿式净化工艺，按其构造形式又可分为卧式和立式。以静电除尘器为代表的静电法气体净化设备清灰方法，在供电设备清灰和粉尘回收等方面应用较多。

5）燃烧法。燃烧法是将有害气体中的可燃成分与氧结合，进行燃烧，使其转化为二氧化碳和水，达到气体净化与无害物排放的方法。燃烧法适用于有害气体中含有可燃成分的条件，其中直接燃烧法是在一般方法难以处理，且危害性极大，必须采取燃烧处理时采用，如净化沥青烟、炼油厂尾气等；催化燃烧法主要用于净化机电、轻工行业产生的苯、醇、酯、醚、醛、酮、烷和酚类等有机蒸气。

（4）个体防护法。对接触毒物作业的工人，进行个体防护有特殊意义。毒物通过呼吸道、口、皮肤侵入人体，因此凡是接触毒物的作业都应规定有针对性的个人卫生制度，必要时应列入操作规程，比如不准在作业场所吸烟、吃东西、班后洗澡，不准将工作服带回家中等。个体防护制度不仅保护自身，而且可避免家庭成员，特别是儿童的间接受害。

属于作业场所防止职业中毒的防护用品有防腐服装、防毒口罩和防毒面具等。

三、作业场所物理因素危害防治

作业场所存在的对人体产生危害的物理因素主要是生产性噪声、振动、辐射和异常气象条件（气温、气湿、气流、气压）等。

1. 生产性噪声

（1）生产性噪声及其分类。根据物理学的观点，各种不同频率不同强度的声音杂乱地无规律地组合，波形呈无规则变化的声音称为噪声，如机器的轰鸣等。在生产过程中产生的一切声音都被称为生产性噪声。生产性噪声按其声音的来源可大致分为以下几种：

1）机械性噪声。由于机器转动、摩擦、撞击而产生的噪声，如各种车床、纺织机、凿岩机、轧钢机、球磨机等机械所发出的声音。

2）空气动力性噪声。由于气体体积突然发生变化引起压力突变或气体中有涡流，引起气体分子扰动而产生的噪声，如鼓风机、通风机、空气压缩机、燃气轮机等发出的声音。

3）电磁性噪声。由于电机中交变力相互作用而产生的噪声，如发电机、变压器、电动机所发出的声音。

（2）噪声的危害。噪声对人体的影响是全身性的、多方面的。噪声的困扰妨碍正常的工作和休息，在噪声环境中工作，容易感觉疲乏、烦躁，造成注意力不集中、反应迟钝、准确性降低，直接影响作业能力和效率。如电话交换台的噪声从 40 分贝提高到 50 分贝，错误率增加将近 50%。由于噪声掩盖了作业场所的危险信号或警报，往往造成工伤事故的发生。长期接触强烈噪声会对人体如下系统产生危害：

1）听力系统。噪声的有害作用主要是对听力系统的损害。噪声作用初期，听阈可暂时性升高，听力下降，这是保护性反应；强噪声作用下，可导致永久性听力下降，内耳感音细胞遭损伤，引起噪声性耳聋；极强噪声可导致听力器官发生急性外伤，即爆震性耳聋。

2）神经系统。长期接触噪声可导致大脑皮层兴奋和抑制功能的平衡失调，出现头痛、头晕、心悸、耳鸣、疲劳、睡眠障碍、记忆力减退、情绪不稳定、易怒等。

3）其他系统。长期接触噪声可引起其他系统的应激反应，如可导致心血管系统疾病加重，引起肠胃功能紊乱等。

（3）生产性噪声危害控制措施。控制生产性噪声的危害主要从两个方面着手：一是消除或降低声源的噪声，使其降低到噪声卫生标准；二是消除或减少噪声传播，从传播途径上控制噪声，主要是阻断和屏蔽声波的传播。

具体措施有：企业总体设计布局要合理，强噪声车间要与一般车间以及职工生活区分开；车间内强噪声设备与一般生产设备分开；利用屏蔽阻止噪声传播，如隔声罩、隔声板、隔声墙等隔离噪声源，强噪声作业场所要设置隔声屏；利用吸声材料装饰车间墙壁或悬挂在车间里，以吸收声能等。

（4）加强个人防护和健康监护，是防治生产性噪声危害的重要方法之一。具体可以从以下几个方面着手：

1）加强个人防护是防止噪声性耳聋简单而易行的重要措施，个人防护用品有防声耳罩、耳塞、帽盔等。

2）加强听力保护与健康监护，定期对工人进行健康检查，重点查听力，对高频听力下降超过 15 分贝者，应采取保护措施。

3）合理安排劳动与休息，实行工间休息制度，休息时要离开噪声源。

4）监测车间噪声，鉴定噪声控制措施的效果，监督噪声卫生标准执行情况。

5）为保护噪声作业工人的健康，就业前必须进行健康检查，以发现和避免职业禁忌证。这是预防噪声危害的重要保护措施之一。

2. 生产性振动

（1）生产性振动及其分类。振动是物体以中心为基准，在外力的作用下作往复运动的现象。在生产过程中，由机器转动、撞击或车船行驶等产生的振动为生产性振动。在生产中经常接触到的振动源有：

1）风动工具，如铆钉机、凿岩机、风铲、风钻、捣固机等。

2）电动工具，如电钻、电锤、电锯、砂轮等。

3）运输工具，如汽车、火车、飞机、轮船、摩托车等。

4）农业机械，如拖拉机、脱粒机、收割机等。

（2）生产性振动的分类情况如下：

1）按振动作用于人体的部位分为局部振动和全身振动。

2）按振动方向分垂直振动和水平振动。

3）按振动的波形分为正弦振动、复合周期振动、复合振动、随机振动、冲击振动和瞬变振动。

4）按振动频率分类：1赫兹以下的振动为全身振动，可以引起运动病；1~100赫兹的振动既可以引起全身振动，也可以引起局部振动；而500~1 000赫兹的振动，则以局部振动作用为主，可引起局部振动病。

5）按接触振动的方式分为连续接触振动和间断接触振动。

（3）生产性振动的危害。一般人体手部接触的振动都是属于局部振动，局部振动能引起中枢及周围神经系统的功能改变，表现为条件反射受抑、条件反射潜伏期延长。生产性振动的作用可使人体对振动的敏感性减弱或消失，痛觉与触觉也发生改变；振动对植物神经系统的作用表现为组织营养改变，手指毛细血管痉挛，指甲易碎等。

振幅大而又有冲击力的生产性振动，往往可引起骨、关节改变，主要表现有脱钙、部分骨硬化、内生骨疣、局限性骨质增生或变形性关节炎等。

局部振动可引起中枢及周围神经系统的功能改变。大振幅有冲击力的振动可以引起骨、关节的改变。

振动病是长期接触生产性振动所引起的职业性危害，包括局部振动病和全身振动病；局部振动病是由于局部肢体（主要为手）长期接受强烈振动，而引起的肢端血管痉挛、上肢周围神经末梢感觉障碍及骨关节骨质改变为主要表现的职业病；全身振动除对前庭功能影响出现协调性减低的表现，还可引起植物神经症状及内脏移位，对于孕妇可能引起流产。

（4）生产性振动危害的控制措施。预防振动的危害应从工艺改革入手：在可能的条件下，以液压、焊接、黏接等新工艺代替铆接；改进风动工具，采用减振装置，设计自动或半自动式操纵装置，减少手及肢体直接接触振动体；工具把手设缓冲装置；改进压缩空气的出口方位，防止工人受冷风吹袭。振动作业工人应发放双层衬垫无指手套或衬垫泡沫塑料的无指手套，以减振保暖。

建立合理的劳动制度，按接触振动的强度和频率，订立工间休息及定期轮换制度，并对日接触振动的时间给予一定限制，对劳动者定期进行健康检查。

此外，就业前和工作后定期进行体检以及时发现和处理受震动损伤的作业人员也很重要。

3. 辐射

电磁辐射广泛存在于宇宙空间和地球上。当一根导线有交流电通过时，导线周围辐射出一种能量，这种能量以电场和磁场形式存在，并以波动形式向四周传播，人们把这种交替变化的，以一定速度在空间传播的电场和磁场，称为电磁辐射或电磁波。

电磁辐射分为射频辐射、红外线、可见光、紫外线、X射线及α射线等。由于其频率、波长、量子能量不同，对人体的危害作用也不同。当量了能量达到12电子伏特以上时，对物体有电离作用，能导致机体的严重损伤，这类辐射称为电离辐射。量子能量小于12电子伏特的不足以引起生物体电离的电磁辐射，称为非电离辐射。

（1）非电离辐射的来源与危害：

1）射频辐射。射频辐射又称为无线电波，量子能量很小。按波长和频率，射频辐射可分成高频电磁场和微波两个波段。

①高频作业，如高频感应加热金属的热处理、表面淬火、金属熔炼、热轧及高频焊接等。高频介质加热对象是不良导体，广泛用于塑料热合、棉纱与木材的干燥、粮食烘干及橡胶硫化等。高频等离子技术用于高温化学反应和高温熔炼。

作业地带的高频电磁场主要来自高频设备的辐射源，如高频振荡管、电容器、电感线圈及馈线等部件。无屏蔽的高频输出变压器常是工人操作岗位的主要辐射源。

②微波作业，如微波加热广泛用于食品、木材、皮革及茶叶等加工，医药与纺织印染等行业。烘干粮食、处理种子及消灭害虫是微波在农业方面的重要应用。医疗卫生上主要用于消毒、灭菌与理疗等。

生产场所接触微波辐射多由于设备密闭结构不严，造成微波能量外泄或由各种辐射结构（天线）向空间辐射的微波能量。

一般来说，射频辐射对人体的影响不会导致组织器官的器质性损伤，主要引起功能性改变，并具有可逆性特征，在停止接触数周或数月后往往可恢复。但在大强度长期射频辐射作用下，心血管系统的征候持续时间较长，并有进行性倾向。

2）红外线辐射。在生产环境中，加热金属、熔融玻璃及强发光体等可成为红外线辐射源，如炼钢工、铸造工、轧钢工、锻钢工、玻璃熔吹工、烧瓷工及焊接工等可受到红外线辐射。红外线辐射对机体的影响主要是皮肤和眼睛。

3）紫外线辐射。生产环境中，物体温度达1 200℃以上的辐射电磁波谱中即可出现紫外线。随着物体温度的升高，辐射的紫外线频率增高，波长变短，其强度也增大。常见的辐射源有冶炼炉（高炉、平炉、电炉）、电焊、氧乙炔气焊、氩弧焊和等离子焊接等。

强烈的紫外线辐射作用可引起皮炎，表现为弥漫性红斑，有时可出现小水疱和水肿，并有发痒、烧灼感。在作业场所比较多见的是紫外线对眼睛的损伤，即由电弧光照射所引起的职业病——电光性眼炎。此外在雪地作业、航空航海作业时，受到大量太阳光中紫外线照射，可引起类似电光性眼炎的角膜、结膜损伤，称为太阳光眼炎或雪盲症。

4）激光。激光不是天然存在的，而是用人工激活某些活性物质，在特定条件下受激发光。激光也是电磁波，属于非电离辐射，被广泛应用于工业、农业、国防、医疗和科研等领域。在工业生产中主要利用激光辐射能量集中的特点，用于焊接、打孔、切割和热处理等。在农业中激光可应用于育种、杀虫。

激光对人体的危害主要是由它的热效应和光化学效应造成的。激光对皮肤损伤的程度取决于激光强度、频率、肤色深浅、组织水分和角质层厚度等。激光能烧伤皮肤。

（2）非电离辐射危害的防治。高频电磁场的主要防护措施有场源屏蔽、距离防护和合理布局等。对微波辐射的防护，是直接减少源的辐射、屏蔽辐射源、采取个人防护及执行安全规则。对红外线辐射的防护，重点是对眼睛的保护，减少红外线暴露和降低炼钢工人等的热负荷，生产操作中应戴有效过滤红外线的防护镜。对紫外线辐射的防护是屏蔽和增大与辐射源的距离，佩戴专用的防护用品。对激光的防护，应包括激光器、工作室及个体防护三方面。激光器要有安全设施，在光束可能泄漏处应设置防光封闭罩；工作室围护结构应使用吸光材料，色调要暗，不能裸眼看光；使用适当个体防护用品并对人员进行安全教育等。

（3）电离辐射危害的防治。电离辐射是一切能引起物质电离的辐射的总称，是一种有足够能量使电子离开原子所产生的辐射。自然界中主要的电离辐射来源于一些不稳定的原子，这些不稳定的原子（指放射性核素或放射性同位素）为了变得更稳定，原子核自发地释放出次级和高级光量子（γ射线）并蜕变成另一种元素的原子核，这一过程称为放射性衰变。在衰变过程中，辐射的主要产物有α、β、γ射线。X射线是另一种由原子核外层电子引起的辐射。

1）电离辐射的分类：

①α衰变。不稳定的原子核自发地放出α粒子而变成另一种核叫α衰变。α粒子的强电离作用对人体内组织的破坏能力很大，长期作用能引起组织伤害甚至导致癌变的发生。

②β衰变。β衰变时放出的β粒子实际上是电子。β射线比α射线有更强的穿透力，一些β射线能穿透皮肤，引起放射性伤害。射线一旦进入人体内引起的伤害更大。

③γ射线。γ射线是伴随α、β衰变放出的一种波长很短的电磁波，同可见光、X射线一样，γ射线是一种光量子。γ射线能轻易地穿透人体，对人体造成危害。

④X射线。X射线是带电粒子与物质交互作用产生的高能光量子。X射线与γ射线有很多类似特性。X射线广泛用于医学和工业生产中，是人造辐射的主要来源。

2）电离辐射的危害。电离辐射广泛应用于医学，工业等领域。人体接受过量的电离辐射照射可导致严重后果。受各种电离辐射源照射而发生的各种类型和程度不同损伤（或疾病）的总称为放射性疾病。职业原因引起的放射性疾病为国家法定职业病。电离辐射所造成的人体伤害主要分为以下两种：

①外照射伤害。除核工业的铀矿开采和部分铀矿山外，外照射不会成为普遍的危害。外照射主要是指γ射线的辐射，只有当工作场所有足够数量的放射性物质及放射性强度时才构成对人体的外照射危害。外照射伤害大致分为两种类型，即急性外照射放射病和慢性外照射放射病。

急性外照射放射病是短时间内大剂量电离辐射作用于人体而引起的全身性疾病。一次照射超过1戈瑞，就可引起此病。一般情况下，大剂量的急性照射能立即造成损伤，并产生慢性损伤，如大面积出血、细菌感染、贫血等；后期可能引起白内障、癌症等。根据受照射剂量的大小，急性放射病分为造血型、肠型、脑型三种类型。

较小剂量电离辐射照射并不能造成立即伤害。在某些情况下，细胞并不立即死亡，但可能变成非正常细胞，甚至发展为癌变细胞，或者最终导致癌症发病率大大增加，这被称为慢性外照射放射病。这种危害作用包括DNA变异、诱发良性或恶性肿瘤、白内障、皮肤癌、后代先天性缺陷等。

②内照射伤害。所谓内照射伤害，是指放射性物质进入人体内部产生的照射伤害，而能有机会进入人体的放射性物质主要的是放射性元素氡以及粉尘状含放射性物质的颗粒。

内照射效应主要指吸入具有辐射能的放射性微粒后，放射性物质对人体组织、器官施加辐射所造成的后果。由于地壳内普遍存在着放射性元素，在矿物开采加工时，就会有放射性微粒飞扬出来形成放射性粉尘。例如，氡子体是离子态的原子微粒，有很强的吸附能力，能牢固地黏附在任何物体的表面，特别是巷道壁、矿石及粉尘的表面上。当作业人员吸入粉尘时也同时吸入了氡子体，这些进入深部呼吸道的氡子体，在衰变过程中放出射程只有几厘米的 α 射线，人体内部组织长期接受 α 辐射，将导致细胞的变异，最常见的就是导致矿工的职业性肺癌。连续在井下工作时一般发病期为 10 年。

3）电离辐射防护措施。电离辐射外照射的防护可以采取时间、距离、屏蔽三个方面的防护措施。

①时间防护。缩短受照时间是简易而有效的防护措施，在辐射源附近必须尽可能留驻较短的时间，以减少辐射的照射，通过周密的工作计划、充分的技术准备和熟练的操作程序来控制和减少个人的受照时间。

②距离防护。应使操作人员尽可能远离辐射源，因为即使离辐射源稍远一点，也可以使受到的照射剂量显著减少，在实际工作中常使用远距离操作器械，如使用机械手、自动化设备或遥控装置等，使操作者尽可能远离辐射源。

③屏蔽防护。出于在实际工作中难以无限制地缩短受照时间和增大与辐射源的距离，因此，单靠时间和距离防护，往往达不到安全防护的要求，因此根据射线通过物质后其强度会被减弱的原理，在辐射源与工作人员之间放上屏蔽物，以减少或消除射线的照射。根据防护要求的不同，屏蔽物可以是固定式的，也可以是移动式的。

以下是电离辐射内照射的防护手段：

①机械通风。矿山设计时，开拓方案和采矿方法都必须为放射性辐射防护创造条件，必须采用机械通风。机械通风是目前排除放射性气体与粉尘最有效的方法。

②空气净化。对于通风系统不能发挥作用的局部地区，可采用局部净化方法分离出空气中的放射性气体。把空气净化器安装在工作区域内，净化器入口吸入含尘及放射性气体的污浊风流，过滤净化由出口送出清洁空气供给工作空间使用。净化器有静电式的、过滤式的以及经典过滤复合式的。

③放射源隔离。在放射性气体高析出率的矿山，应采取多种措施降低岩壁和矿石的放射性气体析出量。如矿石富集地带，应尽量减少巷道探矿，用孔探代替坑探，以减少岩矿暴露表面；在矿壁上喷涂防放射性气体保护层，能使放射性气体的析出率降低 50％以上。

④做好防尘工作。矿尘的危害不但是粉尘中游离二氧化硅可以导致矿工尘肺病，更大的危害在于粉尘成分中有放射性同位素，而且放射性气体沉积在呼吸性粉尘上又形成极细微的气溶胶，这不仅加速尘肺病的发展，更能促进矿工肺癌的发生。所以在有放射性污染的矿山、选矿厂等必须高度重视并做好防尘工作。

⑤加强个体防护。内照射辐射危害的源头是吸入放射性颗粒物；因此，预防措施首

先应注意防止放射性物质从呼吸系统、消化系统或皮肤、伤口等途径进入体内，其中最主要的是呼吸防护。现场用于放射防护的用具主要包括口罩、工作服、靴子、手套等。工作后在规定的场所更衣、淋浴，是防止放射性物质带至公共场所或带回家的重要措施。

4. 异常气象条件

（1）异常气象条件的种类：

生产场所的热源可来自如各种熔炉、锅炉、化学反应釜，以及机械摩擦和转动的产热以及人体散热；空气湿度的影响主要来自各种敞开液面的水分蒸发或蒸汽放散，如造纸、印染、缫丝、电镀、潮湿的矿井、隧道以及潜涵等相对湿度大于80%的高气湿的作业环境。另外，风速、气压和辐射热都会对生产作业场所的环境产生影响。

1）高温强热辐射作业。高温强热辐射作业是指工作地点气温在30℃以上或工作地点气温高于夏季室外气温20℃以上，并有较强的辐射热作业。如冶金工业的炼钢、炼铁车间，机械制造工业的铸造、锻造，建材工业的陶瓷、玻璃、搪瓷、砖瓦等窑炉车间，火力电厂的锅炉间等。

2）高温高湿作业。高温高湿作业，如印染、缫丝、造纸等工业中，液体加热或蒸煮，车间气温可达35℃以上，相对湿度达90%以上。有的煤矿深井井下气温可达30℃，相对湿度95%以上。

3）其他异常气象条件作业。其他异常气象条件作业，如冬天在寒冷地区或极地从事野外作业、冷库或地窖工作的低温作业；潜水作业和潜涵作业等高气压作业；高空、高原低气压环境中进行运输、勘探、筑路及采矿等低气压作业。

（2）异常气象条件防护措施：

1）高温作业防护。对于高温作业，首先应合理设计工艺流程，改进生产设备和操作方法，这是改善高温作业条件的根本措施。如炼钢、轧钢及铸造等生产自动化可使从业人员远离热源；采用开放或半开放式作业，利用自然通风，尽量在夏季主导风向下风侧对热源隔离等。

2）隔热。隔热是防止热辐射的重要措施，可利用水来进行。

3）通风降温。通风降温方式有自然通风和机械通风两种方式。

4）保健措施。为从业人员提供饮料和补充营养，暑季供应含盐的清凉饮料等。

5）个体防护。如使用耐热工作服等；低温的作业环境下，要注意防寒保暖，加强个体防护用品使用。

6）异常气压的预防。可通过采取一些措施预防异常气压：技术革新，如采用管柱钻孔法代替沉箱，工人不必在水下高压作业；遵守安全操作规程；保健措施，高热量、高蛋白饮食等。

四、作业场所生物因素危害防治

生物因素是职业病危害因素的一个重要组成部分，生产原料和生产环境中存在的对职业人群健康有害的致病微生物、寄生虫、动植物、昆虫等及其所产生的生物活性物质统称为生物性有害因素。例如，附着于动物皮毛上的炭疽杆菌、布氏杆菌，某些动植物产生的刺激性、毒性或变态反应性生物活性物质，以及禽畜血吸虫尾蚴等。职业性有害生物因素主要指病原微生物和致病寄生虫，如布鲁氏杆菌、炭疽杆菌、森林脑炎病毒等。

1. 常见的生物性有害因素作业

常见的生物性有害因素作业主要见于病原微生物实验研究、医疗卫生技术服务、生物高科技产业、动物饲养与屠宰以及植物种植等相关行业。

（1）病原微生物实验室。从事与病原微生物菌（毒）种、样本有关的研究、教学、检测、诊断等活动的实验室工作人员可能因接触高致病性病原微生物而引起相应的健康损害。

（2）医疗卫生行业。从事医疗卫生技术服务的工作人员可能因接触致病性微生物而引起相应的健康损害。

（3）生物高科技产业。以 DNA 重组技术为代表的现代生物技术操作对象主要是活性有机体，在生产操作过程中工作人员可经常接触致病性微生物或非致病性微生物或其有毒有害的代谢产物，有可能对其健康产生危害。

（4）动物相关行业。从事畜牧业、动物饲养、动物屠宰等动物相关行业的作业人员存在感染动物性传染病的风险。

（5）植物相关行业。农业生产人员可能因接触有机粉尘导致农民肺；菇类栽培、采摘工作的人员可因吸入大量真菌孢子而诱发蘑菇肺；从事稻田作业的人员会发生各种皮肤疾患；在森林地区的作业活动中可接触森林脑炎病毒等。

2. 常见致病微生物的危害

（1）炭疽杆菌。炭疽是一种人畜共患的急性传染病，炭疽杆菌是炭疽病的病源菌。

1）致病性。炭疽杆菌的荚膜和毒素是炭疽杆菌的两种主要的致病物质。炭疽杆菌在动物体内有荚膜形成，荚膜能抵抗吞噬细胞的吞噬作用，有利于该菌在机体内的生存、繁殖和扩散。因此，有荚膜形成的其致病性较强。炭疽杆菌可产生强毒性的炭疽毒素。炭疽毒素由水肿因子、保护性抗原和致死因子三种成分组成，其中任一成分单独存在均不引起毒性反应。水肿因子和保护性抗原同时作用可产生皮肤坏死和水肿反应，保护性抗原和致死因子同时作用可使动物致死，只有三者同时存在方可引起典型的炭疽病。炭疽毒素主要损害微血管内皮细胞，增强血管壁的通透性，减少有效血容量和微循环灌注量，使血液的黏滞度增高，从而导致弥散性血管内凝血，造成休克。炭疽杆菌可经皮肤、呼吸道和消化道侵入机体引起炭疽病。

2）接触机会。炭疽杆菌主要寄生于牛、马、羊、骆驼等食草动物，从事畜牧业、兽医、屠宰牲畜检疫、毛纺及皮革加工等职业人群接触炭疽杆菌的机会较多。误食病畜肉、乳品等可发生肠炭疽。

（2）布鲁氏杆菌

1）致病性。布鲁氏杆菌有荚膜可产生透明质酸酶和过氧化氢酶，能够通过完整的皮肤和黏膜进入宿主体内。本菌产生的内毒素，是布鲁氏杆菌的重要致病物质。荚膜能抵抗吞噬细胞的吞噬作用，内毒素损害吞噬细胞，布鲁氏杆菌能在宿主细胞内增殖成为胞内寄生菌，并经淋管结到达局部淋巴结繁殖形成感染病。当布鲁氏杆菌在淋巴结中繁殖达到一定数量后即可突破淋巴结进入血液，引起发热等菌血症的表现。布鲁氏杆菌可随血液侵入肝、脾、骨髓、淋巴结等组织器官，并生长繁殖形成新的感染病。

2）接触机会。牧民、饲养员、挤奶工、屠宰工、肉品包装工、卫生检疫员、兽医等职业人群接触布鲁氏杆菌的机会较多。饮用布鲁氏杆菌污染的生奶或奶制品可感染引发布鲁氏杆菌病。

3. 生物性有害因素的预防措施

（1）严格生物有害因素卫生标准。我国现行标准《工业场所有害因素职业接触限值第1部分：化学因素》（GBZ2.1－2007）中对工作场所空气中生物因素容许浓度做出了规定，详细数据请查阅标准。

（2）炭疽病和布鲁氏杆菌的预防措施。传染病的预防，主要在于消灭传染源，控制传染途径，增强个体抵抗力三个环节。职业性炭疽病和布鲁氏杆菌都是接触传染，预防措施类似。

1）对疫源的处理：

①隔离病畜、禁止屠宰病畜作为肉食或加工之用，将病死动物尸体彻底焚烧，或撒上生石灰埋入地下2米深处。

②被污染的畜舍或土壤消毒处理，铲除表土深埋地面，畜舍四周洒20％浓度的漂白粉溶液消毒。

③在疫情流行地为活畜免疫注射疫苗。

④疫情流行地区的皮毛、皮革禁止外运。

2）工厂的预防措施：

①厂房布局、设施应符合防疫的健康要求。

②来自疫区的皮、毛等原料，需经检疫、消毒后再加工。

③生产性粉尘多的工厂设通风除尘设备。

④操作现场、搬运和初始接触皮毛的场地及工具每天消毒两次。

⑤加强个人防护，加强防护服、口罩、防尘眼镜、帽子、手套、鞋等更换消毒制度。工作场所不得饮水、工作后洗手、消毒、淋浴。

（3）森林脑炎的预防措施：

1）灭鼠、防鼠，保持驻地整齐健康，铲除杂草。

2）外出作业穿防护服及高筒靴、防虫帽，衣帽可用邻苯二甲酸二甲酯浸泡或涂擦。

（4）对病人隔离治疗。

（5）保护易感者。对高危人群接种菌苗。

五、其他危害因素危害防治

1. 金属烟热

金属烟热是急性职业病，是吸入金属加热过程释放出的大量新生成的金属氧化物粒子引起的。多为在通风不良的环境中作业，吸入过多的金属氧化物烟尘所致，以氧化锌烟雾引起者最多见，锡、银、铁、镉、铅、砷、锑、铍、镁、铊或锰等氧化物烟雾亦可引起本病。金属烟热临床表现为流感样发热，有发冷、发热以及呼吸系统症状。以典型性骤起体温升高和血液白细胞数增多等为主要表现的全身性疾病。

（1）发病原因。各种重金属烟均可产生金属烟热。金属加热刚超过其沸点时，释放出高能量的直径 0.2～1 微米的粒子，如氧化锌烟被吸入呼吸道深部，大量接触肺泡可引起金属烟热。吸入大量细小的金属尘粒也可发病，能引起金属烟热的金属是锌、铜、镁，特别是氧化锌。铬、锑、砷、铁、铅、锰、汞、镍、硒、银、锡等也可引起，但较少见。锌的熔点和沸点较低，金属加高温时首先逸出大量锌蒸气，在空气中氧化为氧化烟而致病。生产环境空气中氧化锌浓度＞15 毫克/立方米时，常有金属烟热发生。

（2）职业接触：

1）金属加热作业人员：金属熔炼、铸造、锻造、喷金等作业都需要加高温。铸铜时其中的锌由于熔点和沸点低而首先释放出来，并在空气中形成氧化锌烟，成为金属烟热常见的原因，铜尘、锰尘等细小金属粒子也可引起发病。

2）金属焊接作业人员：金属焊接和气割的高温可使镀锌金属或镀锡金属释放出氧化锌烟或氧化锡烟。焊接或气割合金也可释放出金属烟。

（3）疾病预防。金属烟热的主要预防措施：在冶炼、铸造作业时应尽量采用密闭化生产、加强通风以防止金属烟尘和有害气体逸出，并回收加以利用。在通风不良的场所进行焊接、切割时，应加强通风，操作者应戴送风面罩或防尘面罩，并缩短工作时间。

2. 不良井下作业条件

不良的井下作业条件会导致井下工人滑囊炎。滑囊是位于人体摩擦频繁或压力较大处的一种缓冲结构，其外层为纤维结缔组织，内层为滑膜，平时囊内有少量滑液，以利于滑动。长期、持续、反复、集中和力量稍大的摩擦和压迫是产生滑囊炎的主要原因，病理变化为滑膜水肿、充血、增厚呈绒毛状，滑液增多，囊壁纤维化等。井下工人滑囊炎是指煤矿井下工人在特殊的劳动条件下，致使滑囊急性外伤或长期摩擦、受压等机械因素所引起的无菌性炎症改变。

（1）疾病特征。滑囊炎多无明确原因而在关节或骨突出部逐渐出现一圆形或椭圆形包块，缓慢长大伴压痛。表浅者可摸到清楚边缘，有波动感，皮肤无炎症；部位深者，边界不清，有时被误认为是实质性肿瘤。当受到较大外力后，包块可较快增大，伴剧烈疼痛。此时皮肤有红、热，但无水肿。包块穿刺，慢性期为清晰黏液，急性损伤后为血性黏液。偶尔因皮肤磨损而继发感染，则有化脓性炎症的表现。滑囊炎主要分为以下几种：

1）急性滑囊炎。急性滑囊炎的特征是疼痛，局限性压痛和活动受限。如为浅部滑囊受累（髌前及鹰嘴），局部常红肿。化学性（如结晶所致）或细菌性滑囊炎均有剧烈疼痛，局部皮肤明显发红，温度升高。

2）慢性滑囊炎。滑囊炎多次发作或反复受创伤之后，可发展成慢性滑囊炎。由于滑膜增生，滑囊壁变厚，滑囊最终发生粘连。因疼痛、肿胀和触痛，可导致肌肉萎缩和活动受限。

3）肩峰下滑囊炎。肩峰下滑囊炎（三角肌下滑囊炎）表现为肩部局限性疼痛和压痛，尤其在外展 50°～130°时更加明显。肩峰下滑囊炎和钙化性冈上肌肌腱炎，从临床上和 X 射线检查上都很难区别。后者可能是部分或全部撕裂的结果，或由释放结晶所致。

4）损伤性滑囊炎。损伤性滑囊炎较多见，呈慢性。常在骨结构突出部位，因长期、反复摩擦和压迫而引起，常在慢性滑囊炎基础上突发，损伤力量较大时，可伴有血性滑液渗出。

5）痛风性滑囊炎。痛风性滑囊炎易发生于鹰嘴和髌前滑囊，滑囊壁可发生慢性炎症性改变，并有石灰样沉淀物沉积。患者多有慢性损伤史和与致病相关的职业史。关节附近的骨突处有呈圆形或椭圆形，边缘清楚大小不等的肿块。急性者疼痛、压痛明显，慢性者则较轻，患肢可有不同程度的活动障碍。若继发感染，则可有红、肿、热、痛表现。

（2）疾病原因。滑囊炎可以由损伤引起，部分是直接暴力损伤，有些是关节屈、伸、外展、外旋等动作过度，经反复、长期、持续的摩擦和压迫，使滑囊劳损导致炎症，滑囊可由磨损而增厚。滑囊在慢性损伤的基础上，也可因一次较大伤力而炎症加剧、滑膜小血管破裂，滑液呈血性。另外，感染病灶所带的致病菌可引起化脓性滑囊炎，痛风合并肘关节部位的鹰嘴和膝关节部位的髌前滑囊炎。

（3）疾病预防：

1）加强劳动保护，养成劳作后用温水洗手的习惯。休息是解决滑囊炎关节疼痛的首要方法。如果疼痛的部位在手肘或肩膀，建议将手臂自由地摆动，以缓解疼痛。

2）冰敷，如果关节摸起来很烫，可以使用冰敷的方法。以 10 分钟冰敷，10 分钟休息的方式交替。只要关节仍是热的，就不要用热敷。

3）避免长期关节摩擦和关节感染。

4）避免穿过紧的鞋子，以预防因鞋子过紧而引起的脚后跟滑囊炎。

3. 刮研作业

刮研是利用刮刀、基准表面、测量工具和显示剂，以手工操作的方式，边研点边测量，边刮研加工，使工件达到工艺上规定的尺寸、几何形状、表面粗糙度和密合性等要求的一项精加工工序。根据《职业病分类和目录》（国卫疾控发〔2013〕48 号）刮研作业可致的法定职业病为股静脉血栓综合征、股动脉闭塞症或淋巴管闭塞症。

刮研作业导致股静脉血栓综合征、股动脉闭塞症或淋巴管闭塞症的主要原因是由于刮研作业需要保持长时间的静坐或下蹲位导致血流缓慢、瘀滞，因而触发股静脉血栓的形成。

预防方法：刮研作业人员在刮研作业时尽量避免长时间保持一个姿势，每工作一段时间要活动一下身体。

第四节　用人单位职业健康监护

一、职业健康监护的基本概念

1. 职业健康监护概念

职业健康监护属于二级预防范畴，目的是通过早期检查、早期发现疾病，及时采取预防措施。根据《职业健康监护技术规范》（GBZ188—2014），职业健康监护被定义为是以预防为目的，根据劳动者的职业接触史，通过定期或不定期的医学健康检查和健康相关资料的收集，连续性地监测劳动者的健康状况，分析劳动者健康变化与所接触的职业病危害因素的关系，并及时地将健康检查和资料分析结果报告给用人单位和劳动者本人，以便及时采取干预措施，保护劳动者健康。职业健康监护工作主要包括职业健康检查和职业健康监护档案管理等内容。职业健康检查包括上岗前、在岗期间、离岗时和离岗后医学随访以及应急健康检查。

2. 职业禁忌证

职业禁忌证是指劳动者从事特定职业或者接触特定职业病危害因素时，比一般职业人群更易于遭受职业病危害和罹患职业病或者可能导致原有自身疾病病情加重，或者在作业过程中诱发可能导致对他人生命健康构成危险的疾病的个人特殊生理或病理状态。

二、职业健康监护的目的

（1）早期发现职业病、职业健康损害和职业禁忌证。

（2）跟踪观察职业病及职业健康损害的发生、发展规律及分布情况。

（3）评价职业健康损害与作业环境中职业病危害因素的关系及危害程度。

（4）识别新的职业病危害因素和高危人群。

（5）进行目标干预，包括改善作业环境条件，改革生产工艺，采用有效的防护设施和个人防护用品，对职业病患者及疑似职业病和有职业禁忌证人员的处理与安置等。

（6）评价预防和干预措施的效果。

（7）为制定或修订卫生政策和职业病防治对策服务。

三、开展职业健康监护的原则

1. 职业健康检查原则

职业健康检查分为强制性和推荐性两种，除了在各种职业病危害因素相应的项目标明为推荐性健康检查外，其余均为强制性。

已列入国家颁布的职业病危害因素分类目录的危害因素，符合以下条件者应实行强制性职业健康检查：

（1）该危害因素有确定的慢性毒性作用，并能引起慢性职业病或慢性健康损害；或有确定的致癌性，在暴露人群中所引起的职业性癌症有一定的发病率。

（2）该因素对人的慢性毒性作用和健康损害或致癌作用尚不能肯定，但有动物实验室或流行病学调查的证据，有可靠的技术方法，通过系统地健康监护可以提供进一步明确的证据。

（3）有一定数量的暴露人群。

2. 职业健康监护人群的界定原则

（1）接触需要开展强制性健康监护的职业病危害因素的人群，都应接受职业健康监护。

（2）在岗期间定期健康检查为推荐性的职业危害因素，原则上可根据用人单位的安排接受健康监护。

（3）虽不是直接从事接触需要开展职业健康监护的职业病危害因素作业，但在工作中受到与直接接触人员同样的或几乎同样的接触，应视同职业性接触，需和直接接触人员一样接受健康监护。

（4）根据不同职业病危害因素暴露和发病的特点及剂量－效应关系，主要根据是工作场所有害因素的浓度或强度以及个体累计暴露的时间长度和工种，确定需要开展健康监护的人群，可参考《工作场所职业病危害作业分级》（GBZ/T 229—2012）等标准。

（5）离岗后健康检查的间隔时间，主要根据有害因素致病的流行病学及临床特点、劳动者从事该作业的时间长短、工作场所有害因素的浓度等因素综合考虑确定。

四、职业健康监护的种类

职业健康监护分为上岗前检查、在岗期间定期检查、离岗时检查、离岗后医学随访和应急健康检查五类。

1. 上岗前职业健康检查

上岗前健康检查的主要目的是发现有无职业禁忌证，建立接触职业病危害因素人员的基础健康档案。上岗前健康检查均为强制性职业健康检查，应在开始从事有害作业前完成。下列人员应进行上岗前健康检查：

（1）拟从事接触职业病危害因素作业的新录用人员，包括转岗到该种作业岗位的人员。

（2）拟从事有特殊健康要求作业的人员，如高处作业、电工作业、职业机动车驾驶作业等。

2. 在岗期间职业健康检查

长期从事规定的需要开展健康监护的职业病危害因素作业的劳动者，应进行在岗期间的定期健康检查。定期健康检查的目的主要是早期发现职业病病人或疑似职业病病人或劳动者的其他健康异常改变；及时发现有职业禁忌证的劳动者；通过动态观察劳动者群体健康变化，评价工作场所职业病危害因素的控制效果。定期健康检查的周期根据不同职业病危害因素的性质、工作场所有害因素的浓度或强度、目标疾病的潜伏期和防护措施等因素决定。

3. 离岗时职业健康检查

劳动者在准备调离或脱离所从事的职业病危害的作业或岗位前，应进行离岗时健康检查，主要目的是确定其在停止接触职业病危害因素时的健康状况。

如最后一次在岗期间的健康检查是在离岗前的 90 日内，可视为离岗时检查。

4. 离岗后健康检查

（1）如接触的职业病危害因素具有慢性健康影响，或发病有较长的潜伏期，在脱离接触后仍有可能发生职业病，需进行医学随访检查。

（2）尘肺患者在离岗后需进行医学随访检查。

（3）随访时间的长短应根据有害因素致病的流行病学及临床特点、劳动者从事该作业的时间长短、工作场所有害因素的浓度等因素综合考虑确定。

5. 应急检查

（1）当发生急性职业病危害事故时，对遭受或者可能遭受急性职业病危害的劳动者，应及时组织健康检查。依据检查结果和现场劳动卫生学调查，确定危害因素，为急救和治疗提供依据，控制职业病危害的继续蔓延和发展。应急健康检查应在事故发生后立即开始。

（2）从事可能产生职业性传染病作业的劳动者，在疫情流行期或近期密切接触传染源者，应及时开展应急健康检查，随时监测疫情动态。

五、职业健康监护档案和管理档案

1. 建立职业健康监护档案

建立职业健康监护档案是《职业病防治法》规定用人单位的一项义务，用人单位必须采取必要的措施，建立并妥善保管好本单位劳动者的职业健康监护档案，档案的资料主要来源于职业健康检查机构。职业健康监护档案的内容主要包括：劳动者病史、职业危害接触史、职业健康检查结果和职业病诊断等。有关劳动者的个人资料，也可一并纳入职业健康监护档案中。

劳动者职业健康监护档案是劳动者健康变化的客观记录，是职业病诊断鉴定的重要依据之一，也是法院审理健康权益案件的物证。因此，用人单位不仅要保证档案资料的完整性、连续性和科学性，还必须建立科学的管理制度。概括地说，职业健康监护档案应包括劳动者健康检查个人档案和职业健康监护管理的相关文书资料。

个人档案主要是历次健康检查的体检表、实验室检查和特殊检查报告以及出具的个人体检报告。体检表应过科学的设计，可以按不同职业病危害因素设计不同的体检表，也可以分别设计不同的体检表，应根据实际情况决定。每个人的个人体检表应该包括个人基本信息、职业接触史、体检记录、体检结论、建议和处理意见。个人信息必须有唯一的辨别标志和检索标志。

关于职业健康监护相关文书资料，从我国健康监护的实际情况看，《职业健康监护技术规范》（GBZ 188—2014）列出了职业健康监护档案中应包括的资料。

（1）劳动者职业健康监护档案包括：

1）劳动者职业史、既往史和职业病危害接触史。

2）职业健康检查结果及处理情况。

3）职业病诊疗等健康资料。

（2）用人单位职业健康监护档案包括：

1）用人单位职业卫生管理组织组成、职责。

2）职业健康监护制度和年度职业健康监护计划。

3）历次职业健康检查的文书，包括委托协议书、职业健康检查机构的健康检查总结报告和评价报告。

4）工作场所职业病危害因素监测结果。

5）职业病诊断证明书和职业病报告卡。

6）用人单位对职业病患者、职业禁忌证者和已出现职业相关健康损害劳动者的处理和安置的记录。

7）用人单位在职业健康监护中提供的其他资料和职业健康检查机构记录整理的相关资料。

8）卫生行政部门要求的其他资料。

2. 职业健康监护档案的管理

档案该由谁来管理，怎样管理，不同的企业有不同的做法，但目前存在着一个较大的误区。有些企业为了"简化"管理程序，"合理"利用资源，将员工的职业健康监护档案纳入到人事档案，由企业人事部门统一管理，这与国家法律所要表达的立法精神不符，也无法对员工的健康状况进行有效监控。其原因在于：一是职业健康档案是针对特定岗位员工建立的健康状况监控表，需要对与职业健康相关的信息进行实时更新，因此需要一定的时效性与专业性。人事部门负责管理人事档案的人员，对人事档案的管理具有非常丰富的经验，但无法对岗位员工的职业健康信息及时掌握，也不可能具有专业的职业健康知识。二是职业健康档案涉及的内容与人事档案涉及的内容不同，来源也不同，这要求有专门的工作人员对内容进行收集和把关。三是建立职业健康档案，是要对员工的健康状况进行动态监控，对员工不同时段的健康情况进行对比分析，人事档案的管理人员显然无法承担这样的工作。

《职业健康监护技术规范》（GBZ 188—2014）对用人单位职业健康监护档案的管理做出了以下要求：

（1）用人单位应当依法建立职业健康监护档案，并按规定妥善保存。劳动者或劳动者委托代理人有权查阅劳动者个人的职业健康监护档案，用人档案不得拒绝或者提供虚假档案材料。劳动者离开用人单位时，有权索取本人职业健康监护档案，用人单位应当如实、无偿提供，并在所提供的复印件上盖章。

（2）职业健康监护档案应有专人管理，管理人员应当保证档案只能用于保护劳动者健康的目的，并保证档案的保密性。

六、职业健康监护的责任和义务

1. 用人单位的责任和义务

（1）对从事接触职业病危害因素作业的劳动者进行职业健康监护是用人单位的职责。

用人单位应根据国家有关法律、法规，结合生产劳动中存在的职业病危害因素建立职业健康监护制度，保证劳动者能够得到与其所接触的职业病危害因素相应的健康监护。

（2）用人单位要建立职业健康监护档案，由专人负责管理，并按照规定的期限妥善保存，要确保医学资料的机密和维护劳动者的职业健康隐私权、保密权。

（3）用人单位应保证从事职业病危害因素作业的劳动者能按时参加安排的职业健康检查，劳动者接受健康检查的时间应视为正常出勤。

（4）用人单位应安排即将从事接触职业病危害因素作业的劳动者进行上岗前的健康检查，但应保证其就业机会的公正性。

（5）用人单位应根据企业文化理念和企业经营情况，鼓励遵守《职业病防治法》《用人单位职业健康监督管理办法》《职业健康监护技术规范》的规定，制定更高的健康监护实施细则以促进企业可持续发展，特别是人力资源的可持续发展。

2. 劳动者的权利和义务

（1）从事接触职业病危害因素作业的劳动者有获得职业健康检查的权力，并有权了解本人健康检查结果。

（2）劳动者有权了解所从事的工作对他们的健康可能产生的影响和危害。劳动者或其代表有权参与用人单位建立职业健康监护制度和制订健康监护实施细则的决策过程。劳动者代表和工会组织也应与职业卫生专业人员合作，为预防职业病、促进劳动者健康发挥应有的作用。

（3）劳动者应学习和了解相关的职业卫生知识和职业病防治法律、法规；应掌握作业操作规程，正确使用、维护职业病防护设备和个人使用的防护用品，发现职业病危害事故隐患应及时报告。

（4）劳动者应参加遵照《职业健康监护技术规范》指导的并由用人单位安排的职业健康检查，在其实施过程中与职业卫生专业人员和用人单位合作。如果该健康检查项目不是国家法律法规制定的强制性进行的项目，劳动者参加应本着自愿的原则。

（5）劳动者有权对用人单位违反职业健康监护有关规定的行为进行投诉。

（6）劳动者若不同意职业健康检查的结论，有权根据有关规定投诉。

3. 职业健康检查机构的责任和义务

（1）从事职业健康检查的医疗机构应由省级人民政府卫生行政部门审定、批准，获得健康检查资质，并在其获批准的范围内从事相关活动。

（2）职业健康检查只能由具备医疗执业资格的医生和技术人员进行。职业健康检查机构应保证其从事职业健康工作的主检医师具备相应的专业技能，同时还应熟悉工作场所可能存在的职业病危害因素，以便分析劳动者的健康状况与其所从事的职业活动的关系，判断其是否适合从事该工作岗位。

（3）职业健康检查机构应维护和保证其工作的独立性，包括不受用人单位、劳动者和其他行政意见的影响和干预。当职业健康检查机构或职业健康检查专业人员开展工作的独立性受到干扰或破坏时，可向其主管卫生行政部门提出申诉。

（4）职业健康检查机构应客观真实地报告职业健康检查结果，对其所出示的检查结果和总结报告负责。

（5）职业健康检查专业人员应遵守职业健康监护的伦理道德规范，保护劳动者的隐私，采取一切必要的措施防止职业健康检查结果被用于其他目的。

（6）职业健康检查专业人员在进行职业健康检查时，应将检查的目的和每项检查的意义向被检者解释清楚，并应说明接受或拒绝该项检查可能产生的利弊。

（7）职业健康检查专业人员有义务接受劳动者对健康检查结果的询问或咨询，要如实地向劳动者解释检查结果和提出的同题，解释时应考虑劳动者的文化程度和理解能力。

（8）在保护旁动者健康的广义的职权范围内，职业健康检查专业人员必要时可以自用人单位建议进行除国家法律、法规规定的最低要求之外的健康监护项目。

第五节　劳动防护用品配置

一、劳动防护用品的分类

（1）按人体保护部位分类。《劳动防护用品分类与代码》（LD/T 75—1995）实行以人体保护部位划分的分类标准，可分为头部防护用品、呼吸器官防护用品、眼面部防护用品、听觉器官防护用品、手部防护用品、足部防护用品、躯干防护用品、护肤用品、防坠落用品九大类：

1）头部防护用品包括一般防护服、安全帽、防尘帽、防静电帽等。

2）呼吸器官防护用品包括防尘口罩和防毒面罩。

3）眼部防护用品包括防护眼镜和防护面罩。

4）听觉器官防护用品包括耳塞、耳罩和防噪声头盔等。

5）手部防护用品包括一般防护手套、防水手套、防寒手套、防毒手套、防静电手套、防高温手套、防 X 射线手套、防酸（碱）手套、防振手套、防切割手套、绝缘手套等。

6）足部防护用品包括防尘鞋、防水鞋、防寒鞋、防静电鞋、防酸（碱）鞋、防油鞋、防烫脚鞋、防滑鞋、防刺穿鞋、电绝缘鞋、防振鞋等。

7）躯干防护用品包括一般防护服、防水服、防寒服、防砸背心、防毒服、阻燃服、防静电服、防高温服、防电磁辐射服、耐酸（碱）服、防油服、水上救生衣、防昆虫服、防风沙服等。

8）防坠落用品包括安全带和安全网等。

9）护肤用品可分为防毒护肤用品、防腐护肤用品、防射线护肤用品、防油漆护肤用品等。

（2）按防御的职业病危害因素和危害的人体部位分类。根据《用人单位劳动防护用品管理规范》（安监总厅安健〔2015〕124 号），劳动防护用品分为以下十大类：

1）防御物理、化学和生物危险、有害因素对头部伤害的头部防护用品。

2）防御缺氧空气和空气污染物进入呼吸道的呼吸防护用品。

3）防御物理和化学危险、有害因素对眼面部伤害的眼面部防护用品。

4）防噪声危害及防水、防寒等的听力防护用品。

5）防御物理、化学和生物危险、有害因素对手部伤害的手部防护用品。

6）防御物理和化学危险、有害因素对足部伤害的足部防护用品。

7）防御物理、化学和生物危险、有害因素对躯干伤害的躯干防护用品。

8）防御物理、化学和生物危险、有害因素损伤皮肤或引起皮肤疾病的护肤用品。

9）防止高处作业劳动者坠落或者高处落物伤害的坠落防护用品。

10）其他防御危险、有害因素的劳动防护用品。

二、劳动防护用品管理

依据《用人单位劳动防护用品管理规范》和其他法律法规的规定，用人单位应当依法为劳动者提供劳动防护用品，保障劳动者安全与健康的辅助性、预防性措施，不得以劳动防护用品替代工程防护设施和其他技术、管理措施。

1. 劳动防护用品管理要求

（1）用人单位应当建立、健全管理制度，加强劳动防护用品配备、发放、使用等管理工作。

（2）用人单位应当安排专项经费用于配备劳动防护用品，不得以货币或者其他物品替代。该项经费计入生产成本，据实列支。

（3）用人单位应当为劳动者提供符合国家标准或者行业标准的劳动防护用品。使用进口的劳动防护用品，其防护性能不得低于我国相关标准。用人单位应尽可能地购买、使用获得安全标志的劳动防护用品。

（4）劳动者在作业过程中，应当按照规章制度和劳动防护用品使用规则，正确佩戴和使用劳动防护用品。

（5）用人单位使用的劳务派遣工、接纳的实习学生应当纳入本单位人员统一管理，并配备相应的劳动防护用品。对处于作业地点的其他外来人员，必须按照与进行作业的劳动者相同的标准，正确佩戴和使用劳动防护用品。

2. 劳动防护用品的选用

（1）用人单位劳动防护用品选择程序和依据。用人单位应按照识别、评价、选择的程序（如图4—1所示），结合劳动者作业方式和工作条件，并考虑其个人特点及劳动强度，选择防护功能和效果适用的劳动防护用品。

1）接触粉尘、有毒、有害物质的劳动者应当根据不同粉尘种类、粉尘浓度及游离二氧化硅含量和毒物的种类及浓度配备相应的呼吸器（详见表4—1所示）、防护服、防护手套和防护鞋等。具体可参照《呼吸防护用品自吸过滤式防颗粒物呼吸器》（GB2626）、《呼吸防护用品的选择、使用及维护》（GB/T18664）、《防护服装化学防护服的选择、使用和维护》（GB/T24536）、《手部防护 防护手套的选择、使用和维护指南》（GB/T29512）和《个体防护装备足部防护鞋（靴）的选择、使用和维护指南》（GB/T28409）等标准。

工作场所存在高毒物品目录中的确定人类致癌物质（详见表4—2所示），当浓度达到其1/2职业接触限值（PC—TWA或MAC）时，用人单位应为劳动者配备相应的劳动防护用品，并指导劳动者正确佩戴和使用。

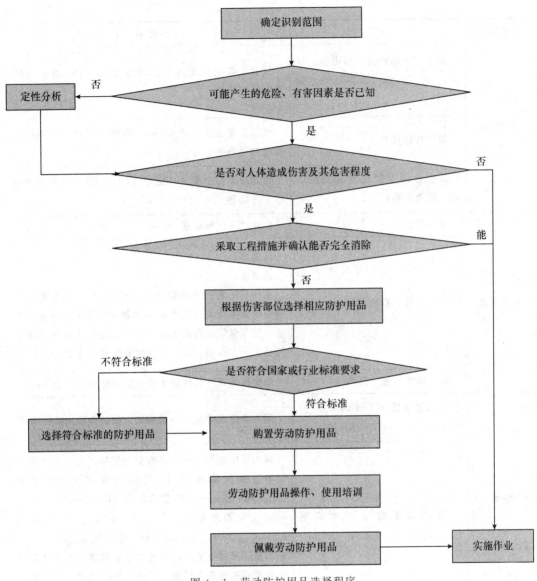

图 4—1 劳动防护用品选择程序

表 4—1 呼吸器和护听器的选用

危害因素	分类	要求
颗粒物	一般粉尘，如煤尘、水泥尘、木粉尘、云母尘、滑石尘及其他粉尘	过滤效率至少满足《呼吸防护用品自吸过滤式防颗粒物呼吸器》（GB2626）规定的 KN90 级别的防颗粒物呼吸器
	石棉	可更换式防颗粒物半面罩或全面罩，过滤效率至少满足 GB2626 规定的 KN95 级别的防颗粒物呼吸器

续表

危害因素	分类	要求
颗粒物	矽尘、金属粉尘（如铅尘、镉尘）、砷尘、烟（如焊接烟、铸造烟）	过滤效率至少满足 GB2626 规定的 KN95 级别的防颗粒物呼吸器
	放射性颗粒物	过滤效率至少满足 GB2626 规定的 KN100 级别的防颗粒物呼吸器
	致癌性油性颗粒物（如焦炉烟、沥青烟等）	过滤效率至少满足 GB2626 规定的 KP95 级别的防颗粒物呼吸器
化学物质	窒息气体	隔绝式正压呼吸器
	无机气体、有机蒸气	防毒面具 面罩类型： 工作场所毒物浓度超标不大于 10 倍，使用送风或自吸过滤半面罩；工作场所毒物浓度超标不大于 100 倍，使用送风或自吸过滤全面罩；工作场所毒物浓度超标大于 100 倍，使用隔绝式或送风过滤式全面罩
	酸、碱性溶液、蒸气	防酸碱面罩、防酸碱手套、防酸碱服、防酸碱鞋
噪声	劳动者暴露于工作场所 80 分贝≤$L_{8小时等效噪声}$<85 分贝的	用人单位应根据劳动者需求为其配备适用的护听器
	劳动者暴露于工作场所 $L_{8小时等效噪声}$≥85 分贝的	用人单位应为劳动者配备适用的护听器，并指导劳动者正确佩戴和使用。劳动者暴露于工作场所 $L_{8小时等效噪声}$ 为 85～95 分贝的应选用护听器信噪比为 17～34 分贝的耳塞或耳罩；劳动者暴露于工作场所 $L_{8小时等效噪声}$≥95 分贝的应选用护听器信噪比≥34 分贝的耳塞、耳罩或者同时佩戴耳塞和耳罩，耳塞和耳罩组合使用时的声衰减值，可按二者中较高的声衰减值增加 5 分贝估算

表 4—2　　　　　　　　　高毒物品目录中确定人类致癌物质

序号	毒物名称	MAC（毫克/立方米）	PC－TWA（毫克/立方米）
1	苯	—	6
2	甲醛	0.5	—
3	铬及其化合物（三氧化铬、铬酸盐、重铬酸盐）	—	0.05
4	氯乙烯		10

续表

序号	毒物名称	MAC（毫克/立方米）	PC－TWA（毫克/立方米）
5	焦炉逸散物	—	0.1
6	镍与难溶性镍化合物	—	1
7	可溶性镍化合物	—	0.5
8	铍及其化合物	—	0.000 5
9	砷及其无机化合物	—	0.01
10	砷化（三）氢；胂	0.03	—
11	（四）羰基镍	0.002	—
12	氯甲基醚	0.005	—
13	镉及其化合物	—	0.01
14	石棉总尘/纤维	—	0.8 0.8 根/毫升

注：根据最新发布的《高毒物品目录》和确定人类致癌物质随时调整。

2）接触噪声的劳动者，当暴露于 80 分贝≤$L_{8小时等效噪声}$＜85 分贝的工作场所时，用人单位应当根据劳动者需求为其配备适用的护听器；当暴露于 $L_{8小时等效噪声}$≥85 分贝的工作场所时，用人单位必须为劳动者配备适用的护听器，并指导劳动者正确佩戴和使用（详见表 4—1）。具体可参照《护听器的选择指南》（GB/T 23466）。

3）工作场所中存在电离辐射危害的，经危害评价确认劳动者需佩戴劳动防护用品的，用人单位可参照电离辐射的相关标准及《个体防护装备配备基本要求》（GB/T 29510）为劳动者配备劳动防护用品，并指导劳动者正确佩戴和使用。

4）从事存在物体坠落、碎屑飞溅、转动机械和锋利器具等作业的劳动者，用人单位还可参照《个体防护装备选用规范》（GB/T 11651）、《头部防护安全帽选用规范》（GB/T 30041）和《坠落防护装备安全使用规范》（GB/T 23468）等标准，为劳动者配备适用的劳动防护用品。

（2）劳动防护用品选择的其他要求：

1）同一工作地点存在不同种类的危险、有害因素的，应当为劳动者同时提供防御各类危害的劳动防护用品。需要同时配备的劳动防护用品，还应考虑其可兼容性。

2）劳动者在不同地点工作，并接触不同的危险、有害因素，或接触不同的危害程度的有害因素的，为其选配的劳动防护用品应满足不同工作地点的防护需求。

3）劳动防护用品的选择还应当考虑其佩戴的合适性和基本舒适性，根据个人特点和需求选择适合号型、式样。

4）用人单位应当在可能发生急性职业损伤的有毒、有害工作场所配备应急劳动防护用品，放置于现场临近位置并有醒目标识。

5）用人单位应当为巡检等流动性作业的劳动者配备随身携带的个人应急防护用品。

3. 劳动防护用品的采购、发放、培训及使用

（1）用人单位应当根据劳动者工作场所中存在的危险、有害因素种类及危害程度、劳动环境条件、劳动防护用品有效使用时间制定适合本单位的劳动防护用品配备标准，如表4—3所示。

表 4—3　　　　　　　　　用人单位劳动防护用品配备标准

岗位/工种	作业者数量	危险、有害因素类别	危险、有害因素浓度/强度	配备的防护用品种类	防护用品型号/级别	防护用品发放周期	呼吸器过滤元件更换周期

（2）用人单位应当根据劳动防护用品配备标准制定采购计划，购买符合标准的合格产品。

（3）用人单位应当查验并保存劳动防护用品检验报告等质量证明文件的原件或复印件。

（4）用人单位应当确保已采购劳动防护用品的存储条件，并保证其在有效期内。

（5）用人单位应当按照本单位制定的配备标准发放劳动防护用品，并作好登记，如表4—4所示。

表 4—4　　　　　　　　　劳动防护用品发放登记表

单位/车间：

序号	岗位/工种	员工姓名	防护用品名称	型号	数量	领用人签字	备注

发放人：　　　　日期：　年　月　日

（6）用人单位应当对劳动者进行劳动防护用品的使用、维护等专业知识的培训。

（7）用人单位应当督促劳动者在使用劳动防护用品前，对劳动防护用品进行检查，确保外观完好、部件齐全、功能正常。

（8）用人单位应当定期对劳动防护用品的使用情况进行检查，确保劳动者正确使用。

4. 劳动防护用品维护、更换及报废

（1）劳动防护用品应当按照要求妥善保存，及时更换。公用的劳动防护用品应当由车间或班组统一保管，定期维护。

（2）用人单位应当对应急劳动防护用品进行经常性的维护、检修，定期检测劳动防护用品的性能和效果，保证其完好有效。

（3）用人单位应当按照劳动防护用品发放周期定期发放，对工作过程中损坏的，用人单位应及时更换。

（4）安全帽、呼吸器、绝缘手套等安全性能要求高、易损耗的劳动防护用品，应当按照有效防护功能最低指标和有效使用期，到期强制报废。

三、常见劳动防护用品的正确使用

1. 防护眼镜和面罩

（1）防护眼镜和面罩的作用：

1）防止异物进入眼睛。在生产作业过程中，如从事金属切削作业，使用手提电动工具、气动工具进行打磨作业、冲刷作业等，一些异物容易进入眼内对眼睛造成伤害。有的固体异物高速飞出（如金属碎片）时若击中眼球，可能会使眼球破裂或发生穿透性损伤。使用防护眼镜可防止伤害事故发生。

2）防止化学性物品的伤害。生产作业过程中的酸（碱）液体、腐蚀性烟雾进入眼中，可引起角膜的烧伤。使用防护眼镜则可防止伤害。

3）防止强光、紫外线和红外线的伤害。在电气焊接、切割等场所，热源产生强光、紫外线和红外线，可引起眼结膜炎，出现怕光、疼痛、流泪等症状。使用防护眼镜可避免这些伤害。

4）防止微波、激光和电离辐射的伤害。

（2）防护眼镜和面罩使用注意事项：

1）护目镜要选用经产品检验机构检验合格的产品。

2）护目镜的宽窄和大小要适合使用者的脸型。

3）镜片磨损、镜架损坏会影响操作人员的视力，应及时调换。

4）护目镜要专人使用，防止传染眼病。

5）焊接护目镜的滤光片和保护片要按作业需要选用和更换。

6）防止重摔、重压，防止坚硬的物体摩擦镜片和面罩。

2. 防尘防毒用品

（1）防尘防毒用品的作用：

1）防止生产性粉尘的危害。在铸造、打磨作业中，会产生大量粉尘，长期接触会产生尘肺病。使用防尘防毒用品可防止、减少尘肺病的发生。

2）防止生产过程中有害化学物质的伤害。生产过程中的有毒物质，如一氧化碳、苯等侵入人体会引起职业性中毒。使用防尘防毒用品可防止、减少职业性中毒的发生。

（2）自吸过滤式防尘口罩使用注意事项：

1）选用产品的材质不应对人体有害，不应对皮肤产生刺激和过敏影响。

2）佩戴方便，与使用者脸部吻合。

3）防尘用具应专人专用。使用后及时装入塑料袋内，避免挤压、损坏。

（3）自吸过滤式防毒呼吸用品使用注意事项：

1）使用前必须弄清作业环境中有毒物质的性质、浓度和空气中的氧气含量，在未弄清楚作业环境以前，绝对禁止使用。当毒气浓度大于规定使用范围或空气中的氧含量低于 18％时，不能使用自吸过滤式防毒面具（或防毒口罩）。

2）使用前应检查部件和结合部的气密性，若发生漏气应查明原因。例如，面罩选择不合适或佩戴不正确，橡胶主体有破损，呼吸阀的橡胶老化变形，滤毒罐（盒）破裂，面罩的部件连接松动等。面罩只有在保持良好的气密状态时才能使用。

3）检查各部件是否完好，导气管有无堵塞或破损，金属部件有无生锈、变形，橡胶是否老化，螺纹接头有无生锈、变形，连接是否紧密。

4）检查滤毒罐表面有无破裂、压伤，螺纹是否完好，罐盖、罐底活塞是否齐全，罐盖内有无垫片，用力摇动时有无响声。检查面具袋内紧固滤毒罐的带、扣是否齐全和完好。

5）整套防毒面具连接后的气密性检查。在检查完各部件以后，应对整体防毒面具气密性进行检查。简单的检查方法是：打开橡胶底塞吸气，此时如没有空气进入，则证明连接正确，如有漏气，则应检查各部位连接是否正确。

正确选用面罩的规格。在使用时，应使罩体边缘与脸部紧贴，眼窗中心位置应选在眼睛正前方下 1 厘米左右。

6）根据劳动强度和作业环境空气中有害物质的浓度选用不同类型的防毒面具，如低浓度的作业环境可选用小型滤毒罐的防毒面具。

7）严格遵守滤毒罐对有效使用时间的规定。在使用过程中必须记录滤毒罐已使用的时间、毒物性质、浓度等。若记录卡片上的累计使用时间达到了滤毒罐规定的时间，应立即停止使用。

8）在使用过程中，严禁随意拧开滤毒罐（盒）的盖子，并防止水或其他液体进入罐（盒）中。

9）防毒呼吸面具的眼窗镜片，应防摩擦划痕，保持视物清晰。

10）防毒呼吸用品应专人使用和保管，使用后应清洗、消毒。在清洗和消毒时，应注意温度，不可使橡胶等部件因受温度影响而发生质变受损。

（4）供气式防毒呼吸用品使用注意事项：

1）使用前应检查各部件是否齐全和完好，有无破损、生锈，连接部位是否漏气等。

2）空气呼吸器使用的压缩空气钢瓶，绝对不允许用于充氧气。所用气瓶应按压力容器的规定定期进行耐压试验，凡已超过有效期的气瓶，在使用前必须经耐压试验合格才能充气。

3）橡胶制品经过一段时间会自然老化而失去弹性，从而影响防毒面具的气密性。一般来说，面罩和导气管应每年更新，呼气阀每6个月应更换一次。若不经常使用而且保管妥善，面罩和吸气管可3年更换一次，呼气阀每年更换一次。

呼吸器不用时应装入箱内，避免阳光照射，存放环境温度应不高于40℃。存放位置固定，方便紧急情况时取用。

4）使用的呼吸器除日常现场检查外，应每3个月（使用频繁时，可少于3个月）检查一次。

3. 耳塞、耳罩

（1）耳塞、耳罩的作用：

1）防止机械噪声的危害，如由机械的撞击、摩擦，固体的振动和转动而产生的噪声。

2）防止空气动力噪声的危害，如通风机等产生的噪声。

3）防止电磁噪声的危害，如发电机、变压器发出的噪声。

（2）耳塞使用注意事项：

1）各种耳塞在佩戴时，要先将耳郭向上提拉，使耳甲腔呈平直状态，然后手持耳塞柄，将耳塞帽体部分轻轻推入外耳道内，并尽可能地使耳塞体与耳甲腔相贴合。但不要用力过猛、过急或塞得太深，以自我感觉适度为宜。

2）戴后感到隔声效果不好时，可将耳塞稍微缓慢转动，调整到隔声效果最佳的位置为止。如果经反复调整仍然效果不佳，应考虑改用其他型号耳塞。

3）反复试用各种不同规格的耳塞，以选择最佳者。

4）佩戴泡沫塑料耳塞时，应将圆柱体搓成锥体后再塞入耳道，让塞体自行回弹，充满耳道。

5）佩戴硅橡胶自行成型的耳塞时，应分清左、右塞，不能弄错；插入耳道时，要稍微转动放正位置，使之紧贴耳甲腔。

（3）耳罩使用注意事项：

1）使用耳罩时，应先检查罩壳有无裂纹和漏气现象，佩戴时应注意罩壳的方向，顺着耳郭的形状戴好。

2）将连接弓架放在头顶适当的位置，尽量使耳罩软垫圈与周围皮肤相互贴合。如不合适，应稍微移动耳罩或弓架，将其调整到合适的位置。

无论佩戴耳罩还是耳塞，均应在进入有噪声的车间前戴好，工作中不得随意摘下，以免伤害鼓膜。如确需摘下，最好在休息时或离开车间以后，到安静处再摘掉耳罩或耳塞。

耳塞或耳罩软垫用后需用肥皂、清水清洗干净，晾干后收藏备用。橡胶制品应防热变形，同时撒上滑石粉储存。

4. 防护手套

（1）防护手套的作用：

1）防止火与高温、低温的伤害。

2）防止电磁与电离辐射的伤害。

3）防止电、化学物质的伤害。

4）防止撞击、切割、擦伤、微生物侵害以及感染。

（2）防护手套使用注意事项：

1）防护手套的品种很多，使用中应根据其防护功能选用。首先应明确防护对象，然后再仔细选用，如耐酸（碱）手套有耐高浓度酸（碱）的、有耐低浓度酸（碱）的，而耐低浓度酸（碱）的手套不能接触高浓度酸（碱），切记勿误用，以免发生意外。

2）防水、耐酸（碱）手套使用前应仔细检查，观察表面是否破损，简易的检查办法是向手套内吹口气，用手捏紧套口，观察是否漏气。漏气则不能使用。

绝缘手套应定期检验电绝缘性能，不符合规定的不能使用。

3）橡胶、塑料等类防护手套用后应冲洗干净、晾干，保存时避免高温，并在手套上撒上滑石粉以防粘连。

4）操作旋转机床时禁止戴手套作业。

5. 防护鞋

（1）防护鞋的作用：

1）防止物体砸伤或刺割伤害。如高处坠落物品及铁钉、锐利的物品散落在地面，就可能引起砸伤或刺伤。

2）防止高、低温伤害。在冶金等行业，不仅作业环境温度高，而且有强辐射热灼烤足部，灼热的物料也可能会喷溅到足面或掉入鞋内导致烧伤。冬季在室外施工作业，足部可能被冻伤。

3）防止酸、碱性化学品伤害。在作业过程中接触到酸、碱性化学品，可能发生足部被酸、碱灼伤的事故。

4）防止触电伤害。在作业过程中接触到带电体容易造成触电伤害。

5）防止静电伤害。静电对人体的伤害主要是引起心理障碍，使人产生恐惧心理，或者发生从高处坠落等二次事故。

（2）防砸鞋使用注意事项：

1）凡对脚部易发生外砸伤的工种，如搬运、林业采伐等工种人员都应使用防砸鞋和护腿，不能用其他类型的鞋代替。

2）重型作业不能穿轻型防砸鞋，热加工作业时穿用的防砸鞋应具有阻燃和耐热性。

3）穿用过程中，应避免水浸泡，以延长其使用寿命。

（3）绝缘鞋（靴）使用注意事项：

1）应根据作业场所电压的高低，正确选用绝缘鞋（靴），低压绝缘鞋（靴）禁止在高压电气设备上作为安全辅助用具使用，高压绝缘鞋（靴）可以作为高压和低压电气设备上的辅助安全用具使用。不论是穿低压或高压绝缘鞋（靴）均不得直接用手接触电气设备。

2）布面绝缘鞋只能在干燥环境中使用，避免布面潮湿。

3）穿用绝缘靴时，应将裤管放入靴筒内。穿用绝缘鞋时，裤管不宜长及鞋底外沿条高度，更不能长及地面，并要保持布帮干燥。

4）非耐酸、碱、油的橡胶底，不可与酸、碱、油类物质接触，并应防止被尖锐物刺伤。低压绝缘鞋若底面花纹磨光，露出内部颜色时则不能作为绝缘鞋使用。

5）在购买绝缘鞋（靴）时，应查验鞋上是否有绝缘永久标记，如红色闪电符号、鞋底是否有耐电压值标记，鞋内是否有合格证、安全鉴定证、生产许可证编号等。

（4）耐酸（碱）鞋（靴）使用注意事项：

1）耐酸（碱）皮鞋一般只能使用于浓度较低的酸（碱）作业场所，不能浸泡在酸（碱）液中进行较长时间的作业，以防酸（碱）溶液渗入皮鞋内腐蚀足部造成伤害。

2）耐酸（碱）塑料靴和胶靴，应避免接触高温，并避免锐器损伤靴面或靴底，否则将引起渗漏，影响防护功能。

3）耐酸（碱）塑料靴和胶靴穿用后，应用清水冲洗靴上的酸（碱）液体，然后晾干，避免日光直接照射，以防塑料和橡胶老化脆变，影响使用寿命。

（5）防静电鞋、导电鞋使用注意事项：

1）在使用时，不应同时穿绝缘的毛料厚袜及绝缘的鞋垫。

2）使用防静电鞋的场所应是防静电的地面，使用导电鞋的场所应是能导电的地面。

3）禁止将防静电鞋当作绝缘鞋使用。

4）防静电鞋应与防静电服配套使用。

5）穿用过程中，要按规定进行电阻测试，符合规定才可使用。

6. 安全帽

（1）安全帽的防护作用：

1）防止物体打击伤害。在生产中容易发生由于物体、工具等从高处坠落或抛出击中人员头部造成伤害等事故，佩戴安全帽可以防止物体打击等伤害事故的发生。

2）防止高处坠落伤害头部。在生产中，进行安装、维修、攀登等作业时可能会发生坠落事故，从而伤及头部导致死亡，使用安全帽保护头部可有效减轻伤害。

3）防止机械性损伤。可以防止旋转的机床、叶轮、带运输设备将操作人员的头发卷入其中。

4）防止污染毛发。在油漆、粉尘等作业环境中，存在化学腐蚀性物质，可能会污染头发和皮肤，使用安全帽可有效防止这种伤害。

（2）安全帽使用注意事项：

1）作业人员所戴的安全帽，要有下颌带和后帽箍并拴系牢固，以防安全帽滑落或被碰掉。

2）热塑性安全帽可用清水冲洗，不得用热水浸泡，不能放在暖气片、火炉上烘烤，以防帽体变形。

3）安全帽使用年限超过规定限值，或者受到较严重的冲击以后，虽然肉眼看不到帽体的裂纹，也应予以更换。一般塑料安全帽的使用期限为 3 年。

4）佩戴安全帽前，应检查各配件有无损坏，装配是否牢固，帽衬调节部分是否卡紧，绳带是否系紧等，确认各部件完好后方可使用。

7. 安全带

（1）安全带的作用。安全带的作用是预防作业人员从高处坠落。

（2）安全带使用注意事项。

1）在使用安全带时，应检查安全带的部件是否完整、有无损伤，金属配件的各种环卡不得是焊接件，边缘应光滑，产品上应有安全鉴定证。

2）使用围杆安全带时，围杆绳上要有保护套，不允许在地面上随意拖拽，以免损伤绳套，影响主绳。

3）悬挂安全带不得低挂高用，因为低挂高用在坠落时受到的冲击力大，对人体伤害也大。

4）架子工单腰带一般使用短绳较安全，如需用长绳，以选用双背带式安全带为宜。

5）使用安全绳时，不允许打结，以免发生坠落受冲击时将绳从打结处切断。

使用 3 米以上长绳时，应考虑补充措施，如在绳上加缓冲器、自锁钩或速差式自控器等。

6）缓冲器、自锁钩和速差式自控器可以单独使用，也可联合使用。

7）安全带使用 2 年后，应做一次试验，若不断裂则可继续使用。安全带使用期限一般为 3～5 年，发现异常应提前报废。

8. 护肤用品

（1）护肤用品的作用。护肤用品用于保护皮肤免受化学、物理等因素的危害。

（2）护肤用品使用注意事项：

1）皮肤防护剂应在工作开始前施用，下班后将涂在皮肤上的皮肤防护剂洗去。

2）在施用前，应清洁皮肤并保持干燥。工作结束后，应使用对皮肤有调理作用的制剂，可有效地减轻各种脱脂物质所引起的皮肤脱脂和干燥。

3）皮肤防护剂的应用，仅仅是许多预防职业皮肤病的措施之一，不能作为唯一的办法而忽视其他预防措施，否则必将导致职业皮肤病防治工作的失败。

第六节　职业病诊断鉴定与医疗救治

为进一步规范职业病诊断与鉴定工作，保障劳动者健康权益，原卫生部修订实施了《职业病诊断与鉴定管理办法》（卫生部令第 91 号），劳动者进行职业病诊断与鉴定应依据此办法的规定执行。

一、职业病诊断机构

1. 诊断机构

省、自治区、直辖市人民政府卫生行政部门（以下简称省级卫生行政部门）应当结合本行政区域职业病防治工作制定职业病诊断机构设置规划，报省级人民政府批准后实施。

（1）职业病诊断机构应具备以下条件：

1）持有《医疗机构执业许可证》。

2）具有相应的诊疗科目及与开展职业病诊断相适应的职业病诊断医师等相关医疗卫生技术人员。

3）具有与开展职业病诊断相适应的场所和仪器、设备。

4）具有健全的职业病诊断质量管理制度。

（2）医疗卫生机构申请开展职业病诊断，应当向省级卫生行政部门提交以下资料：

1）职业病诊断机构申请表。

2）《医疗机构执业许可证》及副本的复印件。

3）与申请开展的职业病诊断项目相关的诊疗科目及相关资料。

4）与申请项目相适应的职业病诊断医师等相关医疗卫生技术人员情况。

5）与申请项目相适应的场所和仪器、设备清单。

6）职业病诊断质量管理制度有关资料。

7）省级卫生行政部门规定提交的其他资料。

（3）职业病诊断机构的职责：

1）在批准的职业病诊断项目范围内开展职业病诊断。

2）报告职业病。

3）报告职业病诊断工作情况。

4）承担《职业病防治法》中规定的其他职责。

2. 诊断医师条件

从事职业病诊断的医师应当具备下列条件，并取得省级卫生行政部门颁发的职业病诊断资格证书：

（1）具有医师执业证书。

（2）具有中级以上卫生专业技术职务任职资格。

（3）熟悉职业病防治法律法规和职业病诊断标准。

（4）从事职业病诊断、鉴定相关工作3年以上。

（5）按规定参加职业病诊断医师相应专业的培训，并考核合格。

并且，职业病诊断医师应当依法在其资质范围内从事职业病诊断工作，不得从事超出其资质范围的职业病诊断工作。

职业病诊断机构应当建立和健全职业病诊断管理制度，加强职业病诊断医师等有关医疗卫生人员技术培训和政策、法律培训，并采取措施改善职业病诊断工作条件，提高职业病诊断服务质量和水平。职业病诊断机构应依法独立行使诊断权，公开诊断程序。方便劳动者进行职业病诊断，尊重、关心、爱护劳动者，保护劳动者的隐私并对其做出的职业病诊断结论负责。

二、职业病的诊断

劳动者可以选择用人单位所在地、本人户籍所在地或者经常居住地的职业病诊断机构进行职业病诊断。职业病诊断机构应当按照《职业病防治法》《职业病诊断与鉴定管理办法》的有关规定和国家职业病诊断标准，依据劳动者的职业史、职业病危害接触史和工作场所职业病危害因素情况、临床表现以及辅助检查结果等，进行综合分析，做出诊断结论。

1. 职业病诊断程序

职业病诊断程序的 4 个阶段，如图 4—2 所示。

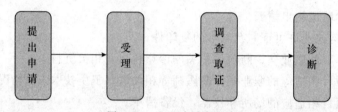

图 4—2　职业病诊断程序

（1）阶段一：劳动者提出申请。劳动者可以选择向用人单位所在地、本人户籍所在地或者经常居住地的职业病诊断机构提出进行职业病诊断申请。职业病诊断需要以下材料：

1）劳动者职业史和职业病危害接触史（包括在岗时间、工种、岗位、接触的职业病危害因素名称等）。

2）劳动者职业健康检查结果。

3）工作场所职业病危害因素检测结果。

4）职业性放射性疾病诊断还需要个人剂量监测档案等资料。

5）与诊断有关的其他资料。

（2）阶段二：受理。劳动者依法要求进行职业病诊断的，职业病诊断机构应当接诊，并告知劳动者职业病诊断的程序和所需材料。

（3）阶段三：调查取证。职业病诊断机构进行职业病诊断时，应当书面通知劳动者所在的用人单位提供其掌握的职业病诊断资料，用人单位应当在接到通知后的 10 日内如实提供。用人单位未在规定时间内提供职业病诊断所需要资料的，职业病诊断机构可以依法提请安全生产监督管理部门督促用人单位提供。

劳动者对用人单位提供的工作场所职业病危害因素检测结果等资料有异议，或者因劳动者的用人单位解散、破产，无用人单位提供上述资料的，职业病诊断机构应当依法提请用人单位所在地安全生产监督管理部门进行调查。

职业病诊断机构需要了解工作场所职业病危害因素情况时，可以对工作场所进行现场调查，也可以依法提请安全生产监督管理部门组织现场调查。

（4）阶段四：诊断。职业病诊断机构在进行职业病诊断时，应当组织 3 名以上单数职业病诊断医师进行集体诊断。职业病诊断医师应当独立分析、判断、提出诊断意见，任何单位和个人无权干预。职业病诊断机构在进行职业病诊断时，诊断医师对诊断结论有意见分歧的，应当根据半数以上诊断医师的一致意见形成诊断结论，对不同意见应当如实记录。参加诊断的职业病诊断医师不得弃权。

2. 诊断证明书

职业病诊断机构做出职业病诊断结论后，应当出具职业病诊断证明书。职业病诊断证明书应当包括以下内容：

（1）劳动者、用人单位基本信息。

（2）诊断结论。确诊为职业病的，应当载明职业病的名称、程度（期别）、处理意见。

（3）诊断时间。职业病诊断证明书应当由参加诊断的医师共同签署，并经职业病诊断机构审核盖章。

3. 诊断档案

职业病诊断机构应当建立职业病诊断档案并永久保存，档案应当包括：

（1）职业病诊断证明书。

（2）职业病诊断过程记录，包括参加诊断的人员、时间、地点、讨论内容及诊断结论。

（3）用人单位、劳动者和相关部门、机构提交的有关资料。

（4）临床检查与实验室检验等资料。

（5）与诊断有关的其他资料。

三、职业病鉴定

当事人对职业病诊断机构做出的职业病诊断结论有异议的，可以在接到职业病诊断证明书之日起 30 日内，向职业病诊断机构所在地设区的市级卫生行政部门申请鉴定。设区的市级职业病诊断鉴定委员会负责职业病诊断争议的首次鉴定。

当事人对设区的市级职业病鉴定结论不服的，可以在接到鉴定书之日起 15 日内，向原鉴定组织所在地省级卫生行政部门申请再鉴定。职业病鉴定实行两级鉴定制，省级职业病鉴定结论为最终鉴定。职业病鉴定程序如下：

1. 鉴定材料

审核申请鉴定当事人提供的与鉴定有关的资料并受理。当事人申请鉴定时应提供的材料：

（1）职业病鉴定申请书。

（2）职业病诊断证明书，申请省级鉴定的还应当提交市级职业病鉴定书。

（3）卫生行政部门要求提供的其他有关资料。

职业病鉴定办事机构应当自收到申请资料之日起5个工作日内完成资料审核，对资料齐全的发给受理通知书；资料不全的，应当书面通知当事人补充。资料补充齐全的，应当受理申请并组织鉴定。

2. 鉴定取证

组织鉴定取证，必要时由第三方对患者进行体检或提取相关现场证据。

职业病鉴定办事机构收到当事人鉴定申请之后，根据需要可以向原职业病诊断机构或者首次职业病鉴定的办事机构调阅有关的诊断、鉴定资料。原职业病诊断机构或者首次职业病鉴定办事机构应当在接到通知之日起15日内提交。

根据职业病鉴定工作需要，职业病鉴定办事机构可以向有关单位调取与职业病诊断、鉴定有关的资料，有关单位应当如实、及时提供。专家组应当听取当事人的陈述和申辩，必要时可以组织进行医学检查。

需要了解被鉴定人的工作场所职业病危害因素情况时，职业病鉴定办事机构根据专家组的意见可以对工作场所进行现场调查，或者依法提请安全生产监督管理部门组织现场调查。依法提请安全生产监督管理部门组织现场调查的，在现场调查结论或者判定做出前，职业病鉴定应当中止。

3. 组成鉴定委员会

组成鉴定委员会进行鉴定。鉴定委员会的组成：

（1）省级卫生行政部门设立职业病诊断鉴定专家库。

（2）专家库有相关专业的专家组成。

（3）鉴定时，从相关专业的专家库中随机抽取确定参加鉴定委员会的专家。

职业病鉴定应当遵循客观、公正的原则，专家组进行职业病鉴定时，可以邀请有关单位人员旁听职业病鉴定会。所有参与职业病鉴定的人员应当依法保护被鉴定人的个人隐私。专家组应当认真审阅鉴定资料，依照有关规定和职业病诊断标准，经充分合议后，根据专业知识独立进行鉴定。鉴定结论应当经专家组三分之二以上成员通过。

4. 出具鉴定书

职业病鉴定书应当包括以下内容：

（1）劳动者、用人单位的基本信息及鉴定事由。

（2）鉴定结论及其依据，如果为职业病，应当注明职业病名称、程度（期别）。

（3）鉴定时间。

鉴定书加盖职业病诊断鉴定委员会印章。

首次鉴定的职业病鉴定书一式四份，劳动者、用人单位、原诊断机构各一份，职业病鉴定办事机构存档一份；再次鉴定的职业病鉴定书一式五份，劳动者、用人单位、原诊断机构、首次职业病鉴定办事机构各一份，再次职业病鉴定办事机构存档一份。

5. 法律救济

对鉴定结果有异议的，可以选择向人民法院起诉。

四、职业病的医疗救治

《职业病防治法》对职业病患者的医疗救治做出如下规定：

（1）医疗卫生机构发现疑似职业病病人时，应当告知劳动者本人并及时通知用人单位。用人单位应当及时安排对疑似职业病病人进行诊断；在疑似职业病病人诊断或者医学观察期间，不得解除或者终止与其订立的劳动合同。疑似职业病病人在诊断、医学观察期间的费用，由用人单位承担。

（2）用人单位应当保障职业病病人依法享受国家规定的职业病待遇。用人单位应当按照国家有关规定，安排职业病病人进行治疗、康复和定期检查。用人单位对不适宜继续从事原工作的职业病病人，应当调离原岗位，并妥善安置。用人单位对从事接触职业病危害的作业的劳动者，应当给予适当岗位津贴。

（3）职业病病人的诊疗、康复费用，伤残以及丧失劳动能力的职业病病人的社会保障，按照国家有关工伤保险的规定执行。

（4）劳动者被诊断患有职业病，但用人单位没有依法参加工伤保险的，其医疗和生活保障由该用人单位承担。

第五章 工伤事故应急与现场处置

第一节 事故应急救援与处置

一、事故应急救援与处置程序

（1）事故应急救援与处置及其必要性。在工伤事故发生后，事故应急救援体系能保证事故应急救援组织的及时出动，并针对性地采取救援措施，对防止事故的进一步扩大，减少人员伤亡和财产损失意义重大。应急救援工作中一项重要任务是对发生事故的处理和人员的及时救护，特别是现场救护往往能为伤员争取最宝贵的"救命的黄金时刻"。现场及时、正确的救护，为医院救治创造条件，能最大限度地挽救伤员的生命和减轻伤残。对于企业员工而言，学习和了解一些基本的自救和救援常识，对于减轻事故后果，实施有效的救援非常必要。

所谓应急救援与处置，是指为消除、减少事故危害，防止事故扩大或恶化，最大限度地降低事故造成的损失或危害而采取的救援措施或行动。

企业员工掌握一定的应急救援知识，对于处理紧急事故，防止和减少伤亡事故有重要的意义。企业在日常安全生产教育培训中，要给员工介绍该单位危险源的位置，可能发生事故的类型、事故后果的严重程度、事故救援的程序及方法等，并组织员工进行事故应急演练。

（2）事故应急救援与处置的程序：

1）发现紧急情况后，事故现场人员应立即上报单位领导，如事态严重，应直接拨打相关电话报警。

2）立即疏散事故现场人员。

3）实施警戒治安，避免无关人员进入现场。

4）立即采取现场行之有效的救护措施对受伤人员实施救护和对事态进行控制。

5）及时将受伤人员送医院救治。

6）及时报告有关救援部门。

二、受伤人员的伤情判断

1. 有无意识

（1）判断：受伤人员对于问话、拍打肩膀、紧捏手指等刺激均无反应，说明已无意识。

（2）措施：无意识时必须呼救并实施急救措施。

2. 有无呼吸

（1）判断：目测受伤人员胸部的起伏情况，用耳朵测听呼吸。

（2）措施：保持呼吸道畅通，如果呼吸停止，必须马上进行人工呼吸。

3. 有无脉搏

（1）判断：测试脉搏时应将指尖轻轻放在受伤人员的颈动脉或股动脉处。

（2）措施：若感觉不到脉搏，则需立即进行胸外心脏按压。

4. 有无大出血

（1）判断：动脉出血时，血液呈喷射状，血色鲜红，危险性大；静脉出血时，血流较缓慢，血色暗红，呈持续状；毛细血管出血时，血色鲜红，从伤口处渗出，常自动凝固而止血，危险性较小。

（2）措施：必须采取措施立即止血。

三、几种常见的救护方法

1. 心肺复苏

心肺复苏（CPR）是针对骤停的心跳和呼吸采取的"救命技术"。其救护对象为意外事件中心跳和呼吸停止的伤员或病人，而非心肺功能衰竭或绝症终期病患。

实施心肺复苏的具体步骤：

（1）判断患者有无意识。轻拍伤员的肩部，并大声呼喊，如果伤员没有反应（如睁眼、说话、肢体活动等），说明没有意识。

（2）明确抢救的体位。伤员正确的抢救体位是水平仰卧位，即伤员平卧，头、颈、躯干不扭曲，两上肢放在躯干旁边；抢救者应跪在伤员肩部上侧，这样不需要移动自己膝部，就可依次进行人工呼吸和胸外心脏按压。

（3）保持伤员呼吸道畅通。解开伤员的领带、衣扣。救护人一手压额，使伤员头部后仰，另一只手的食指、中指置于下颌骨下方。

将颏部向前抬起，使咽喉和气道在一条水平线上。清除伤员口鼻内的污物、土块、痰、涕、呕吐物，使呼吸道通畅。必要时嘴对嘴吸出伤员口鼻中阻塞的痰和异物。

（4）判断伤员的呼吸（要在3～5秒内完成）。看胸部有无起伏，听有无出气声音，用脸感觉有无气流拂面。如无呼吸，立即进行人工呼吸。

（5）人工呼吸。保持伤员的气道畅通。用压前额的那只手的拇指、食指捏紧伤员的鼻孔，另一只手托下颌。如果伤员的牙关紧闭或口腔严重受伤，可用一只手使伤员的口紧闭，做口对鼻人工呼吸。一次吹气完毕后，救护者与伤员的口脱开，并吸气准备第二次吹气。

按以上步骤反复进行，吹气频率为12～15次/分钟。

（6）判断伤员脉搏。若有脉搏，继续做人工呼吸；若无脉搏，进行胸外心脏按压。

（7）胸外心脏按压。将一只手的掌根按在伤员胸骨中下切迹上，两指平放在胸骨正中部位，另一只手压在该手的手背上，双手手指均应翘起不能平压在胸壁上，双肘关节伸直，利用体重和肩臂力量垂直向下挤压。使胸骨下陷4厘米左右，略停顿后在原位放松，但手掌根不能离开胸壁定位点。

单人抢救时，每按压30次后吹气2次，反复进行；两人抢救时，每按压5次后由另一人吹气1次，反复进行。

2. 止血方法

当一个人一次失血量不超过血液总量的10％时，对健康无明显影响，并且失去的血量能很快恢复；当失血量超过30％时，就可能危及生命。

（1）毛细血管出血。血液从伤口渗出，出血量少，色红，危险性小，只需要在伤口处盖上消毒纱布或干净手帕等，扎紧即可止血。

（2）静脉出血。血色暗红，缓慢、不断地流出。一般抬高出血肢体以减少出血，然后在出血处放几层纱布，加压包扎即可止血。

（3）动脉出血。血色鲜红，出血来自伤口的近心端，呈搏动性喷血，出血量多，速度快，危险性大。动脉出血时一般采用间接指压法止血。即在出血动脉的近心端用手指把动脉压在骨面上，予以止血。

3. 骨折急救

骨折急救是指在骨折发生后进行的及时处理，包括检查诊断和必要的临时措施。正确的急救措施可有效减轻伤员的痛苦，并为医生的救护争取宝贵的时间。

现场处理方法如下：

（1）肢体骨折可用夹板、木棍、竹竿等将断骨上、下方2个关节固定，若无固定物，则可将受伤的上肢绑在胸部，将受伤的下肢同健肢一并绑起来，避免骨折部位移动，以减少疼痛，防止伤势恶化。

（2）开放性骨折且伴有大量出血者，先止血，再固定，并用干净布片或纱布覆盖伤口，然后速送医院救治，切勿将外露的断骨推回伤口内。

（3）若在包扎伤口时骨折端已自行滑回创口内，则到医院后，须向负责医生说明，提醒注意。

（4）如有颈椎损伤，则使伤员平卧后，将沙土袋（或其他代替物）放置在头部两侧以使颈部固定不动。

（5）腰椎骨折应使伤员平卧在硬木板（或门板）上，并将腰椎躯干及两下肢一起进行固定，预防瘫痪。搬运时应数人合作，保持平稳，不能扭曲。平地搬运时伤员头部在后，上楼、下楼、下坡时头部在上，搬运中应严密观察伤员，防止伤情突变。

第二节　避险与逃生

一、火灾时的避险与逃生

火灾的发生往往是瞬间的、无情的，如何提高自我保护能力，从火灾现场安全撤离，成为减少火灾事故中人员伤亡的关键。因此，多掌握一些自救与逃生的知识、技能，把握住脱险时机，就会在困境中拯救自己或赢得更多等待救援的时间，从而获得第二次生命。

1. 遇到火情时的对策

（1）火势初期，如果发现火势不大，未对人与环境造成很大威胁，其附近有消防器材，如灭火器、消防栓、自来水等，应尽可能地在第一时间将火扑灭，不可置小火于不顾而酿成火灾。

（2）当火势失去控制，不要惊慌失措，应冷静机智地运用火场自救和逃生知识摆脱困境。心理的恐慌和崩溃往往使人丧失绝佳的逃生机会。

2. 建筑物内发生火灾时如何避险与逃生

（1）火灾现场的自救与逃生：

1）沉着冷静，辨明方向，迅速撤离危险区域。突遇火灾，面对浓烟和大火，首先要使自己保持镇静，迅速判断危险地点和安全地点，果断决定逃生的办法，尽快撤离险地。如果火灾现场人员较多，切不可慌张，更不要相互拥挤、盲目跟从或乱冲乱撞、相互践踏，造成意外伤害。

撤离时要朝明亮或外面空旷的地方跑，同时尽量向楼梯下面跑。进入楼梯间后，在确定下楼层未着火时，可以向下逃生，而决不应往上跑。若通道已被烟火封阻，则应背向烟火方向离开，通过阳台、气窗、天台等往室外逃生。如果现场烟雾很大或断电，能见度低，无法辨明方向，则应贴近墙壁或按指示灯的提示，摸索前进，找到安全出口。

2）利用消防通道，不可进入电梯。在高层建筑中，电梯的供电系统在火灾时随时会断电，或因强热作用使电梯部件变形而"卡壳"将人困在电梯内，给救援工作增加难度；同时，由于电梯井犹如贯通的烟囱般直通各楼层，有毒的烟雾极易被吸入其中，人在电梯里随时会被浓烟毒气熏呛而窒息。因此，火灾时千万不可乘普通的电梯逃生，而是要根据情况选择进入相对较为安全的楼梯、消防通道、有外窗的通廊。此外，还可以利用建筑物的阳台、窗台、天台屋顶等攀到周围的安全地点。

如果逃生要经过充满烟雾的路线，为避免浓烟呛入口鼻，可使用毛巾或口罩蒙住口鼻，同时使身体尽量贴近地面或匍匐前行。烟气较空气轻而飘于上部，贴近地面撤离是避免烟气吸入、滤去毒气的最佳方法。穿过烟火封锁区，应尽量佩戴防毒面具、头盔、阻燃隔热服等护具，如果没有这些护具，可向头部、身上浇冷水或用湿毛巾、湿棉被、湿毯子等将头、身体裹好，再冲出去。

3）寻找、自制有效工具进行自救。有些建筑物内设有高空缓降器或救生绳，火场人员可以通过这些设施安全地离开危险的楼层。如果没有这些专门设施，而安全通道又已被烟火封堵，在救援人员还不能及时赶到的情况下，可以迅速利用身边的绳索或床单、窗帘、衣服等自制成简易救生绳，有条件的最好用水打湿，然后从窗台或阳台沿绳缓滑到下面楼层或地面；还可以沿着水管、避雷线等建筑结构中的凸出物滑到地面安全逃生。

4）暂避较安全场所，等待救援。假如用手摸房门已感到烫手，或已知房间被大火或烟雾围困，此时切不可打开房门，否则火焰与浓烟会顺势冲进房间。这时可采取创造避难场所、固守待援的办法。首先应关紧迎火的门窗，打开背火的门窗，用湿毛巾或湿布条塞住门窗缝隙，或者用水浸湿棉被蒙上门窗，并不停泼水降温，同时用水淋透房间内可燃物，防止烟火渗入，固守在房间内，等待救援人员到达。

5）设法发出信号，寻求外界帮助。被烟火围困暂时无法逃离的人员，应尽量站在阳台或窗口等易于被人发现和能避免烟火近身的地方。在白天，可以向窗外晃动鲜艳衣物，或向外抛轻型晃眼的东西；在晚上，可以用手电筒不停地在窗口闪动或者利用敲击金属物、大声呼救等方式，及时发出有效的求救信号，引起救援者的注意。另外，消防人员进入室内救援都是沿墙壁摸索前进，所以，当被烟气窒息失去自救能力时，应努力滚到墙边或门边，便于消防人员寻找、营救。同时，躺在墙边也可防止房屋结构塌落砸伤自己。

6）无法逃生时，跳楼是最后的选择。身处火灾烟气中的人，精神上往往陷于恐惧之中，这种恐慌的心理极易导致不顾一切的伤害性行为，如跳楼逃生。应该注意的是，只有消防人员准备好救生气垫并指挥跳楼时，或者楼层不高（一般4层以下），非跳楼即被烧死的情况下，才采取跳楼的方法。即使已没有任何退路，若生命还未受到严重威胁，也要冷静地等待消防人员的救援。

跳楼也要有技巧。跳楼时应尽量往救生气垫中部跳或选择有水池、软雨篷、草地等方向跳；如有可能，要尽量抱些棉被、沙发垫等松软物品或打开雨伞跳下，以减缓冲击力。如果徒手跳楼，一定要抓住窗台或阳台边沿使身体自然下垂，以尽量降低身体与地面的垂直距离，落地前要双手抱紧头部，身体弯曲成一团，以减少伤害。跳楼虽可求生，但会对身体造成一定的伤害，所以要慎之又慎。

（2）提高自救与逃生能力：

1）熟悉周围环境，记牢消防通道路线。每个人对自己工作场所环境和居住所在地的建筑物结构及逃生路线要做到了如指掌；若处于陌生环境，如入住宾馆、商场购物、进入娱乐场所时，务必要留意疏散通道、紧急出口的具体位置及楼梯方位等，这样一旦火灾发生，寻找逃生之路就会胸有成竹，临危不惧，并安全迅速地脱离现场。

2）不断提高自己的安全意识。只有在日常工作和生活中注意积累和提高各种安全技能，才能使自己面对险境时保持镇静，得以生存。因此，有火灾隐患的单位或其他有条件的单位，应集中组织火灾应急逃生预演，使人们熟悉周围环境和建筑物内的消防设施及自救逃生的方法。这样，火灾发生时，就不会惊慌失措、走投无路，使每个人都能沉着应对，从容不迫地逃离险境。这也是人们能从火场逃生的最有效措施之一。

3）保持通道出口畅通无阻。楼梯、消防通道、紧急出口等是火灾发生时最重要的逃生之路，应确保其畅通无阻，切不可堆放杂物或封闭上锁。任何人发现任何地点的消防通道或紧急出口被堵塞，都应及时报告公安消防部门进行处理。

二、危险化学品泄漏时的避险与逃生

化学品毒气泄漏的特点是发生突然、扩散迅速、持续时间长、涉及面广。一旦出现泄漏事故，往往引起人们的恐慌，处理不当则会产生严重的后果。因此，发生毒气泄漏事故后，如果现场人员无法控制泄漏，则应迅速报警并选择安全逃生。不同化学物质以及在不同情况下出现泄漏事故，其自救与逃生的方法有很大差异。若逃生方法选择不当，不仅不能安全逃出，反而会使自己受到更严重的伤害。

1. 安全撤离事故现场

（1）发生毒气泄漏事故时，现场人员不可恐慌，按照平时应急预案的演练步骤，各司其职，井然有序地撤离。

（2）从毒气泄漏现场逃生时，要抓紧宝贵的时间，任何贻误时机的行为都有可能给现场人员带来灾难性的后果。因此，当现场人员确认无法控制泄漏时，必须当机立断，选择正确的逃生方法，快速撤离现场。

（3）逃生要根据泄漏物质的特性，佩戴相应的个人防护用具。如果现场没有防护用具或者防护用具数量不足，也可应急使用湿毛巾或衣物捂住口鼻逃生。

（4）沉着冷静确定风向，然后根据毒气泄漏源位置，向上风向或沿侧风向转移撤离，也就是逆风逃生；另外，根据泄漏物质的密度，选择沿高处或低洼处逃生，但切忌在低洼处滞留。

（5）如果事故现场已有救护消防人员或专人引导，逃生时要服从他们的指引和安排。

2. 提高自救与逃生能力

在毒气泄漏事故发生时能够顺利逃生，除了在现场能够临危不惧，采取有效的自救逃生方法外，还要靠平时对有毒、有害化学品知识的掌握和防护、自救能力的提高。因此，接触危险化学品的职工，应了解本企业、本班组各种化学危险品的危害，熟悉厂区建筑物、设备、道路等，必要时能以最快的速度报警或选择正确的方法逃生。同时，企业应向职工提供必要的设备、培训等条件，通过对职工的安全教育和培训，使他们能够正确识别化学品安全标签，了解有毒化学品安全使用程序和注意事项，以及所接触化学品对人体的危害和防护急救措施。企业还应制订和完善毒气泄漏事故应急预案，并定期组织演练，让每一个职工都了解应急方案，掌握自救的基本要领和逃生的正确方法，提高职工应对毒气泄漏事故的应变能力，做到遇灾不慌，临阵不乱，能够正确判断和处理。

另外，根据国家有关法律法规规定，有毒气泄漏可能的企业，应该在厂区最高处安装风向标。发生泄漏事故后，风向标可以正确指导有关人员根据风向及泄漏源位置，及时往上风向或侧风向逃生。企业还应保证每个作业场所至少有2个紧急出口，紧急出口和通道要畅通无阻并有明显标志。

三、人员聚集场所踩踏事故避险与逃生

1. 人员聚集场所的概念

所谓人员聚集场所，是指一定的空间或者范围内，人员聚集数量达到一定规模的公共场所，一般指以下公共场所：

（1）宾馆、饭店、商场、集贸市场、体育场馆、会堂、公共娱乐场所。

（2）医院的门诊楼、病房楼，学校的教学楼、图书馆和集体宿舍，养老院、托儿所、幼儿园。

（3）客运车站、码头、民用机场的候车、候船、候机厅（楼）。

（4）公共图书馆的阅览室、公共展览馆的展览厅。

（5）劳动密集型企业的生产加工车间、员工集体宿舍。

2. 人员聚集场所踩踏事故的危害

近年，世界上时常发生公共场所拥挤踩踏事故。拥挤是一种在很短的时间内，因为某种突发的原因，在人员集中的场所内引起的情绪亢奋、行动过激、人群大量聚集的失控现象。拥挤是突发事件，在人员密集的公共场所难免遇到，特别是我国城市人员集中，交通线路、大型活动场所经常会遇到人员拥挤的状况。

空间有限，而人群相对集中的场所容易引起拥挤踩踏安全事故，如旅游园区、商场或超市的活动场所、地铁站（含自动扶梯）、楼梯（尤其转弯处）、狭窄的街道、酒吧、夜总会、学校或宗教集会场所等。

公共场所发生人群拥挤踩踏事件是非常危险的，在行进的人群中，如果前面有人摔倒，而后面不知情的人若继续向前行进的话，那么人群中极易出现像"多米诺骨牌"一样连锁倒地的拥挤踩踏现象。

在人多拥挤的地方发生踩踏事故的原因有多种，一般来讲，当人群因恐慌、愤怒、兴奋而情绪激动失去理智时，危险往往容易产生。此时，置身在这样的环境中，就非常有可能受到伤害。

发生拥挤踩踏事故时，容易受到伤害的主要是老人、妇女和儿童。在混乱人群中，他们往往因为力气小、个子矮，或者是腿脚不方便，跑动不及而被人撞倒。

3. 人员聚集场所避险与逃生要点

（1）发觉拥挤的人群向着自己行走的方向拥来时，应该马上避到一旁，但是不要奔跑，以免摔倒。

（2）如果有可以暂时躲避的房间、水房等空间，可以暂避一时。切记不要逆着人流前进，那样非常容易被推倒在地。

（3）若身不由己陷入人群之中，一定要先稳住双脚。切记远离玻璃窗，以免因玻璃破碎而被扎伤。

（4）遭遇拥挤的人流时，一定不要采用体位前倾或者低重心的姿势，即便鞋子被踩掉，也不要贸然弯腰提鞋或系鞋带。

（5）如有可能，可抓抱坚固牢靠的固定物，待人群过去后，迅速而镇静地离开现场。

（6）在拥挤的人群中，要时刻保持警惕，当发现有人情绪不对，或人群开始骚动时，就要做好准备，保护自己和他人。

（7）在拥挤的人群中，千万不能被绊倒，避免自己成为拥挤踩踏事件的诱发因素。

（8）在拥挤的人群中，一定要时时保持警惕，不要总是被好奇心理所驱使。当面对惊慌失措的人群时，要保持自己情绪稳定，不要被别人感染，惊慌只会使情况更糟。

（9）已被裹挟至人群中时，要切记和大多数人的前进方向保持一致，不要试图超过别人，更不能逆行，要听从指挥人员口令。同时发扬团队精神，因为组织纪律性在灾难面前非常重要，专家指出，心理镇静是个人逃生的前提，服从大局是集体逃生的关键。

（10）如果出现拥挤踩踏导致人员受伤的情况，应及时联系外援，寻求帮助。赶快拨打 110 或 120 等。

四、自然灾害事故避险与逃生

1. 大风天气

（1）施工工地大风天气避险注意事项如下：

1）突发大风时，现场应急抢险组织、抢险队进入现场抢险时，首先要做好自我保护、走稳脚步、找准落脚点、眼观六路、耳听八方。

2）对需要拉闸断电才能处置的险情，由专职电工处置。

3）对有可能坠落的物品，能移的移、不能移的采取临时加固措施，防止造成事故。

4）对需要加固的危险物品，在处理加固中必须由专人进行，并设专人监护，对处置有困难的应立即上报公司应急救援指挥部增援。

（2）城市中，大风及其在建筑物之间产生的"强风效应"时常会刮坏房屋、广告牌和大树等，并会妨碍高空作业，甚至引发火灾。应做好以下避险措施：

1）大风天气，在施工工地附近行走时应尽量远离工地并快速通过。不要在高大建筑物、广告牌或大树的下方停留。

2）及时加固门窗、围挡、棚架等易被风吹动的搭建物，妥善安置易受大风损坏的室外物品。

3）机动车和非机动车驾驶员应减速慢行。

4）立即停止高空、水上等户外作业；立即停止露天集体活动，并疏散人员。

5）不要将车辆停在高楼、大树下方，以免玻璃、树枝等吹落造成车体损伤。

6）应密切关注火灾隐患，以免发生火灾时火借风势，造成重大损失。

7）留意天气预报，做好防风准备。老人和小孩切勿在大风天气外出。

2. 暴雨天气

暴雨，特别是大范围的大暴雨或特大暴雨，往往会在很短时间内造成城市内涝，使居民的生命财产遭受损失，对城市交通也会带来重大影响。暴雨天气应注意以下避险措施：

（1）预防居民住房发生小内涝，可因地制宜，在家门口放置挡水板或堆砌土坎。

（2）室外积水漫入室内时，应立即切断电源，防止积水带电伤人。

（3）在户外积水中行走时，要注意观察，贴近建筑物行走，防止跌入窨井、地坑等。

（4）驾驶员遇到路面或立交桥下积水过深时，应尽量绕行，避免强行通过。

（5）不要将垃圾、杂物丢入马路下水道，以防堵塞，积水成灾。

（6）家住平房的居民应在雨季来临之前检查房屋，维修房顶。

（7）暴雨期间尽量不要外出，必须外出时应尽可能绕过积水严重的地段。

（8）在山区旅游时，注意防范山洪。上游来水突然混浊、水位上涨较快时，须特别注意。

3. 冰雪天气

冰雪天气时，由于视线不清，路面湿滑，给出行带来很多安全隐患，极易发生交通和跌伤等事故。冰雪天气要做好以下避险措施：

（1）冰雪天气行车应给车辆轮胎少量放气，增加轮胎与路面的摩擦力。

（2）冰雪天气行车应减速慢行，转弯时避免急转以防侧滑，踩刹车不要过急过死。

（3）在冰雪路面上行车，应安装防滑链，佩戴有色眼镜或变色眼镜。

（4）路过桥下、屋檐等处时，要迅速通过或绕道通过，以免上结冰凌因融化突然脱落伤人。

（5）在道路上撒融雪剂，以防路面结冰；及时组织扫雪。

（6）老人及体弱者应避免出门。

（7）能见度在 50 米以内时，机动车最高时速不得超过每小时 30 千米，并保持车距。

（8）发生交通事故后，应在现场后方设置明显标志，以防二次事故的发生。

4. 地震避险与逃生

（1）地震时如何避险。从发生地震到房屋倒塌，一般只有十几秒的时间。这就要求我们必须在瞬间冷静并做出正确的抉择。强震袭来时人往往站立不稳。如果一时逃不出去，最好就近找个相对安全的地方蹲下或者趴下，同时，尽可能找个枕头、坐垫、书包、脸盆或厚书本等护住头、颈部，待地震过后再迅速撤离到室外开阔地带。地震避险要点如下：

1）在住宅（楼房和平房）：要远离外墙及门窗，可选择厨房、浴室等开间小、不易塌落的地方躲藏。躲藏的具体位置可选择桌子或床下，也可选择坚固的家具旁或紧挨墙根的地方。住楼房的千万不要跳楼。

2）在教室：学生应用书包护头躲在课桌下或课桌旁，地震过后由老师指挥有秩序地撤出教室。

3）在工作间：迅速关掉电源和气源，就近躲藏在坚固的机器、设备或者办公家具旁。

4）在商场、展厅、地铁等公共场所：躲在坚固的立柱或墙角下，避开玻璃橱窗、广告灯箱、高大货架、大型吊灯等危险物。地震过后听从工作人员指挥有序撤离。

5）在体育馆、影剧院： 护住头部，蹲、伏到排椅下面。

6）在车辆中：司机要立即驾车驶离立交桥、高楼下、陡崖边等危险地段，在开阔路面停车避震；乘客不要跳车，地震过后再下车疏散。

7）在开阔地：尽量避开拥挤的人流，一家人要集中在一起，照看好老人和儿童，避免走失。

8）注意远离高层建筑、烟囱、高大古树等，特别要避开有玻璃幕墙的建筑物。

9）躲开变压器、电线杆、路灯、高压线、广告牌等高处的危险物。

10）不要使用电梯。

（2）震后的逃生自救。大地震后，在最短时间内展开自救互救，尤其是家庭、邻里间的自救互救，是减少地震伤亡的有效措施之一。逃生自救要点如下：

1）被埋压人员要坚定自己的求生意志，消除恐惧心理。能自己离开险境的，应尽快想办法脱离险境。

2）被埋压人员不能自我脱险时，应设法先将手脚挣脱出来，清除压在自己身上特别是腹部以上的物体，等待救援。可用毛巾、衣服等捂住口、鼻，防止因吸入烟尘而引起窒息。

3）被埋压人员要头脑清醒，不可大声呼救，尽量减少体力消耗，等待救援。应尽一切可能与外界联系，如用砖石敲击物体，或在听到外面有人时再呼救。

4）被埋压人员应设法支撑可能坠落的重物，确保安全的生存空间，最好向有光线和空气流通的方向移动。若无力脱险，在可活动的空间里，设法寻找食品、水或代用品，创造生存条件，耐心等待营救。

5. 其他常见自然灾害避险逃生

（1）泥石流。泥石流是山地沟谷中由洪水引发的携带大量泥沙、石块的洪流。泥石流来势凶猛，而且经常与山体崩塌相伴相随，对农田和道路、桥梁等建筑物破坏性极大。泥石流避险要点如下：

1）发现有泥石流迹象，应立即观察地形，向沟谷两侧山坡或高地跑。

2）逃生时，要抛弃一切影响奔跑速度的物品。

3）不要躲在有滚石和大量堆积物的陡峭山坡下面。

4）不要停留在低洼的地方，也不要攀爬到树上躲避。

5）去山地户外游玩时，要选择平整的高地作为营地，尽可能避开河（沟）道弯曲的凹岸或地方狭小高度又低的凸岸。

6）切忌在沟道处或沟内的低平处搭建宿营棚。当遇到长时间降雨或暴雨时，应警惕泥石流的发生。

（2）滑坡崩塌。滑坡是指斜坡上的土体或岩体，受河流冲刷、地下水活动、地震及人工切坡等因素的影响，在重力的作用下，沿着一定的软弱面或软弱带，整体地或分散地顺坡向下滑动的自然现象。滑坡的别名叫作地滑，我国许多山区的群众，形象地把滑坡称为"走山"。崩塌易发生在较为陡峭的斜坡地段。崩塌常导致道路中断、堵塞，或坡脚处建筑物毁坏倒塌，如发生洪水还可能直接转化成泥石流。更严重的是，因崩塌堵河断流而形成天然坝，引起上游回水，使江河溢流，造成水灾。

1）行车中遭遇崩塌不要惊慌，应迅速离开有斜坡的路段。

2）因崩塌造成车流堵塞时，应听从交通指挥，及时接受疏导。

3）雨季时切忌在危岩附近停留。

4）不能在凹形陡坡、危岩突出的地方避雨、休息和穿行，不能攀登危岩。

5）山体坡度大于45°，或山坡成孤立山嘴、凹形陡坡等形状，以及坡体上有明显的裂缝，都容易形成崩塌。

6）夏汛时节，人们在选择去山区峡谷郊游时，一定要事先收听当地天气预报，不要在大雨后、连阴雨天进入山区沟谷。

（3）洪灾。洪灾避险逃生要点：

1）洪水到来时，来不及转移的人员，要就近迅速向山坡、高地、楼房、避洪台等地转移，或者立即爬上屋顶、楼房高层、大树、高墙等高的地方暂避。

2）如洪水继续上涨，暂避的地方已难自保，则要充分利用准备好的救生器材逃生，或者迅速找一些门板、桌椅、木床、大块的泡沫塑料等能漂浮的材料扎成筏逃生。

3）如果已被洪水包围，要设法尽快与当地政府防汛部门取得联系，报告自己的方位和险情，积极寻求救援。千万不要游泳逃生，不要攀爬带电的电线杆、铁塔，也不要爬到泥坯房的屋顶。

4）如已被卷入洪水中，一定要尽可能抓住固定的或能漂浮的东西，寻找机会逃生。

5）发现高压线铁塔倾斜或者电线断头下垂时，一定要迅速远避，防止直接触电或因地面"跨步电压"触电。

6）洪水过后，要做好各项卫生防疫工作，预防疫病的流行。

7）认清路标，明确撤离的路线和目的地，避免因为惊慌而走错路。

8）备足速食食品或蒸煮够食用几天的食品，准备足够的饮用水和日用品。

9）扎制木排、竹排，搜集木盆、木材、大件泡沫塑料等适合漂浮的材料，加工成救生装置以备急需。

10）将不便携带的贵重物品作防水捆扎后埋入地下或放到高处，票款、首饰等小件贵重物品可缝在衣服内随身携带。保存好尚能使用的通信设备。

第三节　常见事故的现场紧急救护

一、意外触电事故急救措施

1. 触电症状

（1）轻者有惊吓、发麻、心悸、头晕、乏力等症状，一般可自行恢复。

（2）重者会出现强直性肌肉收缩、昏迷、休克，以心室纤颤为主，低压电流造成上述症状持续数分钟后心跳骤停，高压电流主要伤害呼吸中枢，呼吸麻痹为主要死因。

（3）局部烧伤。低压电流所致伤口小，伤口焦黄，较干燥（似烤煳状）；高压电流或闪电烧伤，表面可有烧伤烙印闪电纹，给人感觉烧伤并不严重，但实际烧伤面积大，伤口深，重者可伤及肌肉、肌腱、血管、神经及骨骼。

2. 伤员脱离电源的处理

触电急救首先要使触电者迅速脱离电源，越快越好，因为电流作用时间越长，对人体伤害就越重。脱离电源就是要把触电者接触的那一部分带电设备的开关或其他断路设备断开，或设法将触电者与带电设备脱离。

（1）在脱离电源前，救护人员不得直接用手触及伤员，以免救护人员同时触电，如触电者处于高处，应采取相应措施，防止该伤员脱离电源后自高处坠落形成复合伤。

（2）触电者触及低压带电设备后，救护人员应设法迅速切断电源，如关闭电源开关，拔出电源插头等，或使用绝缘工具，如干燥的木棒、木板、绳索等解脱触电者。另外，救护人员可站在绝缘垫上或干木板上，在使触电者与导电体解脱时，最好用一只手进行。

（3）触电者触及高压带电设备后，救护人员应迅速切断电源或用适合该电压等级的绝缘工具（戴绝缘手套、穿绝缘靴、用绝缘棒）解脱触电者，救护人员在抢救过程中应注意保护自身与周围带电部分保持必要的安全距离。

（4）在救护触电伤员切除电源时，有时会同时使照明电路断电，因此，应考虑事故照明、应急灯等临时照明，新的照明要符合使用场所的防火、防爆要求，但不能因此延误电源切断和人员急救。

3. 伤员脱离电源后的处理

（1）对神志清醒的触电伤员，应使其就地躺平，严密观察其呼吸、脉搏等生命指标，暂时不要让其站立或走动。

（2）对神志不清的触电伤员，也应使其就地平躺，且确保气道通畅，并呼叫伤员或轻拍其肩部，以判定伤员是否丧失意识，禁止摇动伤员头部呼叫伤员。

（3）呼吸、心跳情况的判定。触电伤员如丧失意识，应在 10 秒内用看、听、试的方法，判定伤员呼吸心跳情况：看伤员的胸部、上腹部有无呼吸起伏动作；用耳贴近伤员的口鼻处，听有无呼吸气的声音；先试测口鼻有无呼气的气流，再用两手指轻试一侧（左或右）喉结旁凹陷处的颈动脉有无搏动。

若采用看、听、试等方法发现伤员既无呼吸又无颈动脉搏动，可判定伤员呼吸心跳停止。

（4）对需要进行心肺复苏的伤员，在将其脱离电源后，应立即就地进行有效的心肺复苏抢救。

（5）紧急呼救。大声向周围人群呼救，同时拨打 120 电话请求急救。

（6）伤员的移动与转送。心肺复苏应在现场就地坚持进行，不要随意移动伤员，如确实需要移动时，抢救中断时间不应超过 30 秒。

移动伤员或将伤员送医院时，除应使伤员平躺在担架上，并在其背部垫以平硬宽木板外，还应继续抢救，心跳呼吸停止者应继续用心肺复苏技术抢救，并做好保暖工作。

在转送伤员去医院前，应与有关医院取得联系，请求做好接收伤员的准备，同进度对触电人员的其他合并伤，如骨折、体表出血等做出相应的处理。

（7）伤员好转后的处理。如伤员的心跳和呼吸经抢救后均已恢复，则可暂停心肺复苏操作，但心跳呼吸恢复后的早期仍有可能再次骤停，应严密监护，不能大意，要随着准备再次抢救。

二、化学品烧伤急救措施

化学品烧伤主要包括被强酸烧伤和被强碱烧伤。

高浓度酸能使皮肤角质层蛋白质凝固坏死，呈界限明显的皮肤烧伤，并可引起局部疼痛性、凝固性坏死。

被强碱烧伤时，由于碱具有吸水作用，会使局部细胞脱水，强碱烧伤后创面呈黏滑或肥皂样变化。

1. 强酸烧伤的急救方法

（1）各种不同的酸烧伤，其皮肤产生的颜色变化也不同，如硫酸创面呈青黑色或棕黑色；硝酸烧伤先呈黄色，以后转为黄褐色；盐酸烧伤则呈黄蓝色；三氯醋酸的创面先为白色，以后变为青铜色等。此外，颜色的改变还与酸烧伤的深浅有关，潮红色最浅，灰色、棕黄色或黑色则较深。

（2）酸烧伤后立即用水冲洗是最为重要的急救措施。冲洗后一般不需用中和剂，必要时可用2%～5%的碳酸氢钠、2.5%的氢氧化镁或肥皂水处理创面后，仍用大量清水冲洗，以去除剩余的中和溶液。

（3）创面处理采用一般烧伤的处理方法。由于酸烧伤后形成的痂皮完整，宜采用暴露疗法。

2. 强碱烧伤的急救方法

（1）碱烧伤后，应立即用大量清水冲洗创面，冲洗时间越长，效果越好，达10小时效果尤佳，但伤后2小时处理者效果差。如创面pH值达7以上，可用0.5%～5%醋酸、2%硼酸湿敷创面，再用清水冲洗。

（2）创面冲洗干净后，最好采用暴露疗法，以便观察创面的变化。深度烧伤应及早进行切痂植皮手术。全身处理同一般烧伤。

三、眼部受伤急救措施

机械制造企业最常见的眼部受伤是铁屑飞入眼睛，或化学物质如强酸、强碱等溅入眼睛。眼睛是人体中较脆弱的部位，一定要采取及时、正确的方法予以处理，以免造成失明。眼睛受伤的救护方法如下：

1. 轻度眼伤

如眼睛进异物，切忌用手揉搓，以防伤到角膜、眼球，可叫现场同伴用肥皂水洗手后，翻开眼皮用干净手绢、纱布将异物拨出。注意不要使用棉花等物品取异物，不要取虹膜或瞳孔口的异物。

如眼中溅入化学物质，要立即用大量清水反复冲洗。如果找不到水龙头，可以用杯中的水冲洗眼睛15分钟，并确保水进入眼睛内角。如果患者戴隐形眼镜应将其摘掉。冲洗后用干净的棉布覆盖患眼，并包扎覆盖双眼，以减少患眼的活动。

2. 重度眼伤

如异物插入眼中，这时千万不要试图拔出插入眼中的异物，若看到眼球鼓出或从眼球中脱出东西，切不可把它推回眼内，这样做十分危险，可能会把能恢复的伤眼弄坏。正确的做法是让伤者仰躺，救护者设法支撑其头部，并尽可能使其保持静止不动，同时可用消毒纱布或刚洗过的新毛巾轻轻盖上伤眼，尽快送往医院。

四、断指急救措施

一旦发生断指事故，首先要抢救伤员生命，检查有无脊髓和神经损伤等身体其他部位的伤害，并注意保护，防止引起或加重损伤。如有出血，要根据出血部位，选用加压包扎、指压、扎止血带等方法紧急止血，防止伤者休克。疑有骨折、脱位，先不要自行整复，可用夹板、石膏或代用品进行简单固定。活动性出血（如手或足），最好别压迫大肢体（如前臂、小腿），这样会压迫住静脉，而动脉压迫不住，从而会增加出血量，这时采用局部加压法更好些。

做完这些或在此同时，应该处理断指。有时手指未完全断离，仍有一点皮肤或组织相连，其中可能有细小血管，足以提供营养，避免手指坏死，因此务必小心在意，妥善包扎保护，防止血管受到扭曲或拉伸。

断指残端如有出血，应首先止血。肢体、手指断离后，虽失去血脉滋养，但短期内尚有生机，而时间一长，则会变性腐烂。冷藏保存断指可以降低其新陈代谢的速度，维持生机。冬天气温较低，容易做到（8 小时内可再植）；春秋季节，特别是盛夏（6 小时内可再植），天气炎热，此时迅速低温冷藏保存断指尤为重要。可将断指先用无菌敷料或相对干净的布巾等代用品包裹，外面用塑料薄膜密封，然后置于合适的容器如冰瓶内，周围放上冰块，和病人一同转送附近有再植条件的医院。冰块可取自冰箱，若一时难以取得，可用冰棍、雪糕代替。断指不可直接与冰块或冰水接触，以防冻伤变性。酒精可使蛋白质变性，故绝对禁止将断离肢（指）直接浸泡于酒精内。如欲冲洗，只可用生理盐水。高渗或低渗溶液，均对组织细胞有害，会影响再植成活率，故不可以用来浸泡、冲洗断指。

五、车辆伤害急救措施

车辆伤害多发生于公路，如行人、自行车被机动车撞伤，摩托车、汽车翻车伤及车内人员等。车辆伤害的主要受伤部位为头部、四肢、盆腔、肝、脾、胸部。引起死亡的主要原因为头部损伤、严重的复合伤和碾压伤。

如果是运输危险化学品的车辆发生了交通事故，不仅会造成人员伤害，还可能由于危险化学品受到撞击、泄漏发生火灾、爆炸或人员中毒等事故。

车辆伤害现场救护原则：

（1）现场应急的顺序为紧急呼救→保护现场→转运伤员。分别拨打求救电话 120、110、119。

（2）切勿立即移动伤者，除非处境会危害其生命（如汽车着火、有爆炸可能等）。

（3）将失事车辆引擎关闭，拉紧驻车制动或用石头固定车轮，防止汽车滑动。

（4）呼救的同时，现场人员首先要查看伤员的伤情，伤员从车内救出的过程应根据伤情区别进行，脊柱损伤伤员不能拖、拽、抱，应使用颈托固定颈部或使用脊柱固定板，避免脊髓受损或损伤加重导致截瘫。

（5）实行先救命、后治伤的原则，若伤员呼吸心跳停止，则进行心肺复苏抢救。

（6）意识清醒的伤员可询问其伤在何处（疼痛、出血、何处活动受限），并立刻检查受伤部位，进行对症处理，疑有骨折应尽量简单固定后再搬运。

（7）事故发生后应尽可能对现场进行保护，以便给事故责任划分提供可靠证据，并采用最快的方式向交通管理执法部门报告。

(8) 如果交通事故涉及危险化学品，应首先了解危险化学品的种类、名称和危险特性，有针对性地实施应急行动，同时尽量佩戴劳动防护用品，站在上风侧进行现场救护。

六、溺水事故急救措施

1. 水中救护

（1）自救。当发生溺水且不熟悉水性时除及时呼救外，应及时取仰卧位，头部向后，使鼻部可露出水面呼吸。呼气要浅，吸气要深，则可浮出水面，此时千万不要慌张，不要将手臂上举乱扑动，而使身体下沉更快。

会游泳者，如果发生小腿抽筋，要保持镇静，采取仰泳位，用手将抽筋的腿的脚趾向背侧弯曲，可使痉挛缓解，然后慢慢游向岸边。救护溺水者，应迅速游到溺水者附近，观察清楚位置，从其后方出手救援。或投入木板、救生圈、长杆等，让落水者攀扶上岸。

（2）救护。营救人员迅速接近落水者，从其后面靠近，不要让慌乱挣扎的落水者抓住，以免发生危险。从后面双手托住落水者的头部，两人均宜采用仰泳姿态，将其带至安全处。有条件的采用可漂移的脊柱板救护伤员，必要时进行口对口的人工呼吸。

2. 岸上救护

（1）将伤员抬出水面后，应立即清理溺水者口鼻内的污泥、痰涕，用纱布裹住手指将落水者的舌头拉出口外，解开衣扣，以保持呼吸畅通，然后抱起落水者的腰腹部，使其背朝上、头下垂进行倒水；或者抱起落水者双腿，将其腰腹部放在施救者的肩上，快步奔跑使积水倒出；或者施救者采取半跪位，将伤员的腹部放在施救者腿上，使其头部下垂，并用手平压背部进行倒水。

（2）溺水者获救后，应立即检查其呼吸、心跳。如呼吸停止，应马上做人工呼吸，先口对口吹入 4 口气，在 5 秒内观察其有无恢复自主呼吸，如无反应，应接着做人工呼吸，直至其恢复自主呼吸。

（3）如果溺水者呼吸、心跳完全停止了，应立即做心肺复苏。

（4）不能轻易放弃救治，特别是低温情况下，应抢救更长时间，直到专业救护人员到达。

（5）现场救护有效，伤员恢复心跳、呼吸，可用干毛巾擦遍全身，自四肢、躯干向心脏方向摩擦，以促进血液循环。

七、高处坠落急救措施

1. 高处坠落的危害

高处坠落一般发生于行车作业、大型机械设备安装或维修作业中。高处坠落通常造成人员多器官损伤，严重者当场死亡。高空坠落时，若足或臀部先着地，则外力可沿脊柱传导到颅脑而致伤；由高处仰面跌下时，背或腰部受冲击，可引起腰椎韧带撕裂，椎体裂开或椎弓根骨折，易引起脊髓损伤。如果发生脑干损伤，常有较重的意识障碍、光反射消失等症状，也可能出现严重的合并症状。

2. 急救方法

（1）去除伤员身上的用具和口袋中的硬物。

（2）在搬运和转送过程中，颈部和躯干不能前屈或扭转，而应使脊柱伸直，绝对禁止一个抬肩一个抬腿的搬法，以免导致或加重截瘫。

（3）对创伤局部妥善包扎，但对疑颅底骨折和脑脊液漏患者切忌作填塞，以免引起颅内感染。

（4）颌面部受伤人员首先应保持呼吸道畅通，撤除假牙，清除移位的组织碎片、血凝块、口腔分泌物等，同时松解伤员的颈、胸部衣物纽扣。若舌已后坠或伤者口腔内的异物无法清除，可用 12 号粗针穿刺环甲膜，维持呼吸，并尽快地进行气管切开手术。

（5）复合伤员要使其成平仰卧位，保持呼吸道畅通，并解开其衣领扣。

（6）若周围血管受伤，则应将受伤部位以上的动脉压迫至骨骼上。直接在伤口上放置厚敷料，用绷带加压包扎时以不出血和不影响肢体血液循环为宜。当上述方法无效时慎用止血带，如必须使用止血带，原则上应尽量缩短使用时间，一般以不超过 1 小时为宜，并做好标记，注明上止血带的时间。

（7）有条件时迅速给予静脉补液，增加血容量。

（8）将伤员快速平稳地送医院救治。

八、化学品中毒急救措施

化学品中毒可分为刺激性气体中毒、窒息性气体中毒和有机溶剂中毒。其中，刺激性气体包括盐酸和硫酸酸雾、硫化氢等，窒息性气体包括一氧化碳、二氧化碳、氮气等，有机溶剂包括芳香烃、醇类、醚类等。

化学品中毒的急救措施如下：

（1）首先要中断毒物继续侵入。救护者戴好防毒面具后，迅速将中毒者撤离现场，如果是气体中毒，要将中毒者撤到上风向，并为其脱去已污染的衣服。

（2）如毒物已污染眼部、皮肤，应立即冲洗。

（3）松开领扣、腰带，使伤者呼吸新鲜空气。

（4）静卧、保暖。

（5）对于口服中毒者，首先判断是否该催吐，如果允许，将手指伸进患者口中按压舌根，施加刺激使之反复呕吐。毒物为酸、碱、汽油、漂白剂、杀虫剂、去污剂等时不要催吐，应尽快送医院救治。

化学中毒常伴有休克、呼吸障碍和心脏骤停等症状。应施行心肺复苏术，同时针刺人中穴。

（6）在护送病人去医院的途中，应保持伤员呼吸畅通。并将伤员头部偏向一侧，避免咽下呕吐物；取下假牙，并将伤员舌头拉出引向前方，以防窒息。

九、中暑急救措施

人的体温维持在 37℃ 左右为正常，当气温过高时，体内就会大量失水、失盐并积聚大量余热，同时出现机体代谢紊乱现象，称为中暑。

高温车间、露天劳动或直接在烈日阳光下暴晒或在缺乏空调、通风设备的公共场所的人员，很有可能发生中暑。

1. 中暑症状

（1）中暑先兆。在高温环境下出现大汗、口渴、无力、头晕、眼花、耳鸣、恶心、胸闷、心悸、注意力不集中、四肢发麻等症状，体温不超过 37.5℃。

（2）轻度中暑。上述症状加重，体温在 38℃以上，出现面色潮红或苍白、大汗、皮肤发凉、脉搏细弱、心率快、血压下降等呼吸及循环衰竭的症状及体征。

（3）重度中暑。体温在 39℃以上，头疼、不安、嗜睡及昏迷，面色潮红、汗闭、皮肤干热、血压下降、呼吸急促、心率快等。

2. 现场救护

（1）迅速把中暑者移至阴凉通风处或有空调的房间，使之平卧，解开衣裤，以利呼吸和散热。

（2）轻者饮淡盐水或淡茶水，可服用藿香正气水、十滴水、人丹等。

（3）体温升高者，用凉水擦洗全身，水的温度要逐步降低。在头部、腋窝、大腿根部可用冷水或冰袋敷之，以加快散热。

（4）严重中暑者，经降温处理后，应及时送至医院以便及早获得专业急救和治疗。

十、食物中毒急救措施

企业一般都为员工集中供应午餐或加班餐，如果食物储存过久、未加工熟或煮熟后放置时间太长，很容易引发集体性食物中毒。

1. 食物中毒的症状

食物中毒者最常见的症状是剧烈的呕吐、腹泻，同时伴有中上腹部疼痛症状。食物中毒者常会因上吐下泻而出现脱水症状，如口干、眼窝下陷、皮肤弹性消失、肢体冰凉、脉搏细弱、血压降低等，甚至可致休克，如手足发凉、面色发青、血压下降等。

2. 食物中毒现场救护

（1）尽快催吐。发现人员食物中毒时，应尽快催吐。可以用筷子或手指轻碰患者咽壁，促使排吐。如毒物太稠，可取食盐 20 克，加凉开水 200 毫升，让患者喝下，多喝几次即可呕吐；或者用鲜生姜 100 克捣碎取汁，用 200 毫升温开水冲服。肉类食品中毒，则可服用十滴水促使呕吐。

（2）药物导泻。食物中毒时间超过 2 小时，精神较好者，则可服用大黄 30 克，一次煎服；老年体质较好者，可采用番泻叶 15 克，一次煎服或用开水冲服。

附录一　工伤预防工作实践与经验

一、广东省工伤预防试点经验

广东省高度重视工伤预防试点工作，以积极探索、建立机制为指导思路，以大力推动工伤预防体系建设为重点和目标，工伤预防工作的效果已经初见成效。广东省工伤预防试点工作方法主要归纳为以下几个方面：

1. 建立经费保障机制，提供资金基础支撑

（1）注重经费保障。2012—2014 年，广东省提取使用工伤预防费分别为 10 118 万元、9 395 万元和 7 805 万元，持续保持较高水平的投入，有力支持了工伤预防工作的开展。

（2）依法实行预算管理。按照《广东省工伤保险条例》规定，提取的费用由社会保险经办机构会同安全生产监管部门提出下年度用款支出计划，报同级人力资源和社会保障行政部门、财政部门审核，纳入省人大预算管理，发生支出时据实列支。

（3）严格项目采购流程。限额以内（各地标准不同）的项目通过内部评审、综合比价，按规定程序审批后立项。限额以上的项目须经专家评估才能立项，并须通过政府招标采购中心公开招标。

（4）规范费用结算支付管理。费用根据协议，按比例分期支付。结算通过基金财务管理系统完成，需提供完整的费用预算请示及批示件、宣教培训对象的个人资料信息及个人亲笔签名资料，并附宣传、培训场景照片等材料。

2. 建立费率浮动机制，发挥杠杆调节作用

指导各地制定实施工伤保险费率浮动管理办法，根据工伤保险费收支率、工伤发生率等情况，定期调整用人单位的工伤保险缴费费率，推动工伤预防重心下移到企业。例如：深圳市对于工伤保险费收支率低于 30% 则分档降低缴费费率，高于 100% 的单位再根据工伤发生率（以 2.0‰ 为基准）分档提高缴费费率；对于应下浮或者执行基准费率单位发生因工死亡的均按行业基准费率上浮一档执行；对于通过安全生产标准化评级的单位相应下浮一档执行。

3. 建立项目研究机制，提供科学理论依据

针对行业工伤风险情况，开展工伤预防项目研究，掌握工伤发生规律，理清工伤风险点，采取针对性预防措施，为开展工伤预防工作提供科学依据。例如：东莞市邀请专家团队研究形成了《五金模具行业工伤预防标准》，目前正在 5 家五金模具企业进行试用推广；中山市通过购买服务的方式，开展了五金行业非致死性职业伤害影响因素与干预措施研究，制定有效的干预措施，提高用人单位预防和控制工伤事故的能力。

4. 建立绩效评估机制，提升资金使用效能

（1）优化项目评估流程，用款单位撰写绩效自评报告报人社部门进行总体评价，通过绩效评价改进、调整和优化工伤预防经费支出方向和结构。

（2）量化项目评估指标，实行三层级指标设置，科学规划全年项目工作落实情况，对实施效果进行量化评估。

（3）强化项目监督管理，职能部门每月对资金投放、预拨、使用进行检查，财务和基金管理部门每年年底检查经费管理使用情况。

5. 建立宣传长效机制

（1）创新宣传方式。开通了"广东人社"微信公众账号，解读工伤保险法规政策、回应网络热点问题、发布典型案例、宣传工伤预防知识。通过微信及短信平台发动各类用人单位职工共81万人次参与全国工伤保险知识竞答活动，参与人数两年蝉联全国首位。

（2）创新宣传内容。发布典型案例，增强宣传效果。举办"职业安全健康展示日活动"，展示职业健康防护用品，宣讲职业健康与安全防护知识，及时发布权威解答，把握正确舆论导向。

（3）创新宣传载体。既发挥主流报刊、电视电台等传统媒体的权威优势，又利用好网络、微信、微博等新媒体的覆盖优势，开展专题报道、现场咨询、知识竞赛、在线访谈、文艺表演、送法上门、慰问宣传等形式多样的宣传活动，制作推广动漫视频、公益广告、海报、扑克牌、折扇、宣传伞和购物袋等一系列工伤预防宣传作品。在珠三角地区开展了以"关爱工伤职工"为主题的专场巡回演出；连续两年和省总工会合作，开设了"倾听工人心声——关注职工劳动安全问题"和"关注健康问题"在线访谈专题。广州市顺德区开展工伤保险宣传"百厂行"，每年挑选参保200人以上的100家企业，进行政策宣传解答热点问题，深受企业的欢迎和社会的认可。

（4）创新宣传工作机制。

建立了宣传"三同时"工作机制、工作台账机制和示范引领机制，做到政策制定与宣传教育"同统筹、同谋划、同实施"，在出台利民政策的同时，同步在各大主流媒体进行宣传报道。

6. 建立培训教育机制，提高工伤预防技能

通过"社保部门出资、多部门联合、专业机构提供培训服务"方式开展工伤预防培训教育。

（1）注重部门联动。发挥人社部门的经费优势，安全监管部门行政执法的职能优势，卫计和住建主管部门的管理优势，多部门联动进行培训，形成合力，提升培训效能。

（2）注重方式方法。针对培训内容和对象，灵活选择多种方法，采用讲授法、实操演练法、案例研讨法和宣传娱乐法等进行培训。

（3）注重重点推动。以高危行业、高危岗位、工伤发生率较高的企业及相关人员为培训重点，提高培训的针对性和实效性，并通过"回头看"活动检验培训效果，受训企业工伤发生率明显下降。

（4）注重互动参与。广州市、东莞市和佛山市开展了"普思参与式职业健康持续改善计划"（以下简称"普思"）培训项目，以高风险行业参保单位为对象，运用"双向互动"模式，鼓励生产一线职工及管理人员共同参加培训、提出改善工作环境建议，协助企业建立内部职业安全健康委员会、完善职业健康安全管理制度，增强了职工劳动保护意识，改善了企业安全生产环境，减少了职业安全事故，取得了良好的经济和社会效益。全省"普思"培训项目已总共投入了约745万元，对340家工伤事故发生率、职业危害因素较高的参保企业，近6万名职工和管理人员进行了培训。

7. 建立奖励激励机制，充分调动企业积极性

由人社部门与安全监管部门联合对参保企业进行安全生产考评，对安全生产工作好、工伤事故发生率低的企业，给予通报表彰、物质奖励，支持用人单位的工伤预防项目经费，激发了参保企业做好工伤预防工作的积极性。例如：深圳市从2006年起市社会保险局、安全监管局联合举办工伤预防先进企业评选表彰活动，召开工伤预防先进单位表彰大会，并在主流媒体上对数十家企业先进事迹进行连续报道。

8. 建立部门协作机制，构建齐抓共管格局

各级社会保障与安全监管、卫生、住建等部门加强协调合作，找到共同关注点，在工伤预防宣传培训、信息共享、监督检查等方面开展合作。联合省住建厅、省地税局、省安全监管局举办两期培训班，对建筑施工企业进行相关政策培训。广州市人社局与安全监管局密切协作，联合制定了《关于联合开展工伤预防及安全生产宣传培训工作的通知》和《关于开展工伤预防性职业健康检查与检测工作的通知》，部门联动共同开展工伤预防相关工作，加强高危行业和事故多发企业的检查和监管；珠海市人社局、安全监管局、总工会等部门组成了工伤预防工作领导小组，负责指导和部署全市工伤预防工作；东莞市社保局与安全监管局联合成立了"工伤事故预防工作小组"，社保部门接到重大工伤事故的报案后，及时通知安全监管、卫生部门，要求单位明确安全生产整改措施。

9. 建立职业危害防控机制，促进早期发现预防

广东省将粉尘、有毒有害、噪声等职业病危害企业列为工伤预防的监控重点领域。2010年以来广州、珠海、东莞、佛山、惠州、中山、江门、顺德等市、区探索了基金补助职工职业健康体检与生产场所职业危害因素监测项目等方式，对部分企业劳动作业环境提出整改建议，协助企业建立职工职业健康监护档案，建立全市职业健康检查与有害因素检测数据库，在早期检查、早期发现、早期治疗职业病的"三级预防"机制上取得了较好效果，累计投入工伤预防经费6600万元、补助职业健康体检33.67万人次，努力从源头抓职业病防控，促进职业病"三级预防"，取得了事半功倍的效果。

二、天津市工伤预防试点经验

1. 工作情况及经验做法

（1）加强制度建设。会同财政出台了《天津市工伤预防费使用管理暂行办法》（津人社局发〔2014〕45号），明确了工伤预防费用使用比例、使用范围、使用流程、资金拨付

等具体政策，提出建立工伤预防工作联席会议制度、项目实施效果考评制度、工伤预防费专项检查制度等规定。

（2）健全工作机制。会同财政、安全监管、卫生等部门建立了工伤预防联席会议，研究分析工伤预防工作进展情况，加强工伤职业病信息共享，研究确定年度项目，对实施情况效果进行监督和评估。

（3）精心谋划工伤预防项目。目前开展的工伤预防项目共计两大类18个子项。宣传项目包括：在公交地铁等媒体投放视频公益广告、电台公益广告、报刊宣传、购买印制宣传资料和用品。培训项目包括：工伤预防培训知识技术研发、工伤预防新技术研发与推广、工伤预防培训重点实施对象课题研究、工伤预防效果考核评估体系课题研究。

（4）依法实施政府采购。严格依照政府采购的有关规定组织实施采购程序。凡是达到公开招标、竞争性谈判要求的统一在市政府采购中心网站上公示并公开采购。委托经办机构与中标社会组织签订项目实施合同。

（5）严格资金拨付程序。对周期较短的项目，采取货到验收后一次性付款。对项目周期较长的项目，可以明确一定预付款，比例最高不超过合同总额的30%，项目结束验收后拨付尾款。

（6）注重实施效果。在起步阶段，明确预防费优先用于工伤风险较大的重点行业、企业、岗位和人员，并优先用于宣传项目。突出考虑项目的受众群体、实施效果和资金投入，达到最高性价比。例如，在天津广播电台早间黄金时段《909早新闻》和《公仆走进直播间》栏目播出工伤预防公益广告，是考虑到这两个栏目是"最具影响力之一"的节目。在《天津工人报》开设工伤预防专刊，是考虑该报发行面为各个厂矿企业的一线班组。将工伤预防宣传融入到职工日常生产生活所必需的物品中，设计制作了印有预防宣传用语的安全帽、劳保手套、防尘口罩、扑克牌等实物，结合产业结构，将安全帽、扑克牌重点投入建筑行业，将劳保手套和防尘口罩重点投入环卫行业。

目前已实施的预防项目中，天津广播电台两档节目收听率分别达2.3%和1.5%，平均每天收听人次达54.2万人。《天津日报》每期发行量达40万份，《每日新报》32万份，《天津工人报》约7万份。还在全市3500余辆公交车、地铁二、三号线移动视频上投放工伤预防公益广告，公交日均乘客233.7万人次，两条地铁日均客流50余万人次，均属公益广告受益群体。工伤预防工作的影响力正在逐步扩大。

2. 阶段性工作重点

（1）建立公众微信平台。开发"天津工伤预防"公众微信服务号，利用新媒体技术的便捷、及时、实用和网络受众面广的特点，直接推送、发布工伤预防政策、操作实务、职工权益维护、预防知识等内容到用户手机上。

（2）投放视频公益广告。利用已经制作完成的三个工伤预防视频公益广告版本，在电视台、电梯间、繁华地区户外大屏幕等可视媒体等上进行投放，提醒用人单位和劳动者遵守安全规章，自觉防范职业风险，维护职工合法权益。

（3）购买宣传资料。以建筑业为重点，购买《建筑业职工工伤保险手册》《建筑业工伤预防知识挂图》等宣传资料，强化对建筑业等高危行业职工的工伤预防宣传。

（4）购买宣传物品。购买部分常用的印有"工伤预防"logo 和简明概要工伤预防知识的宣传物品，向主要包括：水杯、反光背心、晴雨伞、广告式水笔、手提袋等，时刻提醒职工强化工伤预防意识。

（5）积极筹划相关项目。研究制定工伤预防培训项目实施管理办法，规范培训工作；做好培训知识的研发，确保培训效果；试点开展部分高危行业管理人员和一线职工工伤预防培训；开展工伤预防相关课题研究和新技术研发与推广。

三、大连市工伤预防试点经验

大连市不断探索工伤预防工作新模式，细化工伤预防项目操作流程，规范基金支付管理，工伤预防工作效果初步显现。

1. 完善工伤预防政策情况

（1）建立了工伤预防联动机制。会同安全监管局出台了《关于建立大连市工伤事故预防联动机制的通知》，建立了工伤事故预防监管责任制、工伤预防联席会议制度、工伤事故信息交流制度、工伤事故专项联合执法检查机制、工伤预防宣传培训机制及生产经营单位工伤事故通报制度。

（2）出台了工伤保险专项经费管理办法。会同财政局印发了《大连市工伤保险专项经费管理暂行办法》，明确经费支出范围及使用程序，规定了工伤专项经费提取标准为上年度工伤保险基金收入的 5％，其中工伤预防费为 2％。

（3）制定了工伤预防试点工作方案。会同财政局、卫生局、安全监管局制定《大连市工伤预防试点工作方案》，明确了工伤预防总体目标，逐步建立全市统一的工伤预防工作体系，通过开展工伤预防试点工作，使用人单位和职工安全意识明显增强，重点行业、重点岗位工伤事故预防机制不断健全。

（4）印发了浮动费率管理办法。会同财政局、卫计委、安全监管局印发了《大连市工伤保险浮动费率管理试行办法》，进一步完善了差别费率机制。

2. 工伤预防工作开展情况

大连市工伤保险基金近年平均投入 126 万元左右，设计了 4 个工伤预防项目，即"工伤预防宣传大篷车项目""LED 宣传项目""千人培训计划"和"工伤保险微信平台"建设项目。开展情况如下：

（1）工伤预防宣传大篷车项目。是以传播工伤预防知识为目的，以汽车为载体，采取流动巡回的方式，宣传工伤预防知识。该项目通过委托中标企业，采购车辆进行专业改装，配备了 75 寸液晶显示屏和播放器，制作了大连市工伤保险宣传片、工伤案例警示片、通用工种标准化教学片，配置宣传挂图、人体模型，开展职业病检查，年检查人数 1 500 人，进行工作环境危害监测 5 个重点单位，巡回展出累计时限不少于 210 天。为了保证任务落实，建立了考核制度，把巡回宣传的时间、地点、路线、内容等进行了表格化分解。

（2）工伤预防 LED 宣传项目。委托中标企业专业制作两段 15 秒工伤预防宣传片，在大连市最繁华商业地段，通过 LED 大屏幕进行滚动播放，每天播出不少于 180 次，期限不少于 3 个月。经不定期监测，中标企业关于屏体规格、视频质量、播放频次等各项指标均符合招标文件要求。

（3）工伤保险政策千人培训计划项目。培训内容包括工伤保险概况、工伤认定情形把握、伤残等级鉴定、工伤待遇经办、解读新修订《行政诉讼法》等。培训对象为重点行业、重点企业工伤保险有关负责人，安全员、工伤保险专干、基层工伤认定经办等人员，每期培训人数 1400 人左右。

（4）工伤保险微信平台上线运行。采用服务号形式，在功能上设计了微信息、微政策、微服务等菜单，并配有后台微网站，较传统订阅号，具有可拓展优势。通过扫描微信二维码或搜索"大连工伤保险"，即可随时查阅工伤保险最新政策、工作动态、经办指南等内容。已发布国家、省市工伤保险各项政策 100 余项，关注和访问人数不断增长。目前正研究论证开通平台互动、模糊查询等功能，基本思路是解决两方面的问题：一是解决技术支持；二是通过县区人社部门工作人员轮流值班的方式，完成互动的常态化管理。

3. 工伤预防工作体会

（1）市本级工伤预防项目与区、市、县工伤预防工作相结合。既注重针对性、示范性和发挥引擎作用，又兼顾调动区、市、县工伤预防工作的积极性和主动性。区、市、县可将工伤预防项目分解成若干部分，安排到街道、社区，层层落实，实现全市工伤预防网格化管理服务模式。

（2）与政府有关部门相结合。人社部门在开展工伤预防工作时，与财政、卫计、安全监管部门紧密结合，充分发挥各部门的特点和优势，明确工作职责，相互协调，齐抓共管，及时解决工作中遇到的矛盾和问题。

（3）传统宣传方式与新媒体宣传相结合。工伤预防宣传充分发挥报纸、杂志、广播、电视等传统媒体宣传报道作用，又体现当前"互联网＋"的时代性，利用新媒体方便、快捷的独特优势。

（4）与用人单位相结合。工伤保险部门深入用人单位，切实了解用人单位需求，设计出切实可行的工伤预防项目。

4. 阶段性工作重点

（1）对已实施的项目加强监督检查，做好项目评估验收工作，按时完成各项任务。

（2）根据大连市行业特点及工伤预防项目实施效果，再确定 1 至 2 个工伤预防项目，丰富试点内容，把工伤预防项目常态化。

（3）探索建立工伤预防项目评估机制，对开展的工伤预防项目制定出科学的评价指标，使工伤预防在"三位一体"制度建设中发挥出应有的作用。

四、郑州市工伤预防试点经验

郑州市积极探索工伤预防工作模式，工伤预防工作快速发展，初步形成了工伤预防、补偿和康复三位一体、协调发展的工伤保险工作格局。

1. 试点开展情况

（1）制定了年度工作计划。指导思想和使用原则是"总额控制、专款专用；统一计划、分级实施；项目支持、鼓励配套；政府主导、专业运作"。使用范围和重点方向是工伤保险和工伤预防宣传培训项目和职业危害防治。同时对参保单位申请工伤预防费的办法做出了明确，2015年共安排工伤预防费620万元。

（2）已开展工作。试点工作以来，郑州市已经开展的工作包括以下几个方面：

1）开发制作工伤保险动漫宣传片。采取社会公开招标的方式委托郑州智韵文化传播有限公司开发制作"工伤保险动漫宣传"30集系列宣传片，包括《工伤保险条例》解说、工伤认定知识解说、工伤保险经办流程解说和工伤事故案例分析4个方面。

2）组织职业病健康检查，开展健康教育对职业病预防效果评价研究。委托河南省职业病研究院开展职业病健康调查及预防研究。对参保企业中有毒有害岗位进行抽样调查，对选定的抽样样本（有毒有害工种职工）进行职业病健康体检，制作郑州市参保职工职业病健康报告，编制职业病防治手册。已完成职业病健康检查的重点粉尘岗位，选取3 000名有代表性职工作检查样本。

3）以建筑企业农民工工伤保险宣传为重点。统一订购了宣传挂图和各种书籍，印制了培训手册和宣传册页，在全市各县（市、区）采取多种方式同步开展了以建筑企业农民工工伤保险宣传为重点的集中宣传活动。一是在市社会保险局办事大厅和各县（市、区），市属各社保分局均设置集中宣传咨询点；二是由各乡（镇）、街道办事处牵头在全市主要街道、社区悬挂工伤保险的宣传横幅及标语；三是组织参保单位结合各自情况采用培训、宣传等形式开展宣传；四是组织广大参保单位和职工参加了工伤保险知识网上竞答活动；五是多次在广播电台进行工伤保险热线咨询活动，宣传有关工伤保险方面的法律法规、政策，对群众提出有关工伤方面的问题进行认真解答。

2. 主要工作方法

（1）机制保障。2014年成立了郑州市社会保险局，设立了工伤事故预防处，处理事故接报案和事故分析，制定和实施工伤预防计划，负责工伤保险费率机制的运行，指导和激励参保单位工伤预防活动的开展。

（2）找准工作抓手，发挥企业和社会作用。注重"两个抓手"：一是利用工伤保险预防费开展各种工伤预防宣传教育；二是充分利用费率机制，通过严格核定和执行用人单位缴费费率，并充分利用浮动费率的激励作用，让企业充分认识工伤预防工作的重要性。

发挥企业作用，鼓励"一会（安全生产会）两用"，指导企业将工伤预防宣传教育与企业的安全生产教育相结合。

建立"工伤预防专家库"。工伤预防工作的技术性强，涉及领域广，受众广。急需从社会上选拔理论研究、法律、政策执行、安全生产技术培训、职业病防治、医疗救治、特种作业安全管理等各方面专家，组建工伤预防专家队伍，为工伤预防工作提供人才储备。

（3）建立工作标准，促进工作常态化。制定了《郑州市工伤预防费申请流程及监管办法》，明确工伤预防费使用管理的基本原则是"项目管理，分级制定，事前申请，配套使用、事后报告"。对全市工伤预防项目的申报、选择、项目支持费的核定以及监督检查做了初步规定，有效地规范了工伤预防费使用经办工作。

制定了"郑州市工伤事故备案登记管理规程（试行）"，对事故进行了分类，对事故备案的时限、分级权限、事故信息的统计分析以及与相关部门的协作等方面进行了规定。通过对事故备案信息的分析，能够及时掌握工伤事故发生的情况；通过对历史数据的分析能够发现区域性和季节性事故发生规律和异常情况。

3. 工伤预防工作体会

（1）工伤预防工作的作用和角色定位。预防工作在工伤保险体系中应当扮演参谋部的作用，其任务不仅是宣传培训，还应包括事故原因调查分析、事故预测和提出控制建议。

（2）重视工伤事故信息核实的及时性。建立工伤事故备案机制，进行现场调查和成因分析。突出及时性，设置专门的事故调查分析岗，及时对重大案件跟进调查，既可以防止事故作假，又可以对多发事故和重大事故采取督导教育措施。对历史案件进行分类分析，及时掌握工伤事故发生的趋势，了解不同行业、不同季节工伤发生的特点和规律，为制定工伤保险政策、调整工伤费率并有针对性地做好工伤预防宣传奠定基础。

（3）重视工伤预防工作中的基础性工作和标准问题。人才队伍建设，培训教材、课程体系和各种标准都是工伤预防工作开展的基础性工作，标准问题是工作规范和常态化的要求，建议在实践的基础上及时总结并发布标准。

（4）探索工伤预防教育措施的常态化。一是区分工伤预防工作的主要措施与辅助措施，充分发挥参保单位在工伤预防工作中主战场作用和行业部门在事故预防工作中的作用；二是加强教育措施模式化、常态化，加强工伤预防基础性研究工作和基础建设。

（5）探索工伤预防费在引导企业对其设备改造维护方面防范工伤发生的方式方法。利用技术措施实现工伤预防，利用工伤保险基金补助企业开展事故和职业病预防的技术活动。如引导企业对其设备、设施和生产工艺等从工伤预防和职业安全卫生的角度进行设计、改造、维护等，从而改善职业安全状况，发挥工伤预防费在安全生产的激励效果。

五、长沙市工伤预防试点经验

长沙市积极探索工伤预防新路子，通过机制创新，健全预防体系，调动各方打"组合拳"，形成用人单位、劳动者和社会力量积极参与的良好局面。

1. 主要做法

（1）建立工伤预防联动机制。出台《长沙市工伤预防实施方案》，建立由市政府牵头，人社、安全监管、卫计、公安、住建、交通、财政、总工会等部门共同参与的工伤预防工作联席会议机制。

1）明确目标任务。2015—2017年工伤事故发生率分别计划控制在6‰、5.5‰、5‰以内；到2017年，对危险化学品行业、建筑行业用人单位法人代表和安全生产具体负责

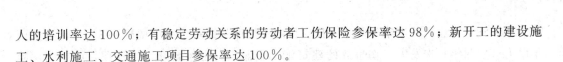

人的培训率达 100%；有稳定劳动关系的劳动者工伤保险参保率达 98%；新开工的建设施工、水利施工、交通施工项目参保率达 100%。

2）建立工伤事故专项联合执法检查机制。对违反安全生产、职业安全卫生法律法规和《工伤保险条例》的生产经营单位，依法依规处罚整改。对共性重点问题，相关部门研究提出工伤事故预防的措施。

3）建立工伤事故信息互通机制。市人社、安全监管、卫计委、住建委、公安、总工会等部门建立信息互通交流平台，将安全生产事故信息、职业健康检查和职业病诊断信息、工伤认定信息等相关信息定期互通共享。

4）建立工伤事故通报制度。对当季发生死亡事故或工伤事故率排名前 10 位的用人单位进行通报并责令限期整改；对年度内发生死亡事故和工伤事故率偏高（职工平均参保数 20 人以下的，当年发生工伤事故 3 起以上；职工平均参保数超过 20 人的，当年发生工伤事故率 5% 以上）的用人单位通过媒体向社会公布。

（2）依托主流媒体多形式强化工伤预防宣传：

1）与长沙新闻频道合作开办《人社直通车》电视栏目。及时普及、解读人社领域的政策，进行工伤保险政策和工伤预防知识宣传。

2）与律师事务所合作开展政策宣传。及时为用人单位和工伤职工提供相关法律知识的培训、咨询和相关的法律援助服务。

3）开展"工伤保险情系民生社区行"系列活动。深入农民工等工伤预防重点群体较为集中的基层社区、厂矿，采取知识抢答、产业工人技能比武、健康义诊等活动方式宣传工伤预防知识。

4）组织"工伤保险送清凉"专项慰问活动。针对夏季酷热高温、工伤事故易发的情况实际，组织实施"工伤保险送清凉"活动，对城区环卫工人、交警、建筑施工单位务工人员发放防暑降温的药品，宣传工伤预防知识。

5）借助民间公益组织平台力量，针对尘肺病人进行宣传。通过购买服务方式，委托有一定公信力与影响力的民间公益组织（"大爱清尘"基金会），编纂了《尘肺病知识手册》，由公益组织成员深入一线，针对经常性接触粉尘的工人及已患尘肺病的患者进行发放及进行救助，介绍尘肺病基本知识、工伤预防、治疗、康复及法律知识。

（3）扎实开展工伤预防培训：

1）开展经常性基础性培训。以购买服务的方式举办培训班和专题讲座，分批组织用人单位负责安全生产人员重点培训安全生产和工伤保险相关政策法规、企业日常安全生产事项以及工伤事故典型案例分析等方面知识。

2）开展"千人送训进万企"专项活动。与安全监管部门联合开展，通过政府购买服务确定 3 家有安全生产及工伤保险培训经验、具备良好的软硬件设施的培训机构，以"送培训上门"的形式，深入近 600 家企业进行了 500 余场安全生产知识及工伤预防知识的专题培训，受训职工近万人。

（4）引导用人单位积极参与：

1）充分发挥费率调节机制的经济杠杆作用。如在建筑行业，对上年度未发生工伤事故的建筑施工企业,其当年新开工工程项目的工伤保险缴费费率下调到 0.8%;对连续两年以上(含两年)未发生工伤事故的建筑施工企业,其当年新开工工程项目的工伤保险缴费费率下调到 0.5%,对 3A 企业一律按 0.45% 征收。如对职业卫生基础建设到位,被评为职业卫生管理示范企业的用人单位,工伤保险费率下调一档,对职业卫生基础建设未达标的,工伤保险费率上浮一档。

2)督促用人单位履行职业健康监护义务。与安全监管、卫生、财政、总工会等部门联合下发《关于加强职业健康监护工作的通知》,督促用人单位加强劳动者上岗前、在岗期间、离岗时和应急的职业健康检查,定期对工作场所进行职业病危害因素检测评价。从工伤预防宣传费用中安排职业监控工作专项经费,建立职业监控检查费用补贴制度。

3)督促企业自身强化安全培训。要求受训人员及时组织对全体员工进行全面的安全知识培训;督促企业抓好特种作业人员的安全技术培训;督促企业积极引导广大职工增强职工的自我防护意识和能力。

2. 阶段性工作重点

(1)开展工伤预防示范点创建工作。选定一批职业卫生基础好、安全生产和工伤预防工作出色的用人单位,作为工伤预防示范单位,下调一档工伤保险费率,充分发挥示范激励作用。

(2)出台工伤保险浮动费率办法。合理确定工伤保险浮动费率,科学设置费率考核指标体系,将缴费费率与用人单位的工伤保险费收支率、工伤发生率等相关指标挂钩,发挥浮动费率对用人单位的制约和激励功能。

(3)开展用人单位工伤风险评估工作。建立工伤预防专家库,通过购买服务的方式,委托专业机构对新开工单位和部分工伤事故发生率较高的单位进行工伤风险评估。

(4)举办网上知识竞答活动。举办普及型的工伤预防及安全生产知识网上竞答活动,竞答题在《长沙晚报》、市人力资源和社会保障局门户网站和 12333 微服务平台上同步刊发。

六、南通市工伤预防试点经验

南通市完善工伤预防联动机制、严格管理工伤预防经费、规范实施工伤预防项目,工伤预防工作效果初见成效。

1. 建立完善政府主导、企业参与的工伤预防工作机制

在人社部门与安全监管部门的工伤预防联动机制有效运作的基础上,进一步扩充增加了建设、交通、水利、财政、安全监管、公安、工会、审计等部门,定期召开成员单位会议,建立信息资源共享机制,充分发挥政府相关职能部门在工伤预防联动机制的作用。

在工伤预防联动机制的基础上,积极引导 100 家主要骨干生产型企业发起组建了南通市工伤预防协会。依托企业的人才优势,组建了南通市工伤预防专家库,站在企业的角度去解决企业在工伤预防中面临的实际问题。通过工伤预防协会平台深入企业开展培训

及工伤事故风险评估工作，以点带面、自上而下地推动各个行业和领域内开展工伤预防工作。

2. 严格管理工伤预防经费，确保专款专用

出台《南通市工伤预防费管理暂行办法通知》，明确了工伤预防费的使用比例、使用范围、使用流程、资金拨付、考核评估、监督管理等具体问题。在保证工伤正常待遇支付的前提下，严格按照工伤预防费管理要求，编制每年工伤预防费预算。工伤预防工作实行项目管理，由市人社局确定预防项目，通过政府购买服务的方式，由具备条件的社会组织负责具体组织实施。

在工伤预防项目的实施过程中，市工伤经办机构通过事前审核、派人参与、事后回访等方式加强对工伤预防项目全程监督。项目完成后，承担项目实施的社会组织报送项目完成材料，并经市人力资源和社会保障行政部门组织验收，对项目合同内容完成情况、费用使用情况综合评估，并进行验收。工伤预防费的支付程序严格按照社会保险基金财务制度和工伤保险经办业务管理规定支出。

3. 积极开展重点突出、特色鲜明的工伤预防实施项目

（1）多载体专业化宣传工伤预防：

1）南通市滨江临海，船舶、重工、钢绳行业较发达，这些企业工伤事故发生也相对较高，通过对多年这类行业工伤事故的分析，发现机械伤害是造成这些企业事故的主要原因。为此，在工伤预防工作中，组织专家结合该类企业的生产特点，编写了《机械行业工伤预防知识脚本》，并在此基础上制作了《机械制造企业工伤预防知识》教学片。该教学片直观地剖析了机械操作岗位事故易发点，以真人操作的形式，解析介绍了预防事故的方法。教学片制成光盘后，免费发放给企业并组织职工观看，提高了企业、职工的工伤预防意识。

2）发挥传媒和网络的宣传作用。在南通电视台制作播放工伤预防宣传片，在上下班时段的车载频率播放工伤预防系列公益广告，在南通市发行量最大的《江海晚报》开辟工伤事故与职业病预防宣传专栏，提高了民众对工伤预防的知晓度。建设了国内首家工伤预防、工伤保险政策类的专业网站"南通工伤预防网"，网站开通一年来，访问量达到8万人次；开通"南通工伤预防"公众微信号，并在通过该微信公众号积极组织全市企业职工近3万人次参加开展"全国工伤保险知识微信竞答"。通过利用互联网平台采取线上线下互动式开展工伤预防宣传，扩大了南通市工伤预防的影响力。

3）深入新就业人群及企业开展预防宣传。与职介部门合作，在大型招聘活动现场开设工伤预防专栏，接受待就业人群咨询并发放《工伤预防知识手册》，使待就业人群在就业前期即能关注工伤预防，提高安全意识，减少后期工伤事故及职业病的发生；与市区职业技术类学校开展合作，为职业技术专业毕业生开设一堂工伤预防专题课，作为他们即将走向工作岗位，离开校园前的最后一课；市人社部门定期与安全监管、卫生、工会等部门深入企业开展工伤预防、安全生产政策咨询活动，现场发放政策汇编、卷尺、标语、招贴画等工伤预防资料；市工伤保险经办机构印制工伤预防宣传海报、警示标语，

要求发生工伤事故的企业在事故发生的工作岗位旁张贴，提醒、警示企业职工注重安全生产，防止同类型事故的再次发生。

（2）多元化开放式开展预防培训。着力于扩大培训覆盖面，提高培训的专业性和针对性，注重培训的实效性，探索互动性、参与式的培训模式。

借助工伤预防协会具备专业化人员储备、在企业网格化延伸的优势，委托工伤预防协会举办专业性较高的工伤预防培训班。在划分行业开展培训的基础上，对从业人员的岗位进行细分提出了培训要求，进一步提高工伤预防协会开展培训工作的针对性。以轮训方式对全市工伤事故及职业病多发企业负责人、企业人事管理干部、骨干班组长和建筑项目经理开设工伤预防及工伤保险政策培训班。同时，继续引导市区范围内的行业重点企业，自主开展农民工工伤预防教育培训，并对所产生的培训费用，如培训教材、培训设备、培训专家聘请等费用给予补贴支持。

对于注重安全管理，有工伤预防需求的企业，由工伤预防协会主动对接，根据企业生产特点，提供将现场工伤风险评估、工伤预防知识培训、工伤预防管理体制建设等有效措施相结合的互动性、参与式培训，通过现场指导和培训，让企业基层员工及管理人员共同参与培训和改善，建立具有针对性强，效果更优的工伤预防管理体制。

（3）多方参与开展工伤风险评估。通过每年对上年度工伤事故发生情况的统计，对事故发生较多的企业开展工伤风险评估。以人社部门牵头，组织财政、安全监管、住建、卫生、工会等部门及部分大型企业安全专家组成工伤风险评估专家组，对全市不少于150家事故发生较多生产经营型企业实地开展企业工伤风险评估工作，及时发现企业在生产过程中存在的事故隐患，并出具工伤风险评估整改建议书，跟踪督促企业整改，消除事故的隐患点。通过邀请同行业不同企业人员互相观摩评估，评估结束后以座谈会等形式学习交流工伤预防工作的做法和经验教训，促进企业互相借鉴学习工伤预防经验。

（4）完善职业健康体检补助机制。将南通市范围内所有具有从事职业健康检查资质的医疗卫生机构作为南通市工伤预防定点体检机构，由市工伤保险经办机构对其进行协议管理，对工伤保险参保单位在定点机构所产生的符合规定的职业健康体检费用，在工伤预防费预算范围内与定点机构直接结算。

通过开展工伤预防工作以来，南通市市区未出现一起群死群伤的重大工伤事故，"三工"原因导致的工亡及1级～4级工伤事故较去年同期相比有明显下降，部分船舶、钢绳等原先工伤高发企业的工伤事故发生率从初期3%回落到0.5%的全市平均水平。

4. 阶段性工作重点

（1）进一步加强工伤预防工作机制。进一步探索完善现有工伤预防联动机制，充分发挥现有的工伤预防联席会议形式，努力在各行业和领域内开展工伤预防工作，使工伤预防工作做到无盲区、无死角，提高中小型企业的工伤预防意识，从"要我预防"向"我要预防"转变。

（2）进一步完善委托第三方机构开展工伤预防工作的流程，加强对第三方机构实施工伤预防效果的考核和评估，全面提高南通市工伤预防工作效率和质量。

七、淮南市工伤预防试点经验

淮南市是以煤炭、电力、化工为主要产业的资源型重工业城市，高风险企业从业人员多，是工伤事故易发地区。结合地方工业特点，以危险化学品生产企业为重点开展工伤预防培训工作，取得了初步成效。

1. 工作开展情况

（1）制定工作方案。制定了《淮南市 2013 年工伤预防工作方案》（淮人社发〔2013〕72 号），明确工作目标、实施步骤、组织领导、工作要求。特别是在预防培训项目选择上，结合淮南实际，确定了以"开展特种行业"为重点的培训模式，对全市危险化学品生产企业集中进行工伤预防培训，同时制定预防工作时间推进表、路线图和各级责任人，确保工伤预防工作顺利开展。

（2）严格程序，规范招标工作。形成内容规范，易于操作的招标文书；积极与财政部门沟通并取得支持；严格按照招标程序开展工作；纪检监察部门的同志全程监督。

（3）精心谋划、精细管理，完善配套政策。研究制定监督检查、基金使用、验收评估等相关配套政策。先后制定了《淮南市工伤预防工作监督管理暂行办法》《淮南市工伤预防费管理暂行办法》《淮南市工伤预防工作评估验收暂行办法》等一系列的配套政策，切实让工伤预防工作从项目实施合同的签订、到项目实施过程的监督检查、到项目实施效果的评估验收以及工伤预防费用的支出使用在制度的笼子里运行，确保整个工伤预防项目的规范、有序运作。

（4）多样宣传、多种培训，全力实施项目。广泛开展丰富多样、贴合实际的工伤预防宣传活动。聘请淮南市动漫协会、觉策广告制作公司策划，以卡通动物拟人等形式，制作了两部宣传公益广告片，在淮南有线电视台播出。在市中北巴士公司公交车全线路滚动播放 30 秒的车载多媒体电视广告，日收视人群达 10 万余人次，有效扩大工伤预防宣传的范围，提高群众的知晓率，增加工伤预防宣传的影响力。在中秋、国庆等节假日，开展手机短信宣传工伤预防知识，发送短信 8 500 余人次，覆盖生产经营单位主要负责人、企业安全管理人员、生产操作工等群体，有效促进企业经营管理者和广大职工牢固树立工伤预防、安全生产意识。重点开展危险化学品和医药化工特种生产企业的预防培训工作。先后深入安徽淮化股份有限公司、安徽山河药用辅料股份有限公司、德邦化工等危化工企业举办各种形式培训班 27 期，涉及企业负责人、安全管理人员、职业卫生管理人员、特种作业人员等不同群体共 2275 人，经培训、考试，合格率达 99％。培训内容涵盖了《中华人民共和国社会保险法》《工伤保险条例》、职业病危害预防和控制基本知识等法律、法规及专业基础知识，并根据不同的企业、人员、工种，适时调整培训内容。培训师资队伍组成既有安徽理工大学的教授、市职业病防治所的医师，也有市安全监管局的科长、企业的高级工程师，既有理论更有实践，提高了工伤预防培训的针对性、有效性。

（5）评估客观、评分公正，严格项目验收。按照《淮南市工伤预防验收评估暂行办法》，组织成立了由市人社、财政、卫生行政、安全监管等部门和淮南技校专家组成的 9 人评估小组。验收评估实行综合评分法，百分制评定，根据招标文件制定验收评估细则，对每一个服务项目划分不同的分值。通过深入企业，听取项目实施组织汇报，观看录像，现场询问，查阅培训档案、相关服务合同及票据等形式对项目实施情况进行初评；通过随机电话回访、职工座谈、问卷调查等方式对项目实施效果进行复评，最后根据两次评估结果，确定得分。验收评估小组根据每名小组成员的打分情况进行综合平均，做出评估报告，确定整个项目最后分值，报经局长办公会审议通过后才可作为支付工伤预防费依据，保证了项目验收评估工作的公平、公正、科学。

2. 阶段性工作重点

（1）完善政府采购招标程序。进一步探索采购方式，完善采购程序，严格时间要求，提高工作效率。

（2）扩大项目实施组织范围。探索与国有大型企业安全性生产培训部门联合开展工伤预防宣传培训工作方式。

（3）发挥工伤保险费率的杠杆作用。采取降低工伤保险费率的方式，设立"企业工伤预防工作专项资金"，通过监督检查、资金审计、效果评估等多种手段加强管理，大力鼓励企业自行开展工伤预防工作。

总之，按照"审慎稳妥，逐步推开、政府主导，专业运作、规范管理，确保安全"的原则，在总结前期开展预防工作的经验的基础上，把工伤预防实施对象确定为职工人数最多、工作环境最复杂的煤炭生产企业。充分发挥国有大型企业安全生产培训机制健全、组织能力强、专业技能人员多、培训内容丰富等优势开展培训，充分利用企业各级宣传机构、电视网络、自办报纸、网站、微博、微信公众号等平台广泛宣传，提高工伤预防工作的针对性、有效性，降低企业事故发生率，实现开展工伤预防工作的目标。

附录二 相关法律法规

一、《工伤保险条例》

2003 年 4 月 27 日中华人民共和国国务院令第 375 号公布；根据 2010 年 12 月 20 日《国务院关于修改〈工伤保险条例〉的决定》修订，国务院令 586 号公布。

第一章 总 则

第一条 为了保障因工作遭受事故伤害或者患职业病的职工获得医疗救治和经济补偿，促进工伤预防和职业康复，分散用人单位的工伤风险，制定本条例。

第二条 中华人民共和国境内的企业、事业单位、社会团体、民办非企业单位、基金会、律师事务所、会计师事务所等组织和有雇工的个体工商户（以下称用人单位）应当依照本条例规定参加工伤保险，为本单位全部职工或者雇工（以下称职工）缴纳工伤保险费。

中华人民共和国境内的企业、事业单位、社会团体、民办非企业单位、基金会、律师事务所、会计师事务所等组织的职工和个体工商户的雇工，均有依照本条例的规定享受工伤保险待遇的权利。

第三条 工伤保险费的征缴按照《社会保险费征缴暂行条例》关于基本养老保险费、基本医疗保险费、失业保险费的征缴规定执行。

第四条 用人单位应当将参加工伤保险的有关情况在本单位内公示。

用人单位和职工应当遵守有关安全生产和职业病防治的法律法规，执行安全卫生规程和标准，预防工伤事故发生，避免和减少职业病危害。

职工发生工伤时，用人单位应当采取措施使工伤职工得到及时救治。

第五条 国务院社会保险行政部门负责全国的工伤保险工作。

县级以上地方各级人民政府社会保险行政部门负责本行政区域内的工伤保险工作。

社会保险行政部门按照国务院有关规定设立的社会保险经办机构（以下称经办机构）具体承办工伤保险事务。

第六条 社会保险行政部门等部门制定工伤保险的政策、标准，应当征求工会组织、用人单位代表的意见。

第二章 工伤保险基金

第七条 工伤保险基金由用人单位缴纳的工伤保险费、工伤保险基金的利息和依法纳入工伤保险基金的其他资金构成。

第八条 工伤保险费根据以支定收、收支平衡的原则，确定费率。

国家根据不同行业的工伤风险程度确定行业的差别费率，并根据工伤保险费使用、工伤发生率等情况在每个行业内确定若干费率档次。行业差别费率及行业内费率档次由国务院社会保险行政部门制定，报国务院批准后公布施行。

统筹地区经办机构根据用人单位工伤保险费使用、工伤发生率等情况，适用所属行业内相应的费率档次确定单位缴费费率。

第九条 国务院社会保险行政部门应当定期了解全国各统筹地区工伤保险基金收支情况，及时提出调整行业差别费率及行业内费率档次的方案，报国务院批准后公布施行。

第十条 用人单位应当按时缴纳工伤保险费。职工个人不缴纳工伤保险费。

用人单位缴纳工伤保险费的数额为本单位职工工资总额乘以单位缴费费率之积。

对难以按照工资总额缴纳工伤保险费的行业，其缴纳工伤保险费的具体方式，由国务院社会保险行政部门规定。

第十一条 工伤保险基金逐步实行省级统筹。

跨地区、生产流动性较大的行业，可以采取相对集中的方式异地参加统筹地区的工伤保险。具体办法由国务院社会保险行政部门会同有关行业的主管部门制定。

第十二条 工伤保险基金存入社会保障基金财政专户，用于本条例规定的工伤保险待遇，劳动能力鉴定，工伤预防的宣传、培训等费用，以及法律、法规规定的用于工伤保险的其他费用的支付。

工伤预防费用的提取比例、使用和管理的具体办法，由国务院社会保险行政部门会同国务院财政、卫生行政、安全生产监督管理等部门规定。

任何单位或者个人不得将工伤保险基金用于投资运营、兴建或者改建办公场所、发放奖金，或者挪作其他用途。

第十三条 工伤保险基金应当留有一定比例的储备金，用于统筹地区重大事故的工伤保险待遇支付；储备金不足支付的，由统筹地区的人民政府垫付。储备金占基金总额的具体比例和储备金的使用办法，由省、自治区、直辖市人民政府规定。

第三章　工伤认定

第十四条　职工有下列情形之一的，应当认定为工伤：

（一）在工作时间和工作场所内，因工作原因受到事故伤害的；

（二）工作时间前后在工作场所内，从事与工作有关的预备性或者收尾性工作受到事故伤害的；

（三）在工作时间和工作场所内，因履行工作职责受到暴力等意外伤害的；

（四）患职业病的；

（五）因工外出期间，由于工作原因受到伤害或者发生事故下落不明的；

（六）在上下班途中，受到非本人主要责任的交通事故或者城市轨道交通、客运轮渡、火车事故伤害的；

（七）法律、行政法规规定应当认定为工伤的其他情形。

第十五条　职工有下列情形之一的，视同工伤：

（一）在工作时间和工作岗位，突发疾病死亡或者在 48 小时之内经抢救无效死亡的；

（二）在抢险救灾等维护国家利益、公共利益活动中受到伤害的；

（三）职工原在军队服役，因战、因公负伤致残，已取得革命伤残军人证，到用人单位后旧伤复发的。

职工有前款第（一）项、第（二）项情形的，按照本条例的有关规定享受工伤保险待遇；职工有前款第（三）项情形的，按照本条例的有关规定享受除一次性伤残补助金以外的工伤保险待遇。

第十六条　职工符合本条例第十四条、第十五条的规定，但是有下列情形之一的，不得认定为工伤或者视同工伤：

（一）故意犯罪的；

（二）醉酒或者吸毒的；

（三）自残或者自杀的。

第十七条　职工发生事故伤害或者按照职业病防治法规定被诊断、鉴定为职业病，所在单位应当自事故伤害发生之日或者被诊断、鉴定为职业病之日起 30 日内，向统筹地区社会保险行政部门提出工伤认定申请。遇有特殊情况，经报社会保险行政部门同意，申请时限可以适当延长。

用人单位未按前款规定提出工伤认定申请的，工伤职工或者其近亲属、工会组织在事故伤害发生之日或者被诊断、鉴定为职业病之日起 1 年内，可以直接向用人单位所在地统筹地区社会保险行政部门提出工伤认定申请。

按照本条第一款规定应当由省级社会保险行政部门进行工伤认定的事项，根据属地原则由用人单位所在地的设区的市级社会保险行政部门办理。

用人单位未在本条第一款规定的时限内提交工伤认定申请，在此期间发生符合本条例规定的工伤待遇等有关费用由该用人单位负担。

第十八条　提出工伤认定申请应当提交下列材料：

（一）工伤认定申请表；

（二）与用人单位存在劳动关系（包括事实劳动关系）的证明材料；

（三）医疗诊断证明或者职业病诊断证明书（或者职业病诊断鉴定书）。

工伤认定申请表应当包括事故发生的时间、地点、原因以及职工伤害程度等基本情况。

工伤认定申请人提供材料不完整的，社会保险行政部门应当一次性书面告知工伤认定申请人需要补正的全部材料。申请人按照书面告知要求补正材料后，社会保险行政部门应当受理。

第十九条 社会保险行政部门受理工伤认定申请后，根据审核需要可以对事故伤害进行调查核实，用人单位、职工、工会组织、医疗机构以及有关部门应当予以协助。职业病诊断和诊断争议的鉴定，依照职业病防治法的有关规定执行。对依法取得职业病诊断证明书或者职业病诊断鉴定书的，社会保险行政部门不再进行调查核实。

职工或者其近亲属认为是工伤，用人单位不认为是工伤的，由用人单位承担举证责任。

第二十条 社会保险行政部门应当自受理工伤认定申请之日起60日内做出工伤认定的决定，并书面通知申请工伤认定的职工或者其近亲属和该职工所在单位。

社会保险行政部门对受理的事实清楚、权利义务明确的工伤认定申请，应当在15日内做出工伤认定的决定。

做出工伤认定决定需要以司法机关或者有关行政主管部门的结论为依据的，在司法机关或者有关行政主管部门尚未做出结论期间，做出工伤认定决定的时限中止。

社会保险行政部门工作人员与工伤认定申请人有利害关系的，应当回避。

第四章　劳动能力鉴定

第二十一条 职工发生工伤，经治疗伤情相对稳定后存在残疾、影响劳动能力的，应当进行劳动能力鉴定。

第二十二条 劳动能力鉴定是指劳动功能障碍程度和生活自理障碍程度的等级鉴定。

劳动功能障碍分为十个伤残等级，最重的为一级，最轻的为十级。

生活自理障碍分为三个等级：生活完全不能自理、生活大部分不能自理和生活部分不能自理。

劳动能力鉴定标准由国务院社会保险行政部门会同国务院卫生行政部门等部门制定。

第二十三条 劳动能力鉴定由用人单位、工伤职工或者其近亲属向设区的市级劳动能力鉴定委员会提出申请，并提供工伤认定决定和职工工伤医疗的有关资料。

第二十四条 省、自治区、直辖市劳动能力鉴定委员会和设区的市级劳动能力鉴定委员会分别由省、自治区、直辖市和设区的市级社会保险行政部门、卫生行政部门、工会组织、经办机构代表以及用人单位代表组成。

劳动能力鉴定委员会建立医疗卫生专家库。列入专家库的医疗卫生专业技术人员应当具备下列条件：

（一）具有医疗卫生高级专业技术职务任职资格；

（二）掌握劳动能力鉴定的相关知识；

（三）具有良好的职业品德。

第二十五条 设区的市级劳动能力鉴定委员会收到劳动能力鉴定申请后，应当从其建立的医疗卫生专家库中随机抽取3名或者5名相关专家组成专家组，由专家组提出鉴定意见。设区的市级劳动能力鉴定委员会根据专家组的鉴定意见做出工伤职工劳动能力鉴定结论；必要时，可以委托具备资格的医疗机构协助进行有关的诊断。

设区的市级劳动能力鉴定委员会应当自收到劳动能力鉴定申请之日起60日内做出劳动能力鉴定结论，必要时，做出劳动能力鉴定结论的期限可以延长30日。劳动能力鉴定结论应当及时送达申请鉴定的单位和个人。

第二十六条 申请鉴定的单位或者个人对设区的市级劳动能力鉴定委员会做出的鉴定结论不服的，可以在收到该鉴定结论之日起15日内向省、自治区、直辖市劳动能力鉴定委员会提出再次鉴定申请。省、自治区、直辖市劳动能力鉴定委员会做出的劳动能力鉴定结论为最终结论。

第二十七条 劳动能力鉴定工作应当客观、公正。劳动能力鉴定委员会组成人员或者参加鉴定的专家与当事人有利害关系的，应当回避。

第二十八条 自劳动能力鉴定结论做出之日起1年后，工伤职工或者其近亲属、所在单位或者经办机构认为伤残情况发生变化的，可以申请劳动能力复查鉴定。

第二十九条 劳动能力鉴定委员会依照本条例第二十六条和第二十八条的规定进行再次鉴定和复查鉴定的期限，依照本条例第二十五条第二款的规定执行。

第五章 工伤保险待遇

第三十条 职工因工作遭受事故伤害或者患职业病进行治疗，享受工伤医疗待遇。

职工治疗工伤应当在签订服务协议的医疗机构就医，情况紧急时可以先到就近的医疗机构急救。

治疗工伤所需费用符合工伤保险诊疗项目目录、工伤保险药品目录、工伤保险住院服务标准的，从工伤保险基金支付。工伤保险诊疗项目目录、工伤保险药品目录、工伤保险住院服务标准，由国务院社会保险行政部门会同国务院卫生行政部门、食品药品监督管理部门等部门规定。

职工住院治疗工伤的伙食补助费，以及经医疗机构出具证明，报经办机构同意，工伤职工到统筹地区以外就医所需的交通、食宿费用从工伤保险基金支付，基金支付的具体标准由统筹地区人民政府规定。

工伤职工治疗非工伤引发的疾病，不享受工伤医疗待遇，按照基本医疗保险办法处理。

工伤职工到签订服务协议的医疗机构进行工伤康复的费用，符合规定的，从工伤保险基金支付。

第三十一条 社会保险行政部门做出认定为工伤的决定后发生行政复议、行政诉讼的，行政复议和行政诉讼期间不停止支付工伤职工治疗工伤的医疗费用。

第三十二条 工伤职工因日常生活或者就业需要，经劳动能力鉴定委员会确认，可以安装假肢、矫形器、假眼、假牙和配置轮椅等辅助器具，所需费用按照国家规定的标准从工伤保险基金支付。

第三十三条 职工因工作遭受事故伤害或者患职业病需要暂停工作接受工伤医疗的，在停工留薪期内，原工资福利待遇不变，由所在单位按月支付。

停工留薪期一般不超过 12 个月。伤情严重或者情况特殊，经设区的市级劳动能力鉴定委员会确认，可以适当延长，但延长不得超过 12 个月。工伤职工评定伤残等级后，停发原待遇，按照本章的有关规定享受伤残待遇。工伤职工在停工留薪期满后仍需治疗的，继续享受工伤医疗待遇。

生活不能自理的工伤职工在停工留薪期需要护理的，由所在单位负责。

第三十四条 工伤职工已经评定伤残等级并经劳动能力鉴定委员会确认需要生活护理的，从工伤保险基金按月支付生活护理费。

生活护理费按照生活完全不能自理、生活大部分不能自理或者生活部分不能自理 3 个不同等级支付，其标准分别为统筹地区上年度职工月平均工资的 50％、40％或者 30％。

第三十五条 职工因工致残被鉴定为一级至四级伤残的，保留劳动关系，退出工作岗位，享受以下待遇：

（一）从工伤保险基金按伤残等级支付一次性伤残补助金，标准为：一级伤残为 27 个月的本人工资，二级伤残为 25 个月的本人工资，三级伤残为 23 个月的本人工资，四级伤残为 21 个月的本人工资；

（二）从工伤保险基金按月支付伤残津贴，标准为：一级伤残为本人工资的 90％，二级伤残为本人工资的 85％，三级伤残为本人工资的 80％，四级伤残为本人工资的 75％。伤残津贴实际金额低于当地最低工资标准的，由工伤保险基金补足差额；

（三）工伤职工达到退休年龄并办理退休手续后，停发伤残津贴，按照国家有关规定享受基本养老保险待遇。基本养老保险待遇低于伤残津贴的，由工伤保险基金补足差额。

职工因工致残被鉴定为一级至四级伤残的，由用人单位和职工个人以伤残津贴为基数，缴纳基本医疗保险费。

第三十六条 职工因工致残被鉴定为五级、六级伤残的，享受以下待遇：

（一）从工伤保险基金按伤残等级支付一次性伤残补助金，标准为：五级伤残为 18 个月的本人工资，六级伤残为 16 个月的本人工资；

（二）保留与用人单位的劳动关系，由用人单位安排适当工作。难以安排工作的，由用人单位按月发给伤残津贴，标准为：五级伤残为本人工资的 70％，六级伤残为本人工资的 60％，并由用人单位按照规定为其缴纳应缴纳的各项社会保险费。伤残津贴实际金额低于当地最低工资标准的，由用人单位补足差额。

经工伤职工本人提出，该职工可以与用人单位解除或者终止劳动关系，由工伤保险基金支付一次性工伤医疗补助金，由用人单位支付一次性伤残就业补助金。一次性工伤医疗补助金和一次性伤残就业补助金的具体标准由省、自治区、直辖市人民政府规定。

第三十七条 职工因工致残被鉴定为七级至十级伤残的，享受以下待遇：

（一）从工伤保险基金按伤残等级支付一次性伤残补助金，标准为：七级伤残为 13 个月的本人工资，八级伤残为 11 个月的本人工资，九级伤残为 9 个月的本人工资，十级伤残为 7 个月的本人工资；

（二）劳动、聘用合同期满终止，或者职工本人提出解除劳动、聘用合同的，由工伤保险基金支付一次性工伤医疗补助金，由用人单位支付一次性伤残就业补助金。一次性工伤医疗补助金和一次性伤残就业补助金的具体标准由省、自治区、直辖市人民政府规定。

第三十八条 工伤职工工伤复发，确认需要治疗的，享受本条例第三十条、第三十二条和第三十三条规定的工伤待遇。

第三十九条 职工因工死亡，其近亲属按照下列规定从工伤保险基金领取丧葬补助金、供养亲属抚恤金和一次性工亡补助金：

（一）丧葬补助金为 6 个月的统筹地区上年度职工月平均工资；

（二）供养亲属抚恤金按照职工本人工资的一定比例发给由因工死亡职工生前提供主要生活来源、无劳动能力的亲属。标准为：配偶每月 40%，其他亲属每人每月 30%，孤寡老人或者孤儿每人每月在上述标准的基础上增加 10%。核定的各供养亲属的抚恤金之和不应高于因工死亡职工生前的工资。供养亲属的具体范围由国务院社会保险行政部门规定；

（三）一次性工亡补助金标准为上一年度全国城镇居民人均可支配收入的 20 倍。

伤残职工在停工留薪期内因工伤导致死亡的，其近亲属享受本条第一款规定的待遇。

一级至四级伤残职工在停工留薪期满后死亡的，其近亲属可以享受本条第一款第（一）项、第（二）项规定的待遇。

第四十条 伤残津贴、供养亲属抚恤金、生活护理费由统筹地区社会保险行政部门根据职工平均工资和生活费用变化等情况适时调整。调整办法由省、自治区、直辖市人民政府规定。

第四十一条 职工因工外出期间发生事故或者在抢险救灾中下落不明的，从事故发生当月起 3 个月内照发工资，从第 4 个月起停发工资，由工伤保险基金向其供养亲属按月支付供养亲属抚恤金。生活有困难的，可以预支一次性工亡补助金的 50%。职工被人民法院宣告死亡的，按照本条例第三十九条职工因工死亡的规定处理。

第四十二条 工伤职工有下列情形之一的，停止享受工伤保险待遇：

（一）丧失享受待遇条件的；

（二）拒不接受劳动能力鉴定的；

（三）拒绝治疗的。

第四十三条 用人单位分立、合并、转让的，承继单位应当承担原用人单位的工伤保险责任；原用人单位已经参加工伤保险的，承继单位应当到当地经办机构办理工伤保险变更登记。

用人单位实行承包经营的，工伤保险责任由职工劳动关系所在单位承担。

职工被借调期间受到工伤事故伤害的，由原用人单位承担工伤保险责任，但原用人单位与借调单位可以约定补偿办法。

企业破产的，在破产清算时依法拨付应当由单位支付的工伤保险待遇费用。

第四十四条　职工被派遣出境工作，依据前往国家或者地区的法律应当参加当地工伤保险的，参加当地工伤保险，其国内工伤保险关系中止；不能参加当地工伤保险的，其国内工伤保险关系不中止。

第四十五条　职工再次发生工伤，根据规定应当享受伤残津贴的，按照新认定的伤残等级享受伤残津贴待遇。

第六章　监督管理

第四十六条　经办机构具体承办工伤保险事务，履行下列职责：

（一）根据省、自治区、直辖市人民政府规定，征收工伤保险费；

（二）核查用人单位的工资总额和职工人数，办理工伤保险登记，并负责保存用人单位缴费和职工享受工伤保险待遇情况的记录；

（三）进行工伤保险的调查、统计；

（四）按照规定管理工伤保险基金的支出；

（五）按照规定核定工伤保险待遇；

（六）为工伤职工或者其近亲属免费提供咨询服务。

第四十七条　经办机构与医疗机构、辅助器具配置机构在平等协商的基础上签订服务协议，并公布签订服务协议的医疗机构、辅助器具配置机构的名单。具体办法由国务院社会保险行政部门分别会同国务院卫生行政部门、民政部门等部门制定。

第四十八条　经办机构按照协议和国家有关目录、标准对工伤职工医疗费用、康复费用、辅助器具费用的使用情况进行核查，并按时足额结算费用。

第四十九条　经办机构应当定期公布工伤保险基金的收支情况，及时向社会保险行政部门提出调整费率的建议。

第五十条　社会保险行政部门、经办机构应当定期听取工伤职工、医疗机构、辅助器具配置机构以及社会各界对改进工伤保险工作的意见。

第五十一条　社会保险行政部门依法对工伤保险费的征缴和工伤保险基金的支付情况进行监督检查。

财政部门和审计机关依法对工伤保险基金的收支、管理情况进行监督。

第五十二条　任何组织和个人对有关工伤保险的违法行为，有权举报。社会保险行政部门对举报应当及时调查，按照规定处理，并为举报人保密。

第五十三条　工会组织依法维护工伤职工的合法权益，对用人单位的工伤保险工作实行监督。

第五十四条　职工与用人单位发生工伤待遇方面的争议，按照处理劳动争议的有关规定处理。

第五十五条　有下列情形之一的，有关单位或者个人可以依法申请行政复议，也可以依法向人民法院提起行政诉讼：

（一）申请工伤认定的职工或者其近亲属、该职工所在单位对工伤认定申请不予受理的决定不服的；

（二）申请工伤认定的职工或者其近亲属、该职工所在单位对工伤认定结论不服的；

（三）用人单位对经办机构确定的单位缴费费率不服的；

（四）签订服务协议的医疗机构、辅助器具配置机构认为经办机构未履行有关协议或者规定的；

（五）工伤职工或者其近亲属对经办机构核定的工伤保险待遇有异议的。

第七章 法 律 责 任

第五十六条 单位或者个人违反本条例第十二条规定挪用工伤保险基金，构成犯罪的，依法追究刑事责任；尚不构成犯罪的，依法给予处分或者纪律处分。被挪用的基金由社会保险行政部门追回，并入工伤保险基金；没收的违法所得依法上缴国库。

第五十七条 社会保险行政部门工作人员有下列情形之一的，依法给予处分；情节严重，构成犯罪的，依法追究刑事责任：

（一）无正当理由不受理工伤认定申请，或者弄虚作假将不符合工伤条件的人员认定为工伤职工的；

（二）未妥善保管申请工伤认定的证据材料，致使有关证据灭失的；

（三）收受当事人财物的。

第五十八条 经办机构有下列行为之一的，由社会保险行政部门责令改正，对直接负责的主管人员和其他责任人员依法给予纪律处分；情节严重，构成犯罪的，依法追究刑事责任；造成当事人经济损失的，由经办机构依法承担赔偿责任：

（一）未按规定保存用人单位缴费和职工享受工伤保险待遇情况记录的；

（二）不按规定核定工伤保险待遇的；

（三）收受当事人财物的。

第五十九条 医疗机构、辅助器具配置机构不按服务协议提供服务的，经办机构可以解除服务协议。

经办机构不按时足额结算费用的，由社会保险行政部门责令改正；医疗机构、辅助器具配置机构可以解除服务协议。

第六十条 用人单位、工伤职工或者其近亲属骗取工伤保险待遇，医疗机构、辅助器具配置机构骗取工伤保险基金支出的，由社会保险行政部门责令退还，处骗取金额2倍以上5倍以下的罚款；情节严重，构成犯罪的，依法追究刑事责任。

第六十一条 从事劳动能力鉴定的组织或者个人有下列情形之一的，由社会保险行政部门责令改正，处2 000元以上1万元以下的罚款；情节严重，构成犯罪的，依法追究刑事责任：

（一）提供虚假鉴定意见的；

（二）提供虚假诊断证明的；

（三）收受当事人财物的。

第六十二条　用人单位依照本条例规定应当参加工伤保险而未参加的，由社会保险行政部门责令限期参加，补缴应当缴纳的工伤保险费，并自欠缴之日起，按日加收万分之五的滞纳金；逾期仍不缴纳的，处欠缴数额 1 倍以上 3 倍以下的罚款。

依照本条例规定应当参加工伤保险而未参加工伤保险的用人单位职工发生工伤的，由该用人单位按照本条例规定的工伤保险待遇项目和标准支付费用。

用人单位参加工伤保险并补缴应当缴纳的工伤保险费、滞纳金后，由工伤保险基金和用人单位依照本条例的规定支付新发生的费用。

第六十三条　用人单位违反本条例第十九条的规定，拒不协助社会保险行政部门对事故进行调查核实的，由社会保险行政部门责令改正，处 2000 元以上 2 万元以下的罚款。

第八章　附　则

第六十四条　本条例所称工资总额，是指用人单位直接支付给本单位全部职工的劳动报酬总额。

本条例所称本人工资，是指工伤职工因工作遭受事故伤害或者患职业病前 12 个月平均月缴费工资。本人工资高于统筹地区职工平均工资 300％的，按照统筹地区职工平均工资的 300％计算；本人工资低于统筹地区职工平均工资 60％的，按照统筹地区职工平均工资的 60％计算。

第六十五条　公务员和参照公务员法管理的事业单位、社会团体的工作人员因工作遭受事故伤害或者患职业病的，由所在单位支付费用。具体办法由国务院社会保险行政部门会同国务院财政部门规定。

第六十六条　无营业执照或者未经依法登记、备案的单位以及被依法吊销营业执照或者撤销登记、备案的单位的职工受到事故伤害或者患职业病的，由该单位向伤残职工或者死亡职工的近亲属给予一次性赔偿，赔偿标准不得低于本条例规定的工伤保险待遇；用人单位不得使用童工，用人单位使用童工造成童工伤残、死亡的，由该单位向童工或者童工的近亲属给予一次性赔偿，赔偿标准不得低于本条例规定的工伤保险待遇。具体办法由国务院社会保险行政部门规定。

前款规定的伤残职工或者死亡职工的近亲属就赔偿数额与单位发生争议的，以及前款规定的童工或者童工的近亲属就赔偿数额与单位发生争议的，按照处理劳动争议的有关规定处理。

第六十七条　本条例自 2004 年 1 月 1 日起施行。本条例施行前已受到事故伤害或者患职业病的职工尚未完成工伤认定的，按照本条例的规定执行。

二、《关于开展工伤预防试点有关问题的通知》

（人社厅发〔2009〕108 号）

河南省、海南省人力资源社会保障厅，广东省劳动保障厅：

为全面贯彻《工伤保险条例》，进一步完善工伤保险制度，结合河南、广东和海南三省工伤预防工作实际和试点城市申报情况，经研究，拟选择河南省郑州、洛阳、安阳和三门峡市，广东省广州、深圳、珠海和东莞市，以及海南省省本级、海口市、昌江县和儋州市作为工伤预防试点城市，于2009年至2010年开展工伤预防试点工作。现就开展试点工作的有关问题通知如下：

一、充分认识工伤预防工作的重要性和必要性

工伤预防是建立健全工伤预防、工伤补偿和工伤康复三位一体工伤保险制度的重要内容，是贯彻落实科学发展观、构建和谐社会的必然要求。通过开展工伤预防，可以促进安全生产，避免和减少工伤事故和职业病的发生，有效保障职工的安全健康；可以减少经济损失，有效控制工伤保险基金支出；可以减少企业内部不安全的管理和技术因素，提升企业的竞争力，促进企业的稳定发展和社会稳定。随着我国工伤保险事业的快速发展，覆盖范围进一步扩大，参保人数和基金规模不断增加，管理服务水平不断提升，为开展工伤预防工作奠定了良好的基础。各试点城市要充分认识开展工伤预防工作的重要性和必要性，积极稳妥地开展试点工作，保证试点目标和任务的顺利完成。

二、工伤预防试点工作的目标和主要任务

（一）试点目标

探索建立工伤预防的工作模式，完善工伤预防的相关政策，为在全国范围内开展工伤预防工作积累经验，探索建立我国工伤预防制度体系。

（二）主要任务

1. 规范工伤预防费的使用范围和项目。试点城市应根据本省法规政策对工伤预防费使用范围和项目的有关规定，结合本市的实际情况，有重点地选择其中某一项或几项内容，探索并规范工伤预防费的使用范围和项目。

2. 探索工伤预防费的合理提取比例。试点城市应根据本省有关的法规政策和当地工伤保险基金的规模、结余情况，考虑当地开展工伤预防工作的实际需要，探索确定工伤预防费合理提取比例。

3. 规范工伤预防费管理使用程序。试点城市应结合工伤预防费的使用范围，制定和完善工伤预防费的管理使用规程，建立起从编制工伤预防使用预算、提取工伤预防费到工伤预防费具体支出等各个环节的使用管理办法，进一步规范工伤预防费的管理使用规程。

4. 探索建立工伤预防费的管理监督机制。试点城市应按照社会保险基金管理等有关规定，制定监督办法，加强对工伤预防费使用的监督，定期披露工伤预防费的使用情况，探索建立工伤预防费的风险防范机制，确保基金的安全使用。

5. 探索建立部门间协调工作机制。工伤预防工作涉及财政、安全监督管理、卫生和工会等有关部门，试点城市应加强与相关部门的协调和配合，在试点工作中发挥各部门的优势和特点，探索建立工伤预防的部门协调制度。

三、加强工伤预防试点工作的组织领导

各试点城市所在省份的省级人力资源社会保障部门要切实加强对工伤预防试点工作

的领导，协调指导试点工作。各试点城市要建立试点工作领导机构，负责试点工作的组织实施，要从实际出发，研究制定切实可行的试点工作方案和相关政策，因地制宜地开展工作。在试点工作中，要加强相关配套政策的改革和研究，特别是要探索建立工伤预防基础数据的统计分析制度、工伤预防工作的绩效评估办法和项目预算管理制度。工伤预防工作直接关系广大职工的安全健康，是一项重大的民生工作，政策性强，涉及面广。各试点城市要加强宣传，统一思想认识，积极协调财政、安全监督管理、卫生和工会等有关部门，共同推动工伤预防试点工作。试点工作中的问题及意见和建议及时反馈我部工伤保险司。

人力资源和社会保障部办公厅

二〇〇九年八月二十一日

三、《人力资源社会保障部关于进一步做好工伤预防试点工作的通知》

（人社部发〔2013〕32 号）

各省、自治区、直辖市及新疆生产建设兵团人力资源社会保障厅（局）：

为贯彻《工伤保险条例》，完善工伤保险制度，2009 年我部在河南、广东、海南等 3 省的 12 个地市开展了工伤预防试点，取得初步成效。一些试点城市工伤事故发生率呈现下降趋势，职工的安全意识和维权意识、企业守法意识有所增强。为进一步推动工伤预防工作的开展，我部决定在 2009 年初步试点的基础上，再选择一部分具备条件的城市扩大试点。现将有关事项通知如下：

一、充分认识做好工伤预防试点工作的重要意义

工伤预防是"三位一体"工伤保险制度的重要组成部分。做好扩大工伤预防试点工作，有利于从源头上减少工伤事故的发生，从根本上保障职工生命安全和身体健康，体现以人为本的执政理念；有利于增强用人单位和职工的守法维权意识，促进各项工伤保险政策及安全生产措施的落实；有利于进一步完善细化工伤预防项目的操作流程和管理规范，维护工伤保险基金安全，提高基金使用效率。

二、扩大试点目标和工作原则

（一）试点目标。探索建立科学、规范的工伤预防工作模式，为在全国范围内开展工伤预防工作积累经验，完善我国工伤预防制度体系。

（二）工作原则。

1. 审慎稳妥，逐步推开。工伤预防工作政策性强，管理复杂，要按照审慎稳妥的原则先选择一些具备条件的城市（设区的市，以下简称试点城市）试点，待取得经验、条件成熟后再逐步推开。

2. 政府主导，专业运作。在确定项目、编制方案、选择项目实施的组织等工作中，社会保险行政部门要发挥政府主导作用；项目的具体实施要由相应的社会、经济组织负责，实现项目的专业化运作，提高项目实施的质量和水平。

3. 规范管理，确保安全。试点城市要严格按照《工伤保险条例》的规定和本通知要求，明确流程，规范管理，加强监督，确保基金使用安全。

三、试点城市的确定

（一）试点城市范围。每个省（区、市）确定不超过 2 个地（市、区）作为工伤预防试点城市，条件不具备的可暂不确定试点城市；前期纳入我部工伤预防试点的省份（河南、广东、海南），不再确定新的试点城市，原试点城市可继续试点；已经实现省级统筹的省（区、市）可以省（区、市）为统筹地区试点，也可以确定 2 个地（市、区）进行试点。

（二）试点城市应具备的条件。一是工伤保险基金已实现市级统筹；二是保证待遇支付和储备金留存的前提下有一定结余；三是经办机构有专门的工伤保险科室和人员；四是工伤保险工作基础好，管理规范，具备本地区工伤保险完整数据、统计分析手段和能力；五是从事相关宣传、培训业务的社会、经济组织相对成熟。

（三）试点城市的确定。试点城市由各省（区、市）社会保险行政部门根据统筹地区（地市级）社会保险行政部门的申请确定。

四、扩大试点内容

（一）预防费使用比例。试点城市在保证工伤保险待遇支付和储备金留存的前提下，用于工伤预防的费用控制在本统筹地区上年度工伤保险基金征缴收入的 2% 左右。

（二）预防费使用项目。工伤预防费主要用于开展工伤预防的宣传、培训以及法律、法规规定的其他工伤预防项目。

（三）项目实施流程。

1. 项目确定。试点城市社会保险行政部门会同社会保险经办机构，根据工伤发生情况和工伤保险工作需要，确定下一年度工伤预防的具体实施项目，编制项目实施方案。

2. 项目的组织实施。试点城市社会保险行政部门应参照政府采购法规定的程序，从具备相应资质的社会、经济组织中选择提供具体服务的组织；社会保险经办机构受社会保险行政部门委托与选定的组织签订合同，明确双方的权利和义务。

3. 实施项目的社会、经济组织应具备的基本条件。一是依法登记注册，从事相关宣传、培训业务 3 年以上并具有良好市场信誉；二是有足够数量的可承担实施工伤预防宣传、培训项目任务的专业人员；三是有相应的硬件设施和技术手段；四是具备相应的资质；五是依法应具备的其他条件。

4. 项目验收。项目完成，由社会保险行政部门组织验收。

（四）费用支付。

1. 实行预算管理。试点城市在编制工伤保险基金预算时，按照确定的工伤预防具体实施项目和上年度预算执行情况，将工伤预防费列入下一年度工伤保险基金预算。

2. 支付程序。合同签订后先支付一定比例或数额的预付款；项目完成，经验收合格后，再支付余款。

（五）加强监督。试点城市社会保险经办机构应按照合同规定，加强对提供服务的组织开展的宣传、培训等活动的监督，确保合同的规定落到实处；定期向社会公布工伤预防项目的实施情况和工伤预防费的使用情况，接受参保单位和社会各界的监督。

（六）探索建立绩效评估机制。试点城市应积极探索工伤预防费使用的绩效评估办法，提高预防费的使用效率。

五、工作要求

（一）实行项目管理。试点城市可通过电视、广播、报纸、网络、手机等媒体，通过印发宣传画、手册、标语等方式开展工伤预防宣传；通过举办培训班、专题讲座等方式开展工伤预防培训。宣传、培训工作的开展要实行项目预算管理，严禁直接提取预防费用。

（二）突出工作重点。试点城市应将工伤事故及职业病发生率高的重点行业、重点企业、重点岗位、重点人员优先作为宣传、培训对象，注重宣传、培训实效。

（三）规范工作程序。试点城市社会保险行政部门应按规定，组织落实项目的确定、方案编制、政府采购、实施、验收、评估等工作，进一步细化各环节工作流程，确保试点工作规范、有序开展。

（四）严格费用支付。对确定实施的工伤预防宣传、培训项目，由统筹地区社会保险经办机构根据合同规定，先支付 30％的费用。项目完成，经社会保险行政部门组织验收合格后，再由社会保险经办机构支付余款。具体程序按社会保险基金财务制度和工伤保险经办业务管理规定支出。

六、加强组织领导

1. 省（区、市）社会保险行政部门要切实加强对工伤预防试点工作的领导，研究制定相关办法，统筹规划，协调指导试点工作，及时总结经验。

2. 试点城市社会保险行政部门要组织建立试点工作领导机构，负责试点工作的组织实施；要从实际出发，研究制定切实可行的试点工作方案和相关政策，因地制宜地开展工作；要切实发挥主管部门的作用，加强与财政、卫生行政、安全生产监督管理等部门的沟通协调，发挥各部门的特点和优势，共同推进工伤预防工作开展。

3. 建立部、省（区、市）、市社会保险行政部门联系报告制度。试点城市每年 2 月底前应将本年度工伤预防项目实施方案，以及上一年度工伤预防项目实施情况总结（包括项目确定、具体执行及基金支出等）分别报送省社会保险行政部门和部工伤保险司、社保中心。试点工作中遇到的重大问题，应及时报告部工伤保险司。

4. 省（区、市）社会保险行政部门应将确定的试点城市名单在 2013 年 8 月底前报部工伤保险司。部里将适时对各地试点情况进行检查。

人力资源社会保障部

2013 年 4 月 22 日